基金项目：东南大学教学改革“美育”专项重中之重项目《新时代美育课程理论创新与教学实践研究》（项目号：2021-my-18）

全国高等院校工业设计专业教材

设计思维与创新方法

许继峰　张寒凝　编著

中国电力出版社
CHINA ELECTRIC POWER PRESS

内 容 提 要

设计思维（DT）是一种以人为本的解决问题的创新方法论，它不仅应用于设计创新领域，也为各类复杂性问题解决提供了新的思维方式。本书将知识体系的搭建与实践相结合，对设计思维进行全新、全面、全过程的解读，呈现清晰明确的逻辑视野。本书重新梳理了设计思维的发展脉络和知识架构，整合设计思维流程、模型、工具与方法，形成更具操作性、实用性和适用性的设计实践手册。本书围绕设计思维流程的两阶段六步骤展开，深入梳理设计师从发现问题到解决问题的全过程，重点解析“研究”“共情”“定义”“构思”“原型”“测试”各步骤的应用方法与工具，旨在引导“设计者”向“设计思考者”转变。本书适合作为高等院校工业设计、产品设计等相关专业教材使用，也适合对设计思维感兴趣的初学者使用。

图书在版编目（CIP）数据

设计思维与创新方法 / 许继峰，张寒凝编著．—北京：
中国电力出版社，2024.3
全国高等院校工业设计专业教材
ISBN 978-7-5198-8544-1

Ⅰ．①设… Ⅱ．①许… ②张… Ⅲ．①工业设计—高等学校—教材 Ⅳ．①TB47

中国国家版本馆 CIP 数据核字（2024）第 015874 号

出版发行：中国电力出版社
地　　址：北京市东城区北京站西街 19 号（邮政编码 100005）
网　　址：http://www.cepp.sgcc.com.cn
责任编辑：王　倩　（010-63412607）
责任校对：黄　蓓　郝军燕
装帧设计：锋尚设计
责任印制：杨晓东

印　　刷：北京盛通印刷股份有限公司
版　　次：2024 年 3 月第一版
印　　次：2024 年 3 月北京第一次印刷
开　　本：889 毫米 ×1194 毫米　16 开本
印　　张：9.25
字　　数：285 千字
定　　价：65.00 元

版 权 专 有　侵 权 必 究
本书如有印装质量问题，我社营销中心负责退换

《全国高等院校工业设计专业教材》丛书编委会

学术委员会

名誉主任　柳冠中
主　　任　张凌浩
委　　员　（按姓氏笔画排序）

王　昀　王　敏　王震亚　支锦亦　方　海　邓　嵘　成朝晖　刘永翔
汤重熹　许　佳　孙守迁　李　峻　杨建明　吴晓华　何人可　何颂飞
余隋怀　应放天　沈　康　宋协伟　宋建明　陈汉青　罗仕鉴　郑建启
赵　超　郝宁辉　胡　飞　胡　洁　徐人平　唐开军　崔天剑　韩　挺
童慧明　谭　浩　熊兴福　薛澄岐　戴向东　魏　洁

编写委员会

主　　任　任新宇
副 主 任　张耀引
委　　员　（按姓氏笔画排序）

于佳佳　于思琪　王　娟　王传华　王皓月　方　滨　方　菲　甘　为
申大鹏　付梦婷　吕太锋　朱　飞　朱芋琁　刘传兵　刘泽阳　刘建军
许继峰　孙　元　李若辉　李宝军　杨　元　宋仕凤　宋明亮　张　力
张　晖　张舒沄　张寒凝　陈　雨　陈钧锴　陈朝杰　欧阳羽琪　金　鸿
郑祎峰　俎鹏飞　贾　锐　夏敏燕　徐子昂　高奕斐　高锐涛　黄　潘
景　楠　鄢　莉　靳春宁　虞　英　霍发仁

序一

设计是除科学和艺术之外的第三种形式的人类智慧，它不仅关乎人类面对问题的解决方式，还影响甚至决定人类未来的存续可能。

所谓“境生于象外”，设计一旦被囿于“物”本身的修正或创制，设计师必然会被既有物品的概念和形式所束缚。真正的设计应该是有关人类生存发展的本体论、认识论、方法论。而工业设计则可被看作是工业时代人类认识周遭“人为事物”的全面反思，其中包括对必须肯定之处的肯定，以及对必须否定之处的否定。这种积极的反思与反馈机制是设计学的核心内涵，是工业设计将“限制”与“矛盾”转换为“抓手”的关键，也是将工业设计从美术或技术等片面角度就事论事的困境中解救出来的唯一途径。如此，设计便能从“物”、技术、自然环境、经济体系、社会结构等系统存在的问题出发，在我们必须直面的限制条件下形成演进式、差异化的解决方案，进而创造出“新物种”，创新产业链，以致在生存方式上实现真正的创新。

伴随着我们的持续思考与实践，工业设计的研究范围早已摆脱了工业的园囿。在这个过程中，产品、生活方式、经济和生产关系，甚至我们的思维方式都经历着打散、重构与格式化。在这样的背景下，无论是工业设计的实践者还是学习者，都应该认识到工业设计不仅仅是一种技能或创新模式。它更深层地体现为一种思维方式，是推动创新产业发展的关键路径。在实践中，我们应当关注国家的强盛、民众的福祉、民族的复兴，以及人类未来的可持续发展，其目标应当是创造一个健康、公平、合理的人类生存方式。这涉及如何引导人类共享资源，以及如何制约人类对物质资源的无节制占有与使用。工业设计在当代社会中的作用不仅是创新和美化，而是成为一种力量，抵制那些可能由商业或科技进步带来的负面影响。这种思维方式和实践方法是人类社会所迫切需要的，它能够保障我们走向一个更加公正、可持续的未来。

这套“全国高等院校工业设计专业教材”以其宽广的视野和完整的体系，为工业设计教育提供了一份宝贵的资源。该系列教材不仅仅聚焦于新技术和新工具的发明，也更加强调利用新技术、新工具去拓展人类的视野和能力，从而改变我们观察世界的方式，发展出新的设计观念与理论。同时，借助体例与内容的创新，这套教材能够帮助相关专业教师实现从知识传授向能力培养的转变，并赋予学生自我拓展、组织和创造知识结构的能力。

我愿与市场、与技术精英们商榷：

“工商文明”真的就是人类文明的高峰吗？“更高、更快、更强”的竞技体育都明白，弱肉强食的“丛林法则”是动物的“文明”，所以“更高、更快、更强”是手段！“目的”是要“更团结”！人类文明的发展不应该，也不可能是以“工商文明”为终极目标的……用“设计逻辑”诠释“中国方案”的原创思想，才是我们的战略制高点。

（1）要推动各个领域的中国学派要讲“风清气正”的中国故事，要出思想、出创新、出成果；

（2）要探索更高意义上的“普世价值”；

（3）扬弃“工商文明”的“丛林法则”，用中国智慧的逻辑来重新思考未来可持续发展的人类社会“新文明”结构系统。

积淀了五千年的中国哲理告诉我们，研究历史是为了看背后的影子，而目的是从影子中找到前方的太阳！“中国方案”——中华民族复兴——“人类命运共同体”将代替“工商文明”诞生一个新的文明——“分享”型的服务经济——“提倡使用，不鼓励占有！”是商业创新，是产业创新，是社会创新，是人类文明的进步！

此外，我也深切地期望能与国内的设计同行，尤其是从事设计教育和设计研究的学者们互相勉励，一同思考中国设计教育所面临的挑战，以及中国设计教育所肩负的历史责任和使命。

清华大学首批文科资深教授　柳冠中

2024年1月1日

序二

设计的目标是为人类创造福祉。

工业设计，与生俱来，具有对技术的关注和敏感。近年来，以数字技术为代表的信息革命，以一种令人应接不暇的态势将物联网、虚拟现实、元宇宙、人工智能等新技术、新概念、新思维及新工具推到人类面前。技术浪潮的推动必然诱发对工业设计内涵的重新思考与工业设计教育体系的变革尝试：尝试如何以一种更为开放的教学结构将新兴技术整合进设计教学，在培养学生应用新技术、使用新工具去创造设计新边界的同时，引导其理解技术和工具对设计过程、结果，乃至人类社会生活的影响，最终促进新形势下技术与设计及社会文化的挑战性融合。

设计是为社会的发展、人类的生活创造一种新的可能性。

设计教育要因应时代的发展跟踪新技术，同时设计教育也要关注日趋复杂的设计对象与任务。时至今日，工业设计的设计对象从传统的“物”的范畴逐渐演变为包括体验、服务甚至组织等在内的更广泛“非物”的范畴，设计过程也有了更多复杂性。这种迭代与扩展都对学生的知识与能力、观念与意识提出了更高的要求，不仅需要学生获取更广博的知识，还需要具备自我扩展、组织、更新知识结构的能力和跨学科合作的能力；需要具备更宏观的思维力，关注设计与社会发展之间的联系，以一种更积极的态度思考设计介入社会转型发展的可能性。社会责任感、设计伦理观念和美学及人文精神作为设计者的核心素养，将更加深刻地影响设计的发展和社会的进步。

未来的设计必将是跨学科、多领域的融合共创和系统运转。设计还要关注以未来为导向，通过回顾、洞察、构建、反思、批判等设计方法，充分利用设计工具，协同创新，有效创造，持续发展。用设计服务生活、引领未来生活。

非常欣喜，看到各位青年学者携手并肩、与时俱进，持续开展设计教学改革的热情、努力和成绩。他们不忘初心、严谨求实；他们不惧挑战、勇于创新；他们有丰富的教学经验和广阔的视野，对新形势下的工业设计教学有深入的思考，这些都在本套教材中有充分的体现。我相信这套教材不但可以帮助设计专业学生建立更全面的能力系统，而且可以为设计专业教师提供有内容、有价值的教学参考。期待与大家一起，不懈努力，共创教学改革新局面。

南京艺术学院校长　张凌浩
2024年1月1日

前言

什么是设计？抑或什么不是设计？这看似简单又平常的问题，至今尚无定论。设计界关于设计的本质与边界的争论从来就没有停止过。而且，随着科技对经济、社会、文化的影响日益加深，设计的定义显然已经超出原来固有的观念范畴——它不仅仅指外观、造型等视觉美感的塑造，也不只是关于"物"的构思和规划，还包括"问题解决"的方案以及经由创造性过程所构建的意义……设计的目标不再限于实体的"物"，服务、组织、系统以及社会架构等"非实体内容"也全部纳入设计的范畴。设计显然已成为一种改变世界的重要力量，它不仅是一种创造性解决问题的实践行为，更是一种激发创造力的思维方式。

数十年来，设计思维越来越受到重视，众多设计企业、组织和教育机构等都围绕设计思维展开研究和实践，并将设计思维应用到金融、教育、医疗、卫生、政府、社区服务和企业文化转型等众多非传统设计领域，驱动突破式创新。从"设计"到"设计思维"的转变，看上去仅仅是一种文字上的差别，但其对设计界的触动和影响却是革命性的——它不仅拓展了设计的空间和边界，改变了设计的组织和业务结构，更重要的是改变了设计者的思想和行为，让设计者成为设计思考者。

"设计思维"曾一度被认为只是一套局限于设计领域的思维模式，是设计师的专属工具。但其实，它是一种全面的、通用的思考和工作方式，也是我们每个人都应具备的一种创新思维能力。设计思维强调以人为本，用同理心去理解用户并探求用户真实需求，挑战假设与固化观念，并重新定义问题，通过跨学科和跨领域的协作，整合资源并制定策略，寻求创造性解决现实问题的最佳方案。正如IDEO前总裁兼首席执行官蒂姆·布朗所认为的："设计思维是一种以人为中心的创新方法论，它从设计师的方法和工具中汲取灵感，以整合人的需求性、技术可行性和商业延续性。"这也是设计思维驱动创新的基础逻辑和基本架构。当然，现代社会和人类所面临的问题和面对的挑战也愈发复杂，设计思维在应对和解决这些复杂或棘手问题时显示出前所未有的优势，众多设计思维流程模型也在实践中应用并获得成功验证，如英国设计协会的双钻模型、IDEO的3I创新空间模型、斯坦福大学设计学院（d.shool）的五步法以及德国哈索·普拉特纳研究院的六步模型等。这也为设计思维学习者和实践者提供了有效的流程参考和方法借鉴。因此，本书在撰写过程中更强调实践性和应用性，一是给出明晰且适用的典型设计思维流程，并对各步骤的目标、任务、内容及工具等进行解析，结合大量实践案例和图片加以阐述和解释；二是就设计思维各步骤列出详细且实用的工具清单，并对常用创新方法的应用技巧、方式、表现形式及注意事项等加以细化，通过方法应用的实际范例来帮助理解。

本书共分八章。第一章"设计思维与创新方法概述"，解释了设计的定义与本质，以及从设计到设计思维的转变过程，着重介绍了学术界对设计思维的认知和理解，进而探讨了设计思维的思维方式。第二章"设计思维模式与方法”从实践与应用展开，着重分析了设计思维的基本原则、流程模型及主要方法，旨在厘清设计思维的应用路径与具体工具。第三章“研究”是设计思维流程的第一步，重点落在“研究”的内容、形式、实施策略与具体方法上，分别就政策、经济、生态、文化、技术、行业、产品（PEECT-IP）等因素提出目标导向的研究内容和策略。第四章“共情”聚焦于用户同理心的理解和应用，主要从“观察—访谈—体验”三个层面对目标用户的实际行为和真实行为进行探查，从而更深入地理解用户。第五章“定义”是设计思维的关键步骤，是发现问题阶段与解决问题阶段的联结点，重点聚焦痛点，形成洞察，明确挑战，形成“POV”。第六章“构思”重点探讨形成大量创意方案的方法和表现形式，通过感性地发散与理性地收敛过程，逐渐明确最佳的解决方案。第七章“原型”介绍了快速原型的类型及适用领域，重在理解快速原型制作对构思方案的遴选与测试的价值和作用。第八章“测试”主要讲述测试的步骤、方法与形式，重点是对前期构思和设计方案进行全面、系统与科学的检测和评估。全书以设计思维流程为主线，分步骤插入创新方法、实践案例和视觉图像，旨在帮助学习者更直观、更快捷、更明晰地应用设计思维来解决各类现实问题，让设计思维切实成为应对挑战和驱动创新的主导力量。

在本书的编写过程中，我们借鉴并吸收了国内外众多专家学者的研究和实践成果，包括大卫·凯利、蒂姆·布朗、理查德·布坎南、维克多·马格林、埃佐·曼奇尼、唐纳德·诺曼、维杰·库玛、原研哉、柳冠中、张福昌、何晓佑、凌继尧、鲁晓波、辛向阳、崔天剑等著名学者的研究成果。在本书写作中，笔者主持制定了全书的大纲，梳理了各章节的内容，并进行了统稿。写作的具体分工为，第一、二章：许继峰、张寒凝；第三章：王姝蕴、章广艾、许继峰；第四章：赵丹、方天、许继峰；第五章：吴彤、陆芷君、张寒凝；第六章：夏陈宇、李浩然、郭一笑、张寒凝；第七章：李婷、许玉露、周蔚；第八章：肖梦瑶，王欣佳、高涵。在本书读写中，中国电力出版社给我们提供了很多宝贵的意见，在此我们表示衷心的感谢！

最后，诚挚感谢给予本书编写和出版帮助的所有朋友们！

许继峰

目录

序一
序二
前言

第一章　概述 / 1
第一节　何谓“设计”/ 1
第二节　从“设计”到“设计思维”/ 5
第三节　设计思维与思维整合 / 8

第二章　设计思维模式与方法 / 13
第一节　设计思维的基本原则 / 13
第二节　设计思维的流程模型 / 15
第三节　设计创新的主要方法 / 19

第三章　研究 / 24
第一节　何谓“研究”/ 24
第二节　“研究”什么 / 25
第三节　如何“研究”/ 31

第四章　共情 / 41
第一节　何谓“共情”/ 41
第二节　与谁“共情”/ 42
第三节　如何“共情”/ 46

第五章　定义 / 59
第一节　何谓“定义”/ 59
第二节　“定义”的过程 / 59
第三节　综合分析 / 61

第四节　洞察比较 / 65
第五节　痛点甄选 / 67
第六节　形成POV / 71

第六章　构思 / 75
第一节　何谓“构思”/ 75
第二节　寻找创意点 / 76
第三节　创意可视化 / 87
第四节　甄选创意点 / 95

第七章　原型 / 101
第一节　何谓“原型”/ 101
第二节　快速迭代原型 / 114
第三节　用于测试的原型 / 117

第八章　测试 / 121
第一节　何谓“测试”/ 121
第二节　测试准备 / 122
第三节　测试实施 / 124
第四节　测试结果 / 130
第五节　测试技巧 / 132

参考文献 / 135

第一章

概述

教学内容： 1. 设计的定义与概念解析
2. 从设计到设计思维的转变
3. 设计创新方法的体系构建

教学目标： 1. 了解从设计到设计思维的转变过程
2. 掌握设计思维与创新方法的应用体系
3. 掌握现代设计创新方法

授课方式： 多媒体教学，理论与设计案例相互结合讲解，课堂研讨

建议学时： 4～6学时

第一节　何谓“设计”

一、关于“设计”

“设计”很古老，也很年轻。从设计实践活动来讲，250万年前的能人打制第一批简单石器之时，人类就开始进行设计了。从40万年前人类开始制造矛，4万年前人类开始制造专门化的工具，到1万年前的新石器时代，人类已经可以制造彩陶和磨制石器，可以说人类的造物行为——设计实践活动直接决定着人类文明的历史进程。从设计专业性而言，“设计”概念是近代来才逐渐盛行起来的，作为学科建制的设计学要更晚一些。1919年建立的德国包豪斯学校（Bauhaus，1919—1933）通常被视为现代设计教育的开始，首任校长格罗皮乌斯（Walter Gropius，1883—1969）对设计学科架构、组织和实施进行了系统和全面的规划，这成为迄今为止全球多数设计院校沿用和参照的设计教学模式。之后，学术界和业界逐渐开始深入探讨设计与科学、技术、商业的关系，环境、文化、社会及哲学、伦理等也随之成为设计研究的重点范畴。如今，从“有形”到“无形”，从具体的产品到系统、过程、组织、服务及社会创新，设计的领域不断拓展，设计的边界越发模糊，设计概念内涵和外延也更为复杂。正如诺贝尔经济学奖获得者赫伯特·西蒙（Herbert Simon，1916—2001）所说：“现在，凡是旨在改变现状，获得更优效果的行为都可以叫作设计了。”那我们如何认识“设计”呢？

《韦氏大学词典》中记载，“设计”（英文：design）一词首次作为动词使用出现在14世纪，其表述为“用独特的标记、符号或名字表示”（to indicate with a distinctive mark，sign or name），指的是“制造某物并标记以示区别，赋予其内在意义”。而其他解释——在头脑中进行构思和规划；有明确的意图、打算；为特定功能和目的来制订计划（to conceive and plan out in the mind；to have as a purpose：INTEND；to devise for a specific function or end）则是后来陆续加进来的，意思是“活动、行为和过程”。1588年，“设计”又具有了名词的意思。《韦氏大学词典》将其定义为“个体或群体所持有的特定目标；深思熟虑、目标清晰的计划；一个将目标和手段对应起来的脑力活动或方案（a particular purpose or intention held in view by an individual or group；deliberate purposive planning；a mental project or scheme in which means to an end are laid down）”。其意思是“目标、计划和意图”。

1786年出版的《大不列颠百科全书》对“设计”的

解释为："所谓的'设计'是指艺术作品的线条、形状，在比例、动态和审美方面的协调。在此意义上，设计与构成同义，可以从平面、立体、色彩、结构、轮廓的构成等诸方面加以考虑，当这些因素融为一体时，就产生了比预想更好的效果……"经过不断演变和发展，"设计"的词义重点不断转移，从最初的纯艺术或绘画方面的概念转向强调该词结构的本义，即"为实现某一目的而设想、计划和提出方案"。到20世纪中叶，作为现代概念的"设计"一词开始通用。1974年，《大不列颠百科全书》将其释义更新为："设计是进行某种创造时，计划、方案的展开过程，即头脑中的构思，一般指能用图样、模型表现的实体，但最终完成的实体并非'设计'，只指计划和方案。'设计'的一般意义是为产生有效的整体而对局部进行的调整。"可见，设计是一种有目的、有计划地完成某项任务的创造活动和过程。具体来讲，设计是面向特定目标开展有序的、有组织的创造性活动，重在探求物与人、社会、环境之间的和谐关系，创造满足人类需求的产品与服务，并通过视觉化表现达到具体化实现的过程。

中文"设计"一词是英文"design"的对应词。就中文"设计"的词义来看，指设想与计划。就字义来看，与"design"词义相类似。在我国古代文献中"设"和"计"则是两个独立使用的词汇，如《周礼·考工记》中便将"设色之工"分为"画、缋、钟、筐、㡛"五项，此处"设"字表示"制图、计划"。《管子·权修》中"一年之计，莫如树谷，十年之计，莫如树木，终身之计，莫如树人"。这里"计"字也表示"计划、考虑"的意思。"设计"连用也多为词组，意为筹划计策、设下计谋等，指为某事而预先谋划对策。如《三国志·魏书·高贵乡公髦传》中有："赂遗吾左右人，令因吾服药，密因鸩毒，重相设计。"元尚仲贤《乞英布》第一折也这样写道："运筹设计，让之张良，点将出师，属之韩信。"因此，就"设计"一词在汉语中的组合结构而言，基本有两种方式：其一是动宾结构，即指"制订计划，建立或完备策略"；其二是动词性的联合词组，即"制定与谋划，设立与计算"，强调一种动态性的想象、筹划、计算、审核直至确定为某种方案的过程。《现代汉语词典》中对"设计"一词作为动词的解释为："在正式做某项工作之前，根据一定的目的要求，预先制定方法、图样等。"《辞海》中的解释为："根据一定的目的要求，预先制订方案、图样等，如服装设计、厂房设计。"二者的解释基本上一致。

相对于英文"design"一词的词义变化，中文"设计"的概念也经历了相应的演化过程，其不同点主要是对词义所指内容和领域的界定。中文"设计"一词是由日本对"design"的译文转化而来的，而与"design"一词相对应的日语翻译也有"图案""意匠"和"设计"等不同的内容。最初日语里"图案"的意思是"表示设想"，而"意匠"则是指"创意功夫或创造性设计"，由于考虑到二者词义、词性都难以涵盖"design"的意思，因此现在日本通常直接采用英文"design"的音译"デザイン"，而不另做翻译。日本《广辞苑》词典中对"デザイン"的解释是："在制造生活中所必需的产品时，要讨论产品的材质、功能、生产技术、美的造型等各种因素，以及来自生产、消费等方面的各种要求，并对之进行调整的综合性的造型计划。"由于中国人的语言习惯，长期以来在译名上未加修改，而是沿用了"设计"一词与"design"相对应，但含义也随着时代发展而不断扩展，并适用于各个不同的领域，因此，相关学科通常在设计一词前加上限定词作为专业区分，如工业设计、机械设计、环境设计、视觉传达设计等。但事实上，我们很难将设计限定到某一固定的或明确的范围之中。随着设计研究的深入，设计的含义愈发丰富，人们审视设计的视域也不断拓宽，其所涵盖的内容已经远远超出了词汇的本义，尤其是不同的设计者会依据自身的设计经历、经验和探索给出不同的解读和理解，这也让当代设计理念和设计思想更为多样化。

二、设计的定义

准确来说，不同的国家和地区、不同的企业和机构、不同的领域和行业以及不同的时代对设计的定义都不尽相同，这取决于社会的认知度、技术的成熟度、设计对象的难易度、法律的限制和政治的敏感度等因素。而正是因为这种定义上的差异和区别，大众对设计产生了各种各样的曲解，甚至让职业设计师也陷入困惑与迷茫。例如，早期人们对设计的定义一般集中在"外观造型"和"颜色"层面，或者将设计限定在商业价值上，这让设计者在吸引消费者的"花哨的样式"上浪费了更多的精力。而随着当下设计关注环境问题、可持续发展问题以及人道主义、社会创新等商业领域之外的内容，设计的潜能逐渐显现，并给设计者带来更宽广和深远的视野。

自1957年成立到2015年，国际工业设计协会联合会（International Council of Societies of Industrial Design，简称ICSID）[1]先后几次公布或修订设计的定义，从中可以看出不同时期设计概念的区别与变化。其中较具影响力并被业界广泛认可的定义主要有以下几个。

1959年，ICSID在瑞典斯德哥尔摩召开的首届会员大会上首次对工业设计（师）进行定义："就批量生产的产品而言，工业设计师应凭借训练、技术知识、经验及视觉感受来确定其材料、结构、构造、形态、色彩、表面加工以及装饰。根据具体情况，工业设计师应在上述工业产品的全部侧面或其中几个方面进行工作。而且，工业设计师在解决包装、宣传、展示、市场开发等问题时运用自己的技术知识和经验以及视觉评价能力，也属于工业设计的范畴。"（1980年ICSID在巴黎举行的第十一次年会上修改后的定义与此近似）

1970年，ICSID采纳了原乌尔姆设计学院（ULM）院长托马斯·马尔多纳多（Tomas Maldonado）在1969年所提出的定义："工业设计是一种旨在决定产品形式属性的创造性活动。所谓形式属性并不仅仅包括产品的外观特征，主要是产品的机构和功能关系的转换，从生产者和消费者的角度，使抽象的概念系统化，完成统一而具体化的物品形象。工业设计从工业生产的条件方面延伸到包括所有的人类环境。"该定义在很长一段时期被业界广泛接受和认可，从内容来看，第一，它表明了设计的创造性质和意义；第二，注重产品的内部结构、功能与外观形态的统一；第三，从人的需求出发，即从"实用、经济、美观"的基本原则出发，以造物的实用功能或实用价值的实现为基点，运用科学技术和大工业生产的条件，达到为人所用的目的。该定义将设计的目的从产品转移到人的需求上，而设计是人为实现自身需求与目的所使用的手段和方式，人是设计的根本和出发点。因此，设计师的工作首先与社会价值相联系，与人的需求相联系，而不是与物质相联系。

随着工业对全球自然环境的影响日趋显现，设计界也开始重新审视人与环境的共生关系，使设计从关注人与物到关注人与环境及环境自身的存在上，设计定义也据此得以延伸到更广泛的领域。2006年ICSID将（工业）设计定义为目的和任务两方面。

（1）目的：设计是一种创造性活动，其目的是为物品、过程、服务以及它们在整个生命周期中构成的系统建立起多方面的品质。设计既是创新技术人性化的重要因素，也是经济与文化交流的关键因素。

（2）任务：设计致力于发现和评估与下列项目在结构、组织、功能、表现和经济上的关系：

- 增强全球可持续发展和环境保护（全球道德规范）；
- 赋予全人类社会、个人和集体以利益和自由；
- 最终用户、制造者和市场经营者（社会道德规范）；
- 在世界全球化背景下支持文化的多样性（文化道德规范）；
- 赋予产品、服务和系统以表现性形式（语义学）并使之与内涵相协调（美学）。

2015年国际设计组织（WDO）对当下的设计本质、范畴与特征进行探讨，再次对设计的定义做出修改：设计旨在引导创新、促发商业成功及提供更高质量的生活，是一种将策略性解决问题的过程应用于产品、系统、服务及体验的设计活动。它是一种跨学科的专业，将创新、技术、商业、研究及消费者紧密联系在一起，共同进行创造性活动，将需要解决的问题、提出的解决方案进行可视化，重新解构问题，并将其作为建立更好的产品、系统、服务、体验或商业网络的机会，提供新的价值以及竞争优势。设计是通过其输出物对社会、经济、环境及伦理方面问题的回应，旨在创造一个更好的世界。

三、设计的本质

如前所述，作为一个最为常用且广为熟知的词汇，"设计"好像很容易理解，简单来说，设计=创意+计划。但对于设计者、设计研究者以及设计教育者而言，设计并不简单，甚至比我们想象的还要复杂难解。设计的本质是什么？这也正是设计界需要探求并解决的基本问题。众多设计大师也在毕生的设计实践或研究中寻求答案，并就此

[1] 国际工业设计协会联合会，1957年于伦敦正式成立，旨在加强全球工业设计师交流，提升全球工业设计水平，并对全球工业设计发展趋势进行探讨。2015年该组织更名为国际设计组织（World Design Organization，简称WDO）。

给出了自己的观点和理解，让我们能够从中窥见一斑，逐渐接近设计的本质。

1. 设计是一种创新的能力

维克多・帕帕奈克（Victor Papanek，1923—1998）、埃佐・曼奇尼（Ezio Manzini）等众多设计理论家都曾提出"人人都是设计师"。设计是人类与生俱来的一种能力，也是人类区别于其他生物的重要标志。日本著名设计师原研哉在《设计中的设计》一书中则提出："设计不是一种技能，而是捕捉事物本质的感觉能力与洞察力。"他认为，设计基本上没有自我表现的机会，其落脚点在解决社会大多数人的问题。在设计过程中产生的人类共同感受的价值观，由此引发的感动，是设计最大的魅力。可见，原研哉所秉持的设计理念不在于设计专业技法和设计师风格的抒发与张扬，更关注用户实际需求，更强调设计者对日常生活的思考和对事物本质的洞察。因此，他提出的"再设计"（RE-DESIGN）理念就是鼓励设计师对事物进行重新审视，从特定的设计顺序中跳脱出来，将隐藏在日常生活细节中的资源和信息进行再加工，将生活中的无限可能表达出来，将生活中熟悉的事物以陌生化的方式再表达再设计。与之相应，帕帕奈克指出："设计是为构建有意义的秩序而付出的有意识的直觉上的努力。"加拿大设计师布鲁斯・茂则认为："设计是计划并将预测的结果变为现实的人类能力。"随着信息科技及人工智能的迅速发展，设计作为人类的一种创新能力，正成为人类不被机器所替代的核心要素。

2. 设计是一种解决问题的活动过程

从设计学科发展来看，赫伯特・西蒙在《关于人为事物的科学》（*The Sciences of the Artificial*）中首次将设计定义为"一门解决问题的学科"，设计所关注的内容就从物的形式与功能转向如何解决问题。按照柳冠中先生"事理学"的表述就是从"造物"转向"谋事"，即以"事"作为思考和研究的起点，从生活中观察、发现问题，进而分析、归纳、判断事物的本质，以提出系统解决问题的概念、方案、方法及组织和管理机制。英国皇家艺术学院的布鲁斯・阿切尔（Bruce Archer）提出："设计是以解决问题为导向的创造性活动。"王受之在《世界现代设计史》一书开篇中也提出："所谓设计，指的是把一种计划、规划、设想、问题解决的方法，通过视觉的方式传达出来的活动过程。它的核心内容包括三个方面：①计划、构思的形成；②视觉传达方式，即把计划、构思、设想、解决问题的方式利用视觉的方式传达出来；③计划通过传达之后的具体应用。"这也是对设计实践活动和行为最为直接的阐述，也从一般意义上揭示了设计者从事设计活动的具体内容，强调设计是解决问题的方法与过程。

3. 设计是形式与内容的关系

美国平面设计大师保罗・兰德（Paul Rand，1914—1996）在《设计的意义》一书中明确指出："设计是形式与内容之间的关系。"这非常简洁地阐释了设计行为的两个维度：思考与表达（或构想与执行）。其中，内容就是设计者针对设计目标展开富有想象力的思考，包括点子、创意、想法、构思以及发现问题、分析问题和解决问题的逻辑思路，而形式则是指实现设计创意的方法和表达手段，如形状、色彩、材料、结构、质地、比例、大小、图案、重复、平衡等。所有的设计活动都需要设计者在形式与内容之间寻找并建立最佳的连接点，只有这样才能呈现最具感染力和创造力的设计作品。美国著名设计师查尔斯・伊姆斯（Charles Eames，1907—1978）同样认为："设计是以最好的方式安排元素以实现特定目的的计划。"法国设计师罗杰・塔隆（Roger Tallon，1929—2011）认为："设计致力于思考和寻找系统的连续性和产品的合理性。设计师根据逻辑的过程构想符号、空间或人造物，来满足某些特定需要。"可见，设计是由形式和内容构成的统一体，需要通过整合有效的元素和素材，进而让设计者的创意和构思完美地呈现在用户眼前。

此外，日本设计师田中一雄在《设计的本质》一书中写道："设计是往'物件和事件'两方面同时并进展开的概念，并没有哪一方特别重要。设计本是一种'具备整合性及创造性的行为'。设计不需要执着于过去，但也并不需要与过去诀别。何谓设计？我想或许可以定义为带着创造性为整体社会开拓'更好明天'的行为，其中包含了一路累积至今对造型之美的坚持讲究、解决当代社会问题的创新思考，以及为人们带来喜悦和安宁的心理因素。设计是这一切的总和。我认为这才是'设计的本质'。"这就如同"一千个人眼里有一千个哈姆雷特"，不同的人对设计本质的理解也存在差异，在学科领域来看，设计是所有学科综合的应用，是全局的，也是局部的；是连续的，也是延续的；是哲学的，也是艺术的；是自然的，也是人造的，这足见设计概念的开放性和复杂性，但也带有明显的时代色彩和局限性。总之，设计不再仅仅是一个学术上的定义，而要进行实际的设计创新，开展切实的设计工作，就必须从自己的角度对“设计”进行诠释和延伸。换言之，对设计的诠释应当与时俱进，而不应当停留在一个固定和僵硬的状态，因为设计行为本就与社会和时代紧密相连。对设计者而言，保持设计知识的活化以及创新的敏锐度是非常重要的。

第二节　从“设计”到“设计思维”

一、设计思维的产生历程

作为当下热门词汇之一，设计思维（design thinking）被视为实现创新的路径，在商业、教育、城市规划等各领域都得到了应用，也受到企业界、教育界和设计界的广泛推崇。但是，设计思维的概念在几年前还鲜为人知，甚至存在诸多错误的认知和理解。实际上，设计本就是一种创造性的思维活动，但将“设计思维”作为一种特殊的思维方式来看待，并对其运作机制和具体方法的探讨则相对较晚。一般认为，设计界对“设计思维”这一概念的关注和探讨始于斯坦福教授兼IDEO创始人大卫·凯利（David Kelley）。他于20世纪90年代首次将设计思维引入设计教学，并在斯坦福大学建立了著名的设计思维学院（d.school），这随之引发了学术界和设计界对设计思维的深入研究。

如果回溯设计发展的历史或设计研究的进程，可以发现设计思维的概念和含义也是不断演进发展的。从德国包豪斯学校建立开始，格罗皮乌斯等一批著名设计师和艺术家将艺术、技术和科学进行结合，建立了现代设计教育的基本模式，让设计逐渐从艺术和技术中独立出来，这也为“设计思维”的研究奠定了基础。在科学领域，把设计作为一种“思维方式”的观念可以追溯到赫伯特·西蒙于1969年出版的《关于人为事物的科学》一书。西蒙认为，设计是研究人为事物的科学，是运用分析、综合、归纳、推理等多种设计方法以及形象思维、逻辑思维等多种思维方式来创造“物”的科学行为。也正因如此，设计得以摆脱“形式美化”的固化认知，转变为“解决问题”的过程。

1972年，美国斯坦福大学的罗伯特·麦金（Robert McKim，1926—2022）出版了《视觉思维的体验》（*Experiences in Visual Thinking*）一书，这也被认为是设计思维理论和实践探索的重要里程碑。实际上，麦金早在20世纪60年代就开始在斯坦福大学开展相关内容的教学和研究，并对斯坦福大学的产品设计教学产生深远影响。麦金提出了一种基于人类感官模式（如视觉、听觉和触觉等）和认知处理系统（如语言或数学处理）的表征系统理论，并构建了创造力综合框架。麦金强调“感知—思考—行动”三者对思维活动成效的作用，进而提出“双元思维”（ambidextrous thinking）理论，这也是斯坦福大学工程师创新教育中设计思维概念的前身。20世纪的80年代，随着人性化设计的兴起，设计思维开始受到业界关注。斯坦福大学的罗尔夫·法斯特（Rolf A. Faste，1943—2003）延续并拓展了麦金的研究成果，他将设计思维作为以需求感知为中心的“全人”解决问题的方法论，在斯坦福大学筹办斯坦福联合设计课程（d.school的前身），对设计思维进行推广和实践探索。大卫·凯利受到麦金和菲斯特的影响于1991年创立IDEO并在商业活动中推广设计思维，直至2005年在斯坦福大学建立全球第一个设计思维学院（d.school），在设计教学中应用和推广设计思维理论与方法，并在全球设计界形成深远影响。

尽管在设计实践和教育中，学界和业界对“设计思维”的探索从未停止，但“设计思维”一词的出现则相对较晚。一般认为，1987年，哈佛设计学院系主任彼得·罗（Peter Rowe）出版《设计思维》（*Design thinking*）一书，首次正式使用“设计思维”一词，并将其作为建筑设计和城市规划设计时的一种方法论。而后，1992年，著名设计理论家理查德·布坎南（Richard Buchana）发表了文章《设计思维中的棘手问题》（*Wicked Problems in Design Thinking*），表达了更为宽广的设计思维理念，即设计思维在处理人们应对设计中的棘手问题方面已经具有越来越高的影响力。该文也引发了全世界各处教育体系和设计课程的改变及反思。2009年，IDEO前总裁兼首席执行官蒂姆·布朗（Tim Brown）出版《IDEO，设计改变一切》（*Change by Design: How Design Thinking Transforms Organizations and Inspires Innovation*），将IDEO公司应用设计思维解决复杂问题的实践与设计思维理论框架进行系统地阐述，并在全球召开主题学术研讨会和教学实践活动，这也引发了设计教育与实践的一场变革。

可见，设计思维的演化历程不仅仅是作为一个新概念被提出，更重要的是一种观念和思想的转变——从设计转向设计思维，也是一种主体价值认知的转变——从设计者转为设计思考者。从设计转向设计思维，实际上将传统意义上的创造产品演化为分析人与产品的关系，进而再演化到分析人与人之间的关系。因此，设计的范畴和边界逐渐拓展，及至开始关注社会、组织、系统和服务等复杂问题。从设计者转向设计思考者，让一味关注解决问题和工程实施的“执行者”和“设计者”，转变为主动发现问题并探讨问题本质的“思考者”和“规划者”，这也让设计师在创新链条和企业管理系统中扮演更重要的角色。

二、设计思维的认知

思维往往是人脑借助于语言，以已有知识为中介，对客观现实的对象和现象的概括的、间接的反映，是揭露事物本质和规律的认识过程的高级阶段，即思维是相对于感觉、知觉和表象的理性认知。简言之，思维以感知为基础，又超越感知的界限。《辞源》上解释说，思维就是思索的意思。“思”可理解为“思考或想”，“维”可理解为“方向或序”。从构词上看，古人认为“思”是心田中的事物，是心理活动。“想”是心中对两个相互关系的另一个的心理活动，或者说是对意念形态的处理活动。思维就是有秩序地想，就词义应用来讲，思维通常指两个方面，一是理性认识，即“思想”；二是理性认识的过程，即“思考”。思维具有两个最基本的特征：间接性和概括性。间接性指能够借助于中介物，对不在当前、不能直接作用于人脑的事物做出反应。概括性指的是思维反映的东西，不是个别事物或事物的个别属性，而是反映一类事物的共同属性或本质属性，反映事物间的规律。这种事物的共同属性或规律是通过概括来实现的。思维科学认为，思维是以感觉和知觉为基础的一种更高级的认识过程，包括对事物进行分析、综合、判断和推理等认识活动的全过程。思维活动可由外部事物引起，也可由记忆中的事物引起。一般来说，当人们需要完成某种任务而又没有现成的手段时，思维活动便被触发并沿着任务所指引的方向进行。换句话说，思维活动由一定的问题所引发，并指向问题的解决。因此，作为人类的一种思维方式，设计思维通常被视为在设计过程中针对“设计问题”进行主动地、有意识地思考，并寻求解决问题的合理方案。

从思维科学来看，设计思维是一种依靠设计者直觉、经验和理性逻辑解决人类深层问题的思维活动和方式方法。一般意义的设计思维，泛指设计过程中建立在抽象思维和形象思维基础之上的各种思维形式，包括立意、想法、灵感、构思、创意、技术决策、指导思想和价值观念等。它一般是以观察、体会作为输入，经过内外在的思辨形成架构，再以架构形成专业的模式，进而具体化，落实成各种人造物。就产品设计而言，设计思维是指在产品设计过程中对思考方式、思维组织模式的整合，通过对用户行为和用户需求的观察与洞察、对产品造型语言的推敲、材料与工艺的选择、行为理念的把握等，进而创造出新颖的、原创的或突破性的新产品。

从设计学角度来看，设计思维是思维方式的延伸，是将理性的概念、意义、思想、精神通过设计的形式加以实现的过程，是设计过程中所必需的内容与方法，体现在实践中通过思维方法与创新技法的运用来解决设计问题的思考过程，主要包括设计过程中的思维状态、思维程序及思维模式等内容。设计思维过程是一个相对比较复杂的心理现象，通常认为是创新思维和设计方法的有机结合，同时又是逻辑思维与形象思维、发散思维与收敛思维等方式在设计过程中的整合应用。设计师经过有意识的训练与长期的设计实践，逐渐认识了设计对象与客观环境之间的内在联系，掌握了相应的设计规律，从而形成一定的设计思维方式和方法。实践证明，设计师的灵感来自观察和体会，设计思维的演化是一个从形象思维启发开始，逻辑思维推理渐进的复杂过程。

随着设计范畴的扩展和设计学研究的深入，学界和业界逐渐对设计思维形成了新的理解和认知。设计思维并不等同于科学思维，也并非始于技术研发。设计思维始于人，人的渴望和需求，理解消费者，从中获得灵感，以此作为起始点，寻求突破性创新。美国IDEO前首席执行官蒂姆·布朗认为：“设计思维发掘的是我们都具备的能力……设计思维不仅以人为中心，还是一种全面的、以人为目标、以人为根本的思维。设计思维依赖于人的各种能力：直觉能力、辨别模式的能力、构建既具功能性又能体现情感意义创意的能力，以及运用各种媒介而非文字或符号表达自己的能力。没有人会完全依靠感觉、直觉和灵感经营企业，但是过分依赖理性和分析同样可能给企业经营带来损害。位于设计过程中心的整合式方法，是超越上述两种方式的'第三条道路'。”

作为一种思维的方式，设计思维具有综合处理能力的性质，能够理解问题产生的背景，能够催生洞察力及解决方法，并能够理性地分析和找出最合适的解决方案。在当代设计和工程技术中，以及商业活动和管理学等方面，设计思维已成为流行词汇的一部分，被用来描述“在行动中进行创意思考”的方式，促进了突破性的创新，尤其是在解决棘手问题方面成效卓著，影响范围也扩展到各个领域。

三、设计思维的本质

由设计思维的发展历程可知，人们对设计思维的认知和理解主要源自设计界的研究和探索，因此，设计思维也被视为一种依靠设计师或基于设计来解决人类深层问题的方法论。设计重在行动和实践，思维意指思考和创想，设计思维强调的是在行动中思考，在实践中创想，二者不是简单的叠加组合，而是深度融合构成的有机整体。设计师的知识、经验、认知和思考构成了设计思维的知识基础（图1-1），设计思维的研究和探索也进一步深化和拓宽了设计师的知识体系和创新能力。但是需要明确的是，设计思维并非设计师的专属技能或思维方式，它更是所有人都应具备的一种解决问题的能力或手段，只是非设计背景的人们还没有充分理解这一“新的知识体系”，尚未发掘到它的潜在价值和本质内涵。那设计思维的本质又是什么呢？

IDEO的创始人大卫·凯利认为：“设计思维不仅仅是一种方法，它从根本上改变了组织和业务的结构。”可见，从设计到设计思维，不只是方法的转变，还是思想和观念的变革，它将设计从行动、执行和实施层面延伸到发现、决策和战略层面，设计创新也不再是设计师的专属行为，设计机构的业务范畴和领域也更为广阔。与传统的设计观念相比，设计思维更具包容性和扩展性，它强调跨学科的团队合作与跨领域的资源整合，采用系统化方法来实现创新，通过创新来转化新产品、新服务或新战略，进而提出颠覆性和个性化的解决方案。因此，大卫·凯利指出：“设计思维是一个创造性地解决问题的过程。”

虽然设计思维是立足于科学的原则和方法之上的思维方法，但又不同于理性的科学思维和感性的艺术思维，它兼顾了理性的逻辑推理和感性的创意构想。从斯坦福d.school的教学与实践来看，设计思维是“一种创新方法论，它融合了创造性和分析性的方法，且需要跨学科协作。这个过程……借鉴工程和设计的方法，并使之与艺术构想、社会科学工具和商业洞察相结合”。区别于传统的设计方法，设计思维是以人为中心的创新过程，强调观察、协作、快速学习、可视化和粗略原型……它不是设计管理的替代品，也不是设计艺术和工艺的替代品，而是一种创新方法论，并为各种议题探求新的解决方案。

作为设计思维和创新倡导者的蒂姆·布朗在《IDEO，设计改变一切》一书中表明：“设计思维是一种以人为中心的创新方法，它从设计师的方法和工具中汲取灵感，以整合人的需求性、技术可行性和商业延续性。”

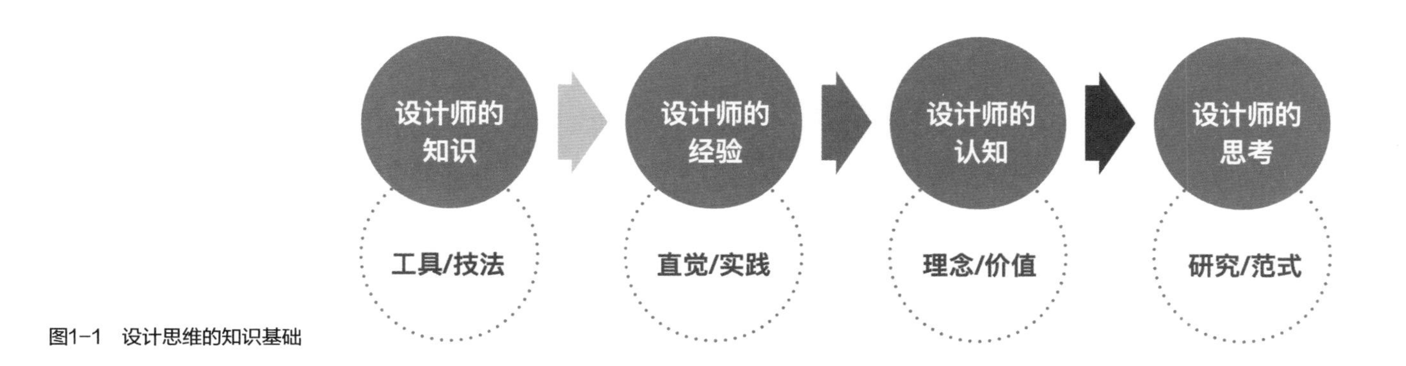

图1-1　设计思维的知识基础

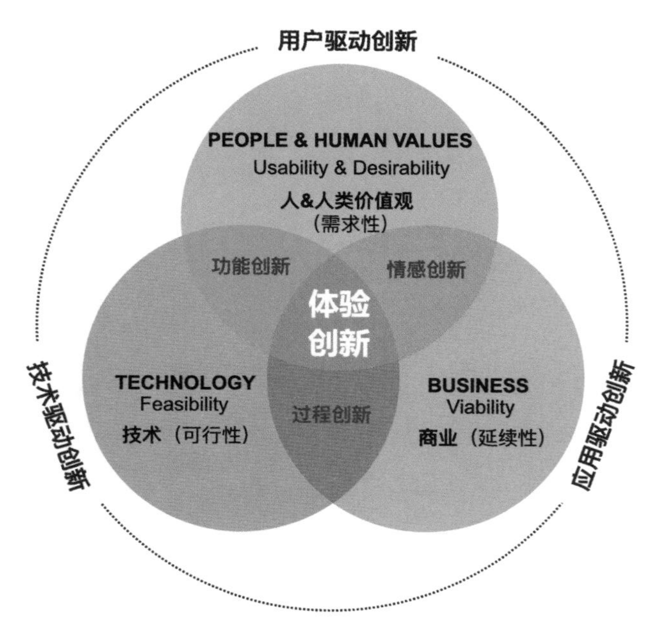

图1-2　设计思维的创新框架

（图1-2为设计思维的创新框架）这也是当前设计思维在实践应用中被广泛接受的观点。它从设计创新的目标、行为和路径上对设计思维进行了界定，给出了设计思维在创新过程中的三个视角：人的需求性、技术可行性和商业延续性。也就是说，与单一的创新方式不同，设计思维需要兼顾和整合三个面向才能获得最佳的解决方案。同时，设计思维不仅是设计者解决问题的思考方式，更是一种以人为中心的创新方法，其目标性、过程性和实现性尤为重要。

第三节　设计思维与思维整合

从创新实践来讲，设计思维是一种以人为本的解决问题的方法或工具集；但从思维手段和类型来看，设计思维是一种创造性解决问题的整合性思维，它不仅仅重视创新和创造，更关注用户需求和体验，而且其不局限于某种固定的思维形式或手段，更强调综合运用多种类型思维和手段来突破和颠覆概念固化和思维定势，注重视觉化、实体化及群体激励、迭代优化等多样化方式来解决问题。因此，设计者在运用设计思维解决问题时，既是一个设计方法综合运用的过程，也是一个思维方式整合的思考过程，正如蒂姆·布朗的观点："设计思维最终是整合思维的能力"，这主要体现在形象思维、逻辑思维与创新思维的整合应用上。

一、形象思维

从造物的角度来看，设计离不开"形象"的表达，形象思维是设计思维的基本方式。设计者通过形象思维可以将抽象的概念具象化、模糊的信息直观化、复杂的问题简单化，进而促发更广泛、更深刻的想象、联想及创意。形象思维是用直观形象、表象和意象来寻求解决问题思路的思维方式，通过对客观事物的直观想象来引发创意，其依赖于思维主体的感官知觉和认知经验。人们在物质世界中对现实事物进行观察、模仿、提炼、整合与重构，经由直观、感性的反应而形成新奇的想法和创意，因此说，形象思维是产生创意、创造和创新的主要来源。

与逻辑思维的严谨、收敛、抽象和理性不同，形象思维突出的是自由、发散、直观和感性。形象思维的广泛、准确依赖于设计师对客观世界的认知程度与自身的综合素养，因此，深刻的观察、细致的辨析、准确的判断是创意形成的强有力基础。中国传统美学也尤为重视形象思维，所谓"观物取象"就是通过对自然实景或事物形象的直接观察与直觉体验，经由心灵折射、深度思考和模仿想象而生成的深层次的创构意象。也就是说，形象思维通过形象感知事物、获取体验，用意象揭示事物的本质，表达认识的内容。

一般来讲，形象思维的基础是经验，核心是想象，目的是创新，过程是具象化。形象思维的思考过程主要包括五个阶段：提取、分析、综合、评估、反馈。在实际设计过程中，这五个阶段或是以线性方式展开，或是以递归方式演化和发展。形象思维的主要特征主要表现为：形象性、想象性、直接性、粗略性、创造性。形象思维的常用方法主要有以下几种。

（1）模仿法。设计者以某种具象事物或形象作为模仿原型或参照，按照目标对象的具体要求对模仿原型进行模拟、变化和更新，进而生成新的创意方案。模仿法是形象思维最常用的一种方式，也是人类先天具备的一种思维能力。人类发展史上的很多发明创造都来自对自然界事物的模仿，例如，人们模仿鸟发明了飞机，模仿鱼发明了潜水艇，模仿蝙蝠发明了雷达。仿生设计就是基于自然模仿

图1-3　科拉尼设计的仿生概念飞行器

的原理，通过对自然界万事万物的“形”“色”“音”“功能”“结构”等进行模仿，有选择地针对设计目标进行创造性思考，探求解决问题的新思想、新原理、新方法和新途径。仿生设计先驱科拉尼（Luigi Colani，1928—2019）通过对自然生物奥秘的研究和模仿而创造出众多超常规的设计作品，他从自然生命中汲取灵感，但绝非照搬具象形态，而是对自然物象的融合与升华（图1-3为科拉尼设计的仿生概念飞行器）。

（2）想象法。设计者在思维过程中抛开某事物的具体细节和实际情况，直接围绕既定设计目标展开丰富的、广泛的联想和构思，从而生成深刻反映该事物本质的简单化、理想化的形象。想象法往往不受既定规则和固有属性的限制和约束，设计者既可以从目标问题入手，也可以以某些相关的、显露的或随机出现的事物、表象或观念为依托物，经由思维的发散和跳跃、拓展和联结来实现形象的构建。

（3）组合法。设计者通过对两种或两种以上事物、图像或产品进行具象观察和分析，从中抽取合适的要素重新组合，使之相互联结、贯通，彼此融合，从而生成新的事物、形象或产品。这种组合并非机械地重复和简单地叠加，而是设计者针对创新目标和功能设定展开的积极联想和主动思考，并对事物形象进行解构、重构的有效整合。常见的组合技法一般有同物组合、异物组合、主体附加组合、重组组合等。例如，2008年北京申奥标志“太极五环图形”（图1-4），就是将中国太极拳动作造型元素与奥运会“五环”标志图形进行组合，并融入了“中国结”的意象，既弘扬中华民族文化精神内涵，又传递奥运精神。

（4）移植法。设计者通过对某一具象事物与目标对象的观察和比较，尝试将该事物的造型、功能、结构、材料及装饰等特征要素移植到目标对象上，从而产生新创意、新产品或新事物。移植法应用的基础在于设计者能动地在不同事物或不相关领域间构建广泛的联结，并进行积极的转化，从而寻求突破式或颠覆性的解决方案。常用方法主要有形态移植、功能移植、结构移植、材料移植和装饰移植等多种类型。图1-5为深泽直人设计的果汁饮料包装，就是将香蕉、草莓和猕猴桃的果皮质感直接移植到相应味道果汁饮料包装盒上，让人形成感官联想。

图1- 4　北京申奥标志“太极五环图形”

图1-5　深泽直人设计的果汁饮料包装

二、逻辑思维

设计是一种创造性活动，其过程既需要设计者运用创新思维获取更丰富、更广阔和更深远的创意选项，也需要设计者具备清晰的理念和缜密的逻辑，对设计概念、过程、技术及方案等进行分析、评价、检核、甄选和决策，从而获得最佳设计方案，这其中逻辑思维扮演着重要角色。如果说形象思维是依赖于感性的海阔天空的想象，逻辑思维就是通过人们理性认知、推导、整合得出的创意，从而达到有序、严谨、理性、逻辑化的思维。缺乏逻辑的“设计”，往往让设计构思漫无目的，让设计过程混乱不堪，让设计方案流于形式的更迭，忽视用户的本质需求和产品的价值属性。可以说，所有的设计都离不开逻辑思维，逻辑思维也渗透于整个设计创新环节，并直接关系着设计的成败。

与凭借知觉体验和感官认知的形象思维不同，逻辑思维注重的是理性的认知、判断和推理，是一种单向的、线性的、抽象的思维方式，是人们在认识事物的过程中，运用概念、判断、推理等思维形式来反映客观现实、事物本质与规律的理性认知过程，因此也被称为“抽象思维”。只有经过逻辑思维，人们对事物的认识才能达到对具体对象本质规律的把握，进而认识客观世界。换言之，逻辑思维需要思维主体按照一定的逻辑关系或基本规律进行分析和推理，从而揭示事物的本质特征和规律性联系，获得规范的、正确的结果或结论；其特点是以抽象的概念、判断和推理作为思维的基本形式，以分析、综合、比较、抽象、概括和具体化作为思维的基本过程。对设计而言，逻辑思维是以目标为导向的，就像一个箭头，指引设计者聚焦问题解决。

逻辑思维的常用方法主要有以下几种。

（1）分析与综合。分析是在思维中把对象分解为各个部分或因素，分别加以考察的逻辑方法。综合是在思维中把对象的各个部分或因素结合成为一个统一体加以考察的逻辑方法。

（2）归纳与演绎。归纳是从个别性的前提推出一般性的结论，前提与结论之间的联系是或然性的。演绎是从一般性的前提推出个别性的结论，前提与结论之间的联系是必然性的。

（3）分类与比较。根据事物的共同性与差异性就可以把事物分类，具有相同属性的事物归入一类。具有不同属性的事物归入不同的类。比较就是找出两个或两类事物的共同点和差异点。通过比较能更好地认识事物的本质。分类是比较的后继过程，分类标准的选择很重要，选择得好，还可发现重要的规律。

（4）抽象与概括。抽象就是运用思维的力量，从对象中抽取它本质的属性，抛开其他非本质的东西。概括是在思维中从单独对象的属性推广到这一类事物的全体的思维方法。抽象与概括和分析与综合一样，也是相互联系不可分割的。

三、创新思维

广义上讲，设计就是创新。创新是设计的本质要求，也是设计行为的最终指标。创新是设计思维的核心要素，设计思维则是实现创新的有效途径，它贯穿于整个设计活动的始终。离开了创新，设计也就不能称其为设计，而只能是复制和模仿。

创新一般是指运用创造力来开发独特的解决方案，在实践应用中，其概念往往与创意、创造和想象力等相关联，但实质上，创新更强调原创性、突破性和实践性，创新性观念必须是世界首创的，而不是仅对发明者来说是首创的。正如斯坦福大学教授蒂娜·齐莉格（Tina Seelig）所说：“创新迫使我们去用一个全新的视角来看待世界，包括挑战惯性思维，重构问题，以及整合不同领域的观点，而由此得到突破性的创意则会揭示出全新机遇的存在和应对挑战的方案……创新的难度远远高于在日常生活中想到创造性的问题解决方案。”可见，创新的意义在于突破已有事物的约束，以独创性、新颖性的崭新观念或形式去改造客观世界、开拓新领域和变革生活方式。因此，创新思维作为人类造物活动的一种高级思维方式，是为解决实践问题而进行的具有社会价值的新颖而独特的思维活动，也是创造、创新行为的先导和动因。或者说，创新思维是以新颖独特的方式对已有信息进行加工、改造、重组从而获得创意的思维活动和方法。创新思维主要具有以下特点：实践性、求异性、灵活性、反常规性、突发性、价值性、系统性、新颖性。创新思维的一般过程可以表述为：提出问题──►搜集资料──►展开联想──►发散思路──►提炼思路──►选择思路（图1-6）。

创新思维有广义与狭义之分。一般认为，人们在提出问题和解决问题的过程中，一切对创新成果起作用的思维

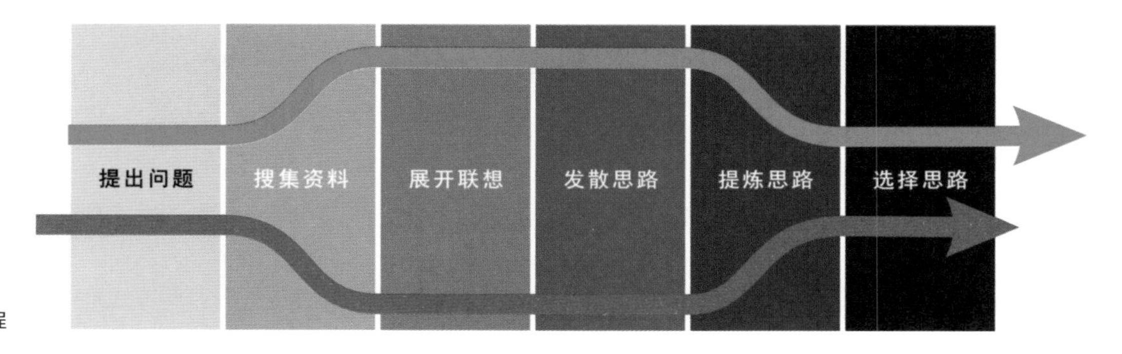

图1-6　创新思维的一般过程

活动，均可被视为广义的创新思维。狭义的创新思维则是指人们在创新活动中直接形成创新成果的思维活动，诸如灵感、直觉、顿悟等非逻辑思维形式。创新思维的目标是获得有效的创意，它可以通过各种手段、方法对信息进行加工、改造或者重组。这一系列的手段和方法则是建立在事物的属性的多样性、联系的复杂多样性和事物变化的多种可能性基础之上的。正所谓无穷复无穷，因为无穷的数量、无穷的属性、无穷的变化，所以有无穷的视角、无穷的组合、无穷的方法，正是这种无穷的联系和变化使得创新思维有的放矢，变化无穷。

创新思维的形式多种多样，常见的有以下几种。

（1）发散思维，也称扩散思维、辐射思维，是指从已有的信息出发，尽可能向各个方向扩展，求得多种不同的解决办法，衍生出各种不同的结果。发散思维是一种多向的、立体的、开放型、扩散状的思维方式，往往表现为广阔的视野、多元化的视角、丰富的联想以及天马行空的想象，思维主体对一个问题，能够从多个角度、多种渠道，提炼出多个观点，提出更多的解决方案，通常会突破固有的限制和约束，打破常规的线性逻辑，为突破性和颠覆性地解决问题创造更多的选项。

（2）收敛思维，也称汇聚思维、聚合思维。与发散思维相反，收敛思维是从已知的前提条件（如方案、设想、思路、知识、经验等）出发，寻找解决问题的最佳答案，或逐步推导出唯一的结果。这种思维就像车轮的辐条全都向中心汇聚一样，因此收敛思维是一种以目标为导向的闭合式的思维方式，它能够让思维主体理性推导和判断、综合评价和遴选，通过对比和比较、分类与归纳，剔除不合理的、不符合条件约束的选项，进而降低创新成本与投入，提高创新效率与效果。提高收敛思维能力就需要增强分析、综合、抽象、概括、判断、推理的逻辑思维能力。

（3）逆向思维，也称求异思维。逆向思维是与正向思维相对而言的，即突破思维定式，从相反的方向思考，敢于“反其道而思之”，这样可以避免单一正向思维和单向度认识过程的机械性，克服线性因果律的简单化，从相向视角（如上下、左右、前后、正反）来看待和认识客体，让思维向对立面发展。这样往往别开生面，独具一格，常常带来独创性的发挥，从而取得突破性的成果。简单来讲，逆向思维也就是指思维主体采取与常规思路或习惯性思路相反的思考路径，但并非主张要违逆常识和科学规律，不受任何限制地胡思乱想，而是审慎地去质疑、观察、剖析和评断事物的对立面，并从中探索和发现解决问题的可能性。在设计实践中，逆向思维的运用通常会激发设计者与众不同的观察视角，使其获取突破常规的设计理念。

（4）联想思维，是一种把已掌握的知识与某种思维对象联系起来，从其相关性中得到启发，从而获得创造性设想的思维形式。联想越多、越丰富，则获得新的创意、新的构思和新的概念的可能性就越大。简单地说，“万事万物都是相联系的”，问题是如何将思维的对象联系起来，怎样确定联系的结合点。在设计实践中，通过与设计目标或设计对象相关的事物、词语、行为、特征或者需求等联想到其他事物的关联点，并不断扩展和发散，继续引发新的联想，形成由点到面的“关系网”或“关系树”，进而将原来模糊的、未知的乃至原本相反的、相悖的、毫不相关的事物或元素之间进行关联，让创意构思的视域和格局更加广阔，获得突破性创新的概率更大。联想思维常用方法有：相似联想、相关联想、对比联想、因果联想、接近联想。

（5）灵感思维。灵感是人们借助于直觉启示而对问题得到突如其来的领悟或理解的一种形式，是一种把隐藏在潜意识中的事物信息，在需要解决某个问题时，其信息就以适当的形式突然表现出来的创造能力。灵感不是玄学，而是人脑的功能，其本质上是一种潜意识与显意识之间相互作用、相互贯通的理性思维认识的整体性创作过程。灵感的产生需要一定的诱发因素，有其客观的发生过程，是偶然性与必然性的统一，具有时间上和空间上的不确定性。事实证明，灵感的产生并不能“无”中生“有”，其依赖于思维主体的人生阅历、生活经验、知识结构和社会认知等主观因素，且需要一定外界因素的刺激和诱导、意象的暗示与启迪，这才能形成“灵感的迸发”“思维的顿悟”和“巧思的涌现”。

本章小结

本章从设计的概念入手，给出了学界和业界关于设计的多样化表述和理解，尝试从不同的视角揭示设计的本质和内涵，旨在用一种轮廓化或速写式的方式去把握设计的内核。但事实表明，设计，并不存在一个固定且明确的概念，甚至也不存在一个清晰的边界，正是这种动态性和变化性，让设计的研究和实践充满无限的魅力。随着经济、科技、社会和时代的迅速发展，设计的理念与思想、领域和范畴也逐渐深化，从设计到设计思维的转向，使设计者所从事的工作以及解决问题的方法也随之变化，从而设计者也逐渐转变为设计思考者，这给设计行业与设计者行为带来了根本性影响。

提问与思考

1. 设计的概念是开放的吗？如何定义设计？
2. 设计思维是设计师思维吗？
3. 设计者与设计思考者的区别是什么？

第二章

设计思维模式与方法

教学内容： 1. 设计思维的基本原则
2. 设计思维的流程模型
3. 设计创新的主要方法

教学目标： 1. 掌握设计思维的主要方式和特征
2. 梳理设计思维过程，掌握设计思维的流程模型
3. 系统性学习现代设计创新方法

授课方式： 多媒体教学，案例讲解，课堂研讨

建议学时： 6～8学时

第一节 设计思维的基本原则

设计思维是一种以人为中心的思考方式，通过了解用户真实需求、感受和体验来解决问题，能够使设计师理解问题产生的背景，产生洞察力及解决方法，理性地分析问题，并找出最合适的解决方案。它一般包括研究、观察、定义、洞察、联想、原型制作、测试和迭代等过程，旨在用敏锐的洞察力和创造力来解决复杂的问题，最终实现创新和促发改变。作为一种创新方法论，设计思维常常被应用于产品设计、服务设计、用户体验设计、企业战略与服务设计、社会创新设计等领域。在创新过程中，设计思维的基本原则主要体现在以下几点。

一、以用户为中心的设计理念

对设计者而言，设计以人为本或以用户为中心几乎是一个共识性的观点。但在传统设计方法中，“以人为本”的“人”通常以群体身份出现，设计师往往关注的是某个人群的共性问题和需求，往往将复杂多变的需求过度简单化，而忽视具体用户的个性化需求和行为属性，导致对用户真实需求的深入剖析和深刻思考相对缺乏。相比之下，设计思维将人的需求和用户满意度作为创新的核心目标，强调将“人（用户）”置于设计的首位，坚持从发掘用户的真实需求出发，多角度地寻求创新解决方案，并创造更多的可能性，进而实现具有最佳用户满意度的产品。因此，“以用户为中心”需要在对用户体验普遍认识的基础上进一步共情洞察，以感知实际问题和潜在需求，追求更有价值与创新意义的结果，不只是通过用户的回答或者问卷调查答案进行判断，而是要求设计者深入了解用户的生活环境、思维观念、行为方式和情感感受等，与用户换位思考，甚至将自己置于用户生活情境中真实体验、发现用户自身都未意识到的深层需求。

蒂姆·布朗认为：“设计思维不仅以人为中心，还是一种全面的、以人为目的、以人为根本的思维。”在实际设计中，设计师通过共情来发掘和探究用户的真实需求，进而定义需要解决的实际问题，围绕用户需求来构想创意，让用户参与原型测试、评估及反馈，最终实现用户满意的新产品、新方案。因此，“人（用户）”是贯穿设计思维整个过程的核心要素，设计思维也通常以用户共情作为起点和中心，进而展开定义、构思、原型和测试等步骤。

二、以问题解决为目标导向

从本质上讲，设计思维是一种创造性解决问题的方

法。因此，设计思维更专注于“跳出框架”去发掘问题，借由对实际问题的深入洞察探求更广阔、更有效的问题解决方案，而不是遵循主流或常见的问题解决思路。设计思维通常以产生用户同理心为基础，以解决特定用户的实际问题为目标导向，整合运用系统化的设计方法和手段让复杂的问题逐渐清晰、明确，从而针对本质问题来构想并获取最佳的解决方案。其中，对问题的深刻洞察和重新定义，是设计思维的关键内容。设计者不能仅凭用户的回答和反馈来界定问题，而是需要对问题的根源提出质疑并进行深入地调研，经过对用户行为的接触式观察和对问题的批判性分析，并对问题本质的深刻洞察，从而形成需要解决问题的清晰表述和精确定义。因此，设计思维创新总是从问题出发，经由洞察厘清问题本质，重新定义问题并始终围绕解决问题为目标，直至提出符合乃至超越用户需求的产品或解决方案。

三、跨领域团队协同创新

随着时代与科技的发展，日趋复杂和棘手的问题给设计者带来巨大挑战，仅凭设计师个人力量往往难以解决，跨领域、跨学科的团队合作创新的优势日益凸显。相较于传统的工业设计、建筑设计及平面设计，当今一个产品开发或一座建筑规划都需要数十位乃至上百位设计师参与，而且今天面对更为复杂的社会创新问题，需要设计师与来自工程、商业、医学、艺术、社会学、人类学及生物学等众多领域的专业人员进行跨学科合作，通过系统的创新激励机制和高效的创新催化方法，突破固有的学科限制和专业定势，从而促发新思路和新方案。当然，这种跨领域和跨学科团队合作不只是一种人员和职责上的简单组合，而是面向问题和目标的有机整合，作为团队成员的设计者和非设计领域人员都应在设计思维的框架下展开合作，从而获得更广泛、更激烈的思维碰撞，激发更广泛的灵感和创造力，产生更具创新价值的想法，最终提升创新成果的质量。正如IDEO设计师们所认同的观点：“作为一个整体，我们比任何个体都聪明。”这里的“我们”就是积极参与创新设计的跨领域团队，团队协同合作的目的是培养集体智慧并通过深度协作寻找潜在有效的解决方案。事实证明，团队所形成的创造合力和协同创新能力要远超个人。与其他创新方式相比，设计思维是一种能够让所有参与者提高专注力并开展深度协作的创新方法，它的真正潜力来自跨领域、跨学科团队的协作力。

四、发散与收敛的思维过程

设计思维是一种整合性创新思维，在设计创新过程中，它整合了形象思维和逻辑思维的多种思维方法，不同阶段的思维方式各有侧重，但从整体流程来看，设计思维是一个思维发散和收敛规律交替的迭代过程，每一次迭代都会让设计更聚焦，也更关注细节。思维发散旨在探索和获取更多的选项、增加问题解决的选择项。正如诺贝尔化学奖获得者莱纳斯・鲍林（Linus Pauling，1901—1994）所说：“为了有个好主意，必须先有很多想法。”发散式思维为设计者获取更多的信息和资源、形成更广泛和更广阔的创意和构思提供了途径和保障。思维收敛则聚焦合理的选择，过滤与摈弃不合理选项。更多选项也就意味着更复杂，这也让问题的解决更困难，而且容易让设计者陷入漫无目的的创想之中无法决断。汇聚式思维则通过严谨的逻辑和理性的推导来做出选择，淘汰选项，确保设计向着目标推进。这两种思维看似互相矛盾、彼此冲突，但在运用设计思维解决复杂性问题时，二者的高度融合创新则尤为重要。

一般来讲，发散和收敛过程广泛应用于问题发现和问题解决两个阶段。①问题发现阶段。在用户研究、收集数据和二手资料收集阶段，需要收集尽可能全面的信息，发散思维是极为必要的；在对数据的整理和分析过程中，需要提取关键信息，摒弃掉无关信息，以找到并定义真实的问题，所以要运用收敛思维。②问题解决阶段。在对问题寻求解决方案的过程中，需要征求各方建议，尽可能地探索可能性，需要发散思维获取更多的创意构思和解决方案；在原型构建过程中，既需要充分发挥创造性，又需要对方案进行甄选评估和汇聚集中，也就是发散和收敛思维并用；而用户体验测试则是要根据用户反馈，进行方案的凝练与收缩，以筛选出最合适的解决方案，收敛思维则扮演着重要角色。

五、快速原型迭代测试

快速原型建构是用设计思维解决问题的有效手段，也是让设计者能够以有形的产品而非抽象的概念来思考解决方案的有效方式。基于用户需求的复杂性和多样性，为了使成本更低、风险更小且效率更高，设计思维选择通过快速设计原型及迭代测试来探求有效解决方案。正如蒂姆·布朗所说：“它们（原型）让我们慢下来，是为了让我们更快。通过花时间去塑造我们的想法，我们避免了代价高昂的错误，例如，过早地变得过于复杂，以及长期坚持一个薄弱的想法。”也就是说，在经过洞察客户需求、定义核心问题、完成创意构想后，设计通过构建快速原型的方式将设计概念、创意构思或解决方案呈现在最终用户适用的场景中，并由目标用户对方案原型进行测试、评估和反馈，进而确定方案是否符合前期所界定的用户需求，以及是否有效解决了前期定义的问题，然后经过不断思考、修改、调整和优化，不断推进设计进程。例如，在开发软件时，设计团队可能会产生大量纸质原型，用户可以逐步完成这些原型，以便向设计团队或评估人员展示他们如何处理某些任务或问题。当开发有形设备时，如鼠标，设计师可以使用许多不同的材料来测试产品的基本技术。在创新实践中，设计思维往往是一个非线性迭代的过程，允许和推崇多次否定与迭代，这正是设计思维能够洞察用户需求、快速迭代创新、确保组织获得竞争优势的魅力所在。

第二节　设计思维的流程模型

设计思维为设计实践提供了一种思维框架，也为设计者提供了一套行之有效的设计方法和工具集，而且设计思维也是一种相对开放的方法，存在多种流程框架形式，不同的设计任务和设计活动，其应用步骤、具体方法及思考方式也有所不同。随着设计思维在艺术、商业、管理、服务及社会创新等领域的广泛应用和深入探究，设计思维流程模型和模式架构也更为完善和成熟，已成为一套具有明确定义和具体工具的方法，并逐渐在相关领域显示出巨大的潜力。不同的设计组织和机构也在设计实践过程中形成了各具特色的设计思维体系和流程（图2-1），其中最具代表性的设计思维流程模型主要有以下几种。

一、设计思维双钻模型

设计思维双钻模型最早是由英国设计协会（British Design Council）创立并提出的，该模型将设计过程分成两个周期：问题发现周期和问题解决周期。两个阶段分别呈现设计者发散和收敛的思维过程，从而构成了两个菱形（钻石）并列连接的流程图示（图2-2）。首先，问题发现周期的目标是让设计者“做正确的事”（Designing the right thing），包括对设计对象、设计问题及目标用户的深入探索和需求分析，并聚焦到关键问题，明确需求层次，形成洞察。其次，问题解决周期则是确保设计者“把事做正确”（Designing things right），需要设计者针对前一阶段定义问题进行构思发想，产出丰富多样的创意方案，再通过方案甄选、评估与测试找到最佳解决方案。

图2-1　设计思维的典型流程

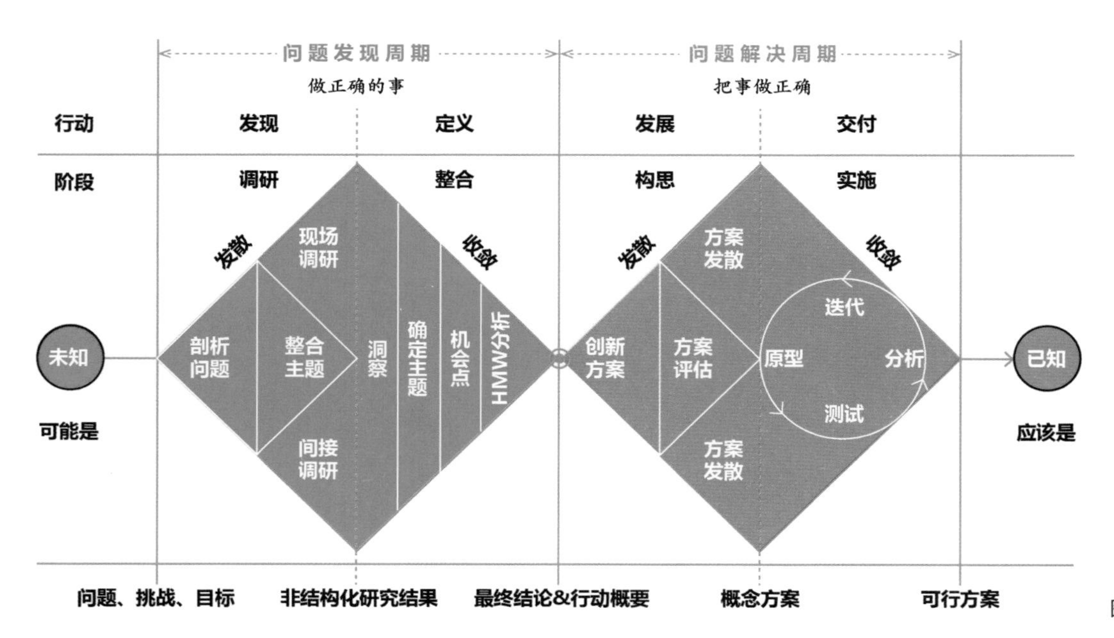

图2-2　设计思维双钻模型

在此基础上，该模型将发散—收敛—再发散—再收敛的“双钻”进一步分解为调研（Research）、整合（Synthesis）、构思（Ideation）和实施（Implementation）四个阶段，并且将设计思维的四种关键行动与之相对应，即“4D”：发现（Discover）、定义（Define）、发展（Develop）和交付（Deliver）。其中，发现/调研阶段，重在透析问题，发现潜在问题、真实需求或优化点。定义/整合阶段的目标是聚焦领域，依据洞察来定义问题、目标、策略和方法。发展/构思阶段旨在挖掘潜在问题，发散和拓展设计方案和解法。交付/实施阶段则是完成实施方案，交付出最终的设计解决方案。

实践表明，设计思维双钻模型为设计者提供了一种“从发现问题到解决问题”的通用设计流程和设计工作方法，可适用于解决不同类型的问题，因此，双钻模型也成为其他设计思维流程的基本框架和参照蓝本。

二、设计思维三阶段模型

设计思维三阶段模型是美国IDEO公司于2001年开发的一套设计思维流程模型，也称为“3I创新空间模型”（图2-3）。IDEO认为设计思考过程不是简单的线性流程或者一串秩序井然的步骤，而应该将设计创新过程视作一个“由彼此重叠的空间构成的系统”，该系统空间主要由三部分构成：灵感（Inspiration）、构思（Ideation）和实施（Implementation）。从设计流程来看，这三者分别对应着设计思维的三个阶段：灵感期、创造期和实现期，当设计团队改进想法或探索新方向时，通常会在这三个空间或阶段上来回反复、循环迭代，进而获取最佳的设计方案。

从设计思维流程模型来看，3I创新空间模型也呈现出发散和收敛交替的过程。首先，灵感是指那些激发人们找寻解决方案的问题或机遇。在灵感期，设计者或设计团队需要界定设计问题或设计机会，完善设计任务简报并以此制定设计任务框架，观察目标群体在日常生活环境中的行为习惯，明晰用户的基本需求或潜在需求。其次，构思是指产生、发展和测试想法的过程。在创造期，设计团队要提炼观察所得，洞察现象背后的问题，并以此为基础发现改变的机会或直接找到新的解决方案，用视觉化的手段表达自己的创意，以帮助团队成员和用户理解复杂的概念和想法。最后，实施是指把想法从项目工作室推向市场的路径。在实现期，设计团队需要通过制作原型，对新的想法和解决方案进行测试、迭代和完善，进而遴选出最好的解决方案并将其付诸行动，最后为创新成果设计一套沟通策略，便于在机构内外部解释、推行新的解决方案。

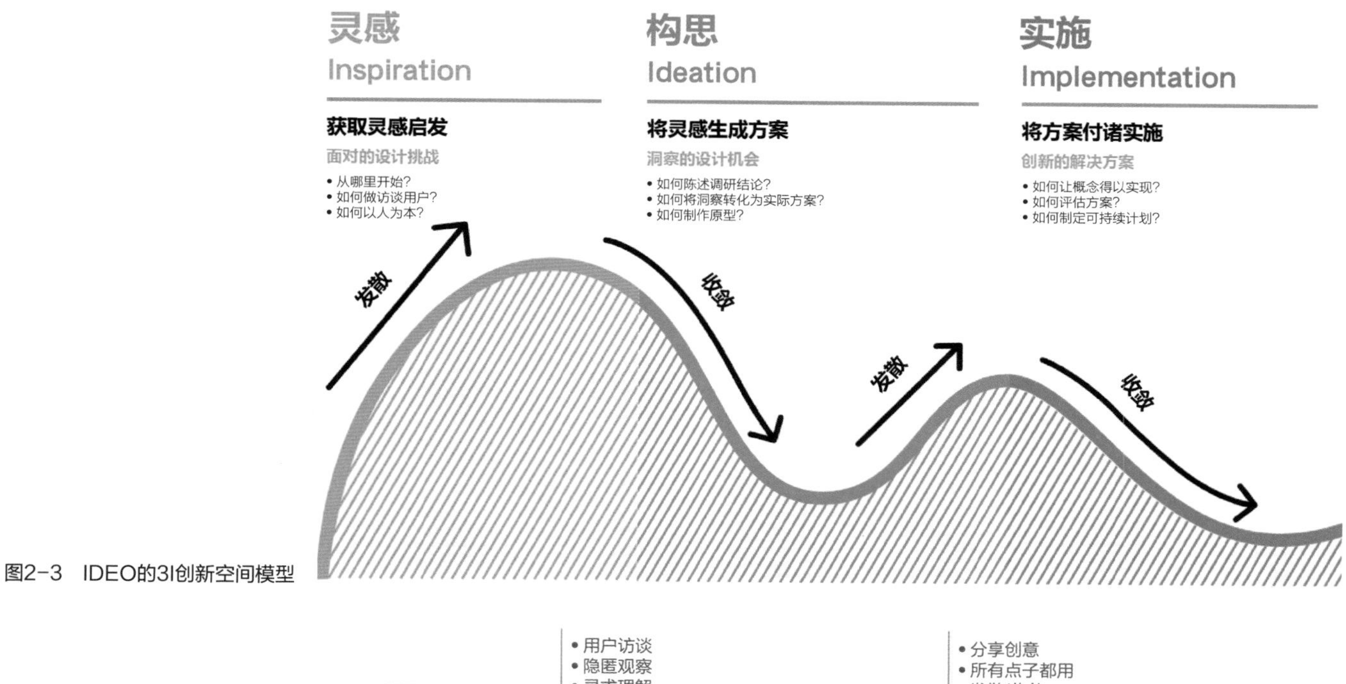

图2-3 IDEO的3I创新空间模型

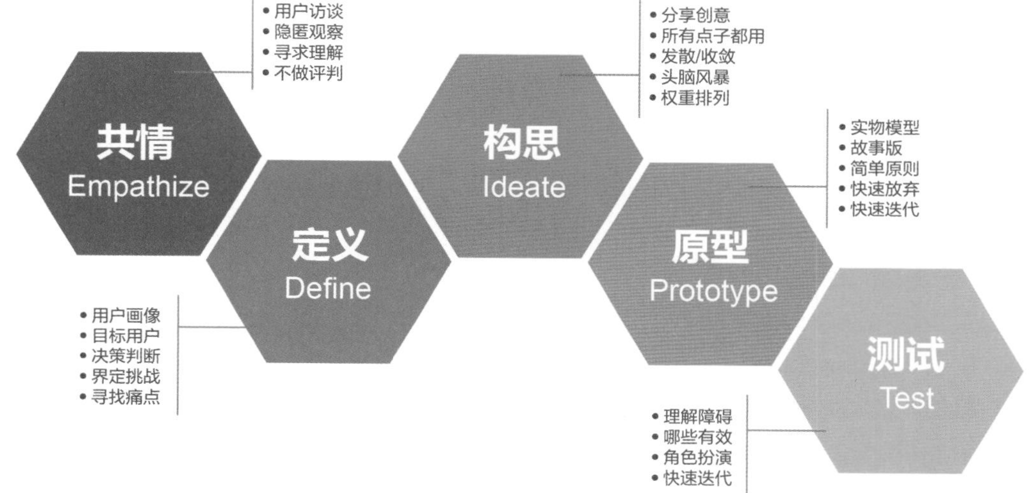

图2-4 斯坦福的设计思维五步法

三、设计思维五步法

设计思维五步法是由斯坦福大学设计学院（d. school）制定并在设计教育与实践中广泛采用的一种设计思维流程，这也是最受设计界推崇的主流模型（图2-4）。其最初旨在强化跨学科团队协作及全球化国际合作的设计创新，应对和解决世界性难题，如贫困、教育及医疗等复杂性问题，而后被各国设计教育机构广泛应用并深度影响设计行业。设计思维五步法主要包括五个阶段：共情（Empathize）、定义（Define）、构思（Ideate）、原型（Prototype）和测试（Test）。

设计思维第一步：共情，指的是与用户共情，即用同理心或换位思考去理解用户、发现用户真实需求，这一步也被IDEO看作设计项目展开的起点。设计思维是一种以人为本的设计观念，共情的核心是指设计者或设计团队要客观地理解目标用户，满足他们的需求与偏好的思考方式。共情的关键是站在目标用户的视角，去观察、去感知，找到他们最真实的需求、真正想要的事物和真正在意的产品。

设计思维第二步：定义，即问题定义，就是指透过现象挖掘本质的过程，重在清晰陈述用户的真实需求和实质问题，这在斯坦福设计流程中也被叫作POV（Point of

View）。问题定义的重点是设计者结合共情阶段的全部研究结果，通过整理分析找出需求背后的真实场景，洞察用户的实际问题和真实需求，进而创建以用户为中心的问题陈述。这一阶段也是一个思维收敛的过程，最终形成的问题定义也是下一阶段创意构思的起点。

设计思维第三步：构思，就是创意构想，指的是针对定义的问题挑战假设并创造更多的解决方案。创意构想是一个再次发散的思维过程，需要设计团队针对定义出来的问题去设想创造性、多样化和多层面的解决方案。该阶段通常采用头脑风暴等群体激励方法，来激发自由思考并扩大问题空间，以帮助获取尽可能多的想法，到构想结束时再对所有方案和想法进行收敛，选择最具备可行性或者最具有价值的解决方案继续推进和优化。

设计思维第四步：原型，一般指快速原型，为构想阶段设想出的解决方案从虚拟的想法转化为真实的、有形的、可以测试的原型或样机，目的是对前期创意和想法的有效性、可行性进行衡量与检核，进而便于进一步改进和优化解决方案，针对定义问题确定最合理的解决方案。从效率上来说，原型需要做到简单、合理、快速并适用于用户测试。

设计思维第五步：测试，就是让目标用户测试原型并基于使用体验给出反馈。测试也是将想法和创意具体化实现的关键，在测试环节中，设计团队需要根据用户体验来反思“该方案是否满足了用户需求”“它是否解决了所定义的问题，并改善了用户感受和体验”等问题，同时，设计团队可以引入用户调研、可用性测试去收集整理用户的反馈，并在整理的结果中发现新的需求。这些新需求通常会引导我们回到设计思维的定义阶段来修正或增加问题清单，在构思阶段修正或者重新设计方案，然后更改或改进原型进行迭代测试，直到获得解决用户问题的最佳方案为止。因此，测试阶段也是迭代循环最频繁的阶段，通常需要在测试和原型之间进行多次循环，以便达到构思阶段中我们期待的效果。

需要指出的是，虽然设计思维规划出从定义问题到解决问题的流程和路径，但设计思维五步法并不是一个线性的设计进度计划，这五个阶段也并不总是连续的，甚至不必遵循特定的顺序，它们更像是提供了一种工作框架，通常可以并行发生或迭代重复，以获得对目标用户的充分洞察，拓展解决方案空间并磨炼出创新解决方案。

四、设计思维的六步模型

设计思维的六步模型是德国哈索·普拉特纳研究院（Hasso Plattner Institute，HPI）在斯坦福设计思维五步法基础上进行调整和拓展，主要针对设计思维教育和设计创新过程，在共情、定义、构思、原型和测试五阶段之前增加一个“研究”环节，旨在让项目团队成员快速熟悉和理解项目背景和目标，为项目组织和实施做好必要准备（图2-5）。相较于从“用户共情”开始设计，从“研究”开始更利于设计者发现问题、认识问题和理解问题，这也就为解决未知的、不确定的或更为复杂的挑战提供了基础保障。尤其是当前社会和人类所面对的挑战和问题往往是全新的或未知的，设计者往往难以确定目标用户和设计方

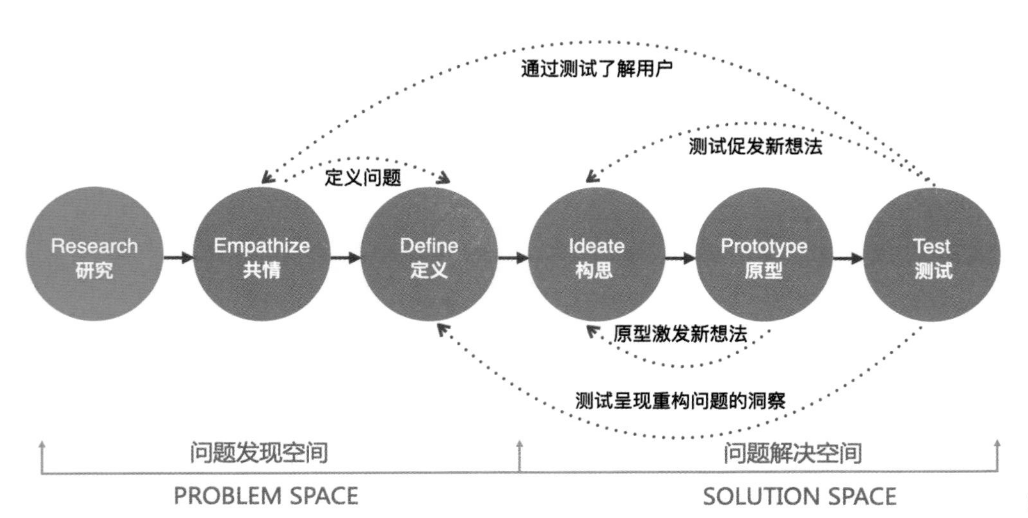

图2-5　设计思维的六步模型

向，这就需要先理解面对的挑战，做足各种准备性质的调查，不断收集信息和开阔自己的视野，收集能完成这个挑战的灵感，进而让整个团队对设计方向形成清晰认知，对“完成什么挑战”达成共识，挑战得以明确，才能发挥积极的引导和驱动作用。因此，广泛而深入的“研究”或“探索”就构成了设计思维顺利展开的基础，更是设计者或设计团队深入设计实践的起始环节。

第三节　设计创新的主要方法

从设计思维模型的应用性和适用性考虑，本节将就设计思维的六步模型展开详细论述，对每个步骤的目标、任务、内容、方法、工具及实施细节等结合具体案例进行解析，旨在让学习者能够熟悉并掌握设计思维的应用技巧和创新方法。

一、设计方法学与创新理论

设计活动是一个在实践中探寻满足需求功能的最优方案的过程，那么必然就存在如何去寻找的问题，也就构成了设计方法研究的主要内容。设计方法是在设计实践中逐渐被人们总结出来的一系列有效、可行的策略和方式，既包括技术方法的内容，又有工程方法的知识，而且在不同的历史发展阶段，科学与技术的现状不同，设计方法也存在差异。对于现代设计方法的研究和探索，是从20世纪60年代开始的。联邦德国机械工程学会在1963年召开了名为“关键在于设计”的全国性会议。会议认为，改变设计方法落后的状况已经到了刻不容缓的时候，必须研究出新的设计方法并培养新型设计人才。经过教育界和设计界专家的探索和实践，终于形成了新的设计方法体系——设计方法学。美国、日本、英国等也在这一时期开始了设计方法学的研究，形成了各具特色的设计方法学。我国设计方法学的研究是从20世纪80年代初正式开始的，主要借鉴了德国和日本的设计方法学体系。

设计方法学是对设计方法的再研究，是关于认识和改造广义设计的根本科学方法的学说，是设计领域最一般规律的科学，也是对设计领域的研究方式、方法的综合。现代设计方法学的主要范畴和常用的设计方法主要有以下几种。

（1）系统论方法。系统论是由美籍奥地利生物学家贝塔朗菲创立的，是一门逻辑和数学领域的科学。系统论方法指用系统的思想，按照系统的特性和规律认识客观事物，解决和处理各种设计问题的科学方法。其分析流程一般为“系统分析（管理）→系统设计→系统实施（决策）”三个步骤。所应用的方法主要有系统分析法、聚类分析法、逻辑分析法、模式识别法、系统辨识法、人机系统和运用系统观点研究设计的程序等。例如，产品设计通常被置于“人—机—环境—社会”的系统之中进行研究。

（2）信息论方法。信息论是由美国贝尔电话研究所数学家申农创立的，是一门应用数理统计方法，研究通信和控制系统中普遍存在的信息处理和信息传递规律的科学。信息论方法，就是运用信息论观点，把系统看作借助于信息的获取、加工、处理、传递而实现其目的的运动过程。设计本身就是建立在信息基础之上的实践行为，因此信息论方法构成了现代设计的前提，具有高度的综合性。常用的方法有预测技术法、信号分析法和信息合成法等。

（3）控制论方法。控制论是美国数学家维纳创立的，由数学、逻辑学、数理逻辑学、生理学、心理学、语言学以及自动控制和电子计算机等学科相互渗透的边缘学科。控制论方法是一种研究系统的控制过程和特征的横向科学方法。重点研究动态的信息与控制、反馈过程，以使系统在稳定的前提下正常工作。与其有密切联系的方法有：功能模拟方法、黑箱模拟方法和最优化方法。控制论方法有助于我们从整体上有机地把握和认识信息传播过程。

（4）突变论方法。突变论是法国数学家托姆创立的，是通过对事物结构稳定性的研究，来揭示事物质变规律的学问。突变论方法是根据人脑质的飞跃而建立的初步数学模型的理论和方法。突变论机理的创造性是人类不断开拓、无穷发展的关键，其思维方法与工具的变革是人类赖以持续发展的根本，所以运用突变论方法可以将普通设想变为创造性的设计，其方法主要有智暴技术、激智技术、创造性思维等。

（5）离散论方法。离散论方法指将复杂广义系统离散（将设计对象进行有限细分和无限细分，使之更逼近于问题的求解）为有限或无限单元，以求得总体的近似与最优解答的理论与方法。常用的设计方法有有限单元法、边界元法、隔离体法、离散优化法等。

（6）智能论方法。智能论方法指运用智能理论采取各种途径、工具去认识、改造、设计各种系统的理论及方法，其重在发掘一切智能载体，特别是人脑的潜力（如推理判断、联想思维等），为设计服务，尤其是可以利用计算机技术和人工智能等技术来辅助设计。常用的方法有计算机辅助设计（CAD）、计算机辅助工程（CAE）、计算机辅助制造（CAM）、智能机器化方法等。

（7）优化论方法。优化论方法指在一定技术和物质条件下，按照某种技术和经济准则，用数学方法为给定的设计目标找出最优设计方案的方法和理论，这是现代设计的宗旨。常用的方法有线性规划、非线性规划、动态规划、多目标优化等优化设计法、优化控制法、优化试验法等。

（8）对应论方法。对应论方法指将同类事物间（称为相似）和异类事物间（称为模拟）的对应性作为思维、设计的主要依据的方法，重在使各类事物间存在的某些共性或相似性进行适当比拟和组合，进而达到创新的目的，通常用于已有成熟的参照对象而尚未掌握设计对象性状的情况。常用方法有类比法、相似设计法、模拟法、模型技术和符号设计法等。

（9）寿命论方法。寿命论方法指设计中以产品使用寿命为依据，保证使用寿命周期内的经济指标与使用价值，同时谋求必要的可靠性与最佳的经济效益的方法和理论。常用方法有可靠性分析预测、可靠性设计和功能价值工程等方法。

（10）模糊论方法。模糊论方法指运用模糊分析而避开精确的数学设计的理论与方法，主要用于模糊性参数的确定、方案的整体质量评价等方面。常用的方法有模糊分析法、模糊评价法、模糊控制法、模糊设计法等。

综上所述，现代设计方法论中的设计方法种类繁多，而且多偏重于工程设计，具有很强的理性、逻辑性和科学性的因素，并非适合于每项设计，也并不是任何一个系统的设计都需要采用全部设计方法加以分析。工业设计是综合性、交叉性的学科，设计过程中需要综合上述方法加以考虑和研究，灵活运用适当方法促进设计行为的展开，避免教条式的照抄照搬。

二、设计创新流程与方法应用

企业要实现可靠且成功的设计创新，就必须了解整个产品生命周期的创新设计流程，并明确设计过程的不同阶段需要采取哪些具体的方法和手段。对于不同的设计项目或设计实践，设计方法或许很简单，如拼贴法、2×2示意图等，也可能极其复杂，如需要针对某个调研活动建立一套用于分析和分享数据的专业软件系统。正如一位顶尖的木匠师傅在建造木屋或木椅时，会娴熟地挑选和使用不同工具，同样，成功的创新者和设计师也需要熟练掌握各种不同的方法，并在不同的设计阶段选用相应的设计方法。下面就几种设计过程模型所采用的设计方法做汇总，以供设计实践参考。

（1）美国伊利诺伊理工大学维杰·库玛教授的企业创新101设计法。

维杰·库玛教授围绕以用户为中心的设计理念，针对产品创新与体验设计建立了一套创新设计流程——将企业设计创新行为细化为7个阶段，即确立目标、了解环境、了解人群、构建洞察、探索概念、构建方案和实现产品。该流程用于对企业创新行为加以规范化，并确保创新团队能够在相应阶段选择适用的方法和手段。同时，库玛教授针对每一模式归纳并整理了适用的设计方法，以期培育企业的创新机制。表2-1为库玛教授的创新设计流程及各阶段适用的设计方法。

（2）荷兰代尔夫特理工大学工业设计工程学院的设计方法。

代尔夫特理工大学工业设计工程学院在教学上以设计方法见长，且与众多企业进行项目合作。在设计专业教学过程中，始终围绕以“人、商业和科技”构成的三大核心理念来开展，采用系统化方法，并随着时代发展不断拓展设计范畴，将设计方法适用对象由最初的产品造型延伸至产品系统、模式、服务、品牌等领域，逐渐建构起针对“大设计”概念的设计方法体系。表2-2为荷兰代尔夫特理工大学工业设计工程学院的设计方法体系。

（3）美国卡内基梅隆大学布鲁斯·汉宁顿和贝拉·马汀的100个设计方法。

美国卡内基梅隆大学的布鲁斯·汉宁顿致力于人性化设计的方法与实践教学和研究，尤其是设计民族志、设计参与性和在不同文化脉络下的造型意义等方面的研究。他与设计师马汀合作出版《设计的方法》（*Universal Methods of Design*）一书，将其搜集和整理的100种以用户研究和方案延伸为主的设计方法或技巧整理成册，可为设计团队的设计活动提供参考，通过不同阶段所适用方

表2-1

库玛教授的创新设计流程及各阶段适用的设计方法

1 确立目标	2 了解环境	3 了解人群	4 构建洞察	5 探索概念	6 构建方案	7 实现产品
热点报告	环境研究计划	研究对象示意图	根据观察结果形成洞察	基于原则探求机会	形态综合生成法	战略路线图
大众媒体扫描	大众媒体搜索	预备调研	洞察的分类	机会思维导图	概念评价	平台计划
创新资料集	出版物研究	用户研究计划	用户观察数据库查询	价值假设	规定性价值网络图	战略计划研讨会
趋势专家访谈	发展路径图	人员五要素分析	用户响应分析	用户素描	概念联系图	试运行与测试
关键词统计	创新演变图	POEMS框架	要素-关系-属性-流向系统图	概念探讨会	情境设想	实施计划
十大创新框架	财务档案	实地考察	描述性价值网络图	概念形成矩阵	设计方案图示	能力规划
创新景观变化图谱	类比模型	视频人种学	要素分布图	概念隐喻与概念类比	设计方案故事板	团队组建计划
趋势矩阵	竞争者-互补者定位图	人种学访谈	维恩图	角色扮演式概念形成法	设计方案表演	远景说明
交集图	十大创新框架诊断	用户照片日志	树形图或半点阵图	概念形成游戏	设计方案原型	创新简报
从现状到趋势探索	行业诊断	文化产品	对称式聚类矩阵	木偶剧情境	设计方案评估	
初始机会图	SWOT分析法	图片归类	非对称式聚类矩阵	行为原型	设计方案路线图	
产品-行为-文化图	行业专家访谈	模拟体验	活动网络图	概念原型	设计方案数据库	
目标描述	兴趣小组讨论	现场活动	聚类矩阵洞察	概念草图	综合生成讨论会	
		远程研究	语义形象图	概念情境		
		用户观察数据库	用户群定义	概念分类		
			用户体验图	概念群组矩阵		
			用户旅程图	概念目录		
			总结性框架			
			设计原则的生成			
			洞察研讨会			

表2-2

荷兰代尔夫特理工大学工业设计工程学院的设计方法体系

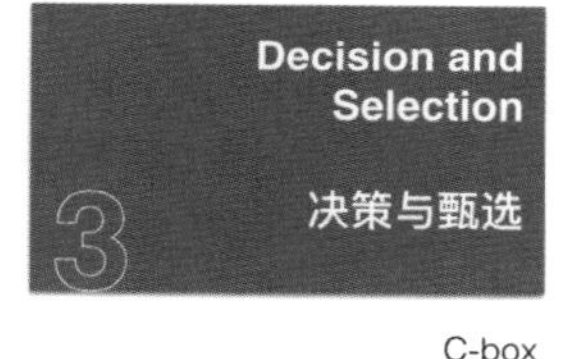

Creating a Design Goal 1 确立设计目标	Creating a Product Ideas and Concepts 2 探索产品创意	Decision and Selection 3 决策与甄选	Evaluation of Product Features 4 方案评估
Strategy wheel 战略轮	Creativity techniques 创意技巧	C-box	Product simulation and testing 产品仿真与测试
Custom journey 用户旅程	How to's 如何	Itemised response and PMI 逐条反馈和PMI	Product concept evaluation 产品概念评估
Trends analysis 趋势分析	Mind map 思维导图	vALUe 优势、局限于独特	Product usability evaluation 产品可用性评估
Cradle to cradle 从摇篮到摇篮	Brainstorming 头脑风暴	Harris profile 哈里斯量表法	Interaction prototyping & evaluation 产品交互原型评估
EcoDesign checklist 生态设计核检表	Fish trap model 渔网图	Datum method 基准比较法	
EcoDesign strategy wheel 生态设计战略轮	Synectics 类比法	Weighted objectives method 目标权重法	
Collage techniques 拼贴法	SCAMPER 奔驰法	EVR decision matrix EVR决策量表	
Process tree 流程树	Function analysis 功能分析		
WWWWWH 5W1H	Morphological Chart 形态分析		
SWOT analysis SWOT分析	Roleplaying 角色扮演		
Problem definition 问题定义	Storyboard 故事板		
Checklist for generating requirements 需求清单	Written Scenario 情境描述		
Design specification 设计规范	Checklist for concept generation 概念清单		
Design vision 设计愿景	Design drawing 设计手绘		
	3-dimensional models 三维模型		
	Biomimicry 生物仿生		
	Contextmapping 情境地图		

法和技巧的应用，可以在设计团队与用户、利害关系人等之间建立起必要的“对话”，进而在设计过程中探索最佳的解决方案。表2-3为美国卡内基梅隆大学布鲁斯·汉宁顿和贝拉·马汀的100个设计方法。

（4）美国IDEO的51张创新方法卡片。

作为全球大型设计咨询公司之一，IDEO不仅致力于产品设计开发和为企业进行设计提案，而且专注于对终端用户需求和体验的分析与研究，并在全球设计界与企业界推广设计思维引导创新。公司针对每一项设计任务，都从了解产品用户开始，专注聆听他们的个人体验和故事，悉心观察他们的行为并理解其感受，从而洞察现在的需求和渴望，并以此为灵感来展开设计。就设计方法而言，IDEO的设计活动是受“设计思维”主导的，较为重视人类学研究、心理学实验及创新思维的运用，而且针对不同的设计项目，往往会采用不同的方式和方法，无论是产品、界面、空间，还是服务和体验等，其创新通常来自三个方面的结合点：用户的需求性、商业的延续性以及科技的可行性。IDEO设计师们通过对多年设计项目实施过程的梳理和分析，汇总成一套包括51种设计方法或创新技巧的创新方法卡片，内容区分为分析（Learn）、观察（Look）、询问（Ask）和尝试（Try）四大类，通过示意图和说明文字的组合，让复杂的设计方法变得直观易懂，且便于设计师在实际设计过程中拿来参考和应用。表2-4为美国IDEO创新方法卡片的51种设计技巧。

表2-3 美国卡内基梅隆大学布鲁斯·汉宁顿和贝拉·马汀的100个设计方法

5
上市和监控，持续观察及分析成果，适时修正

方法	阶段	方法	阶段	方法	阶段	方法	阶段	方法	阶段
A/B测试	①②③④❺	创意工具箱	①②❸④⑤	弹性模型制作	①②❸④⑤	参与式设计	①❷❸❹⑤	利害关系人浏览	①②❸④⑤
AEIOU	①❷③④⑤	关键事件法	❶❷③④❺	隐匿观察	①❷③④⑤	个人物品收藏	①❷③④⑤	故事板	①②❸④⑤
亲和图	①❷❸❹❺	群众外包	①❷❸❹❺	焦点团队	❶②③④❺	人物志	①②❸④⑤	调查	①❷③④⑤
器物分析	①❷③④⑤	文化探测	①❷③④⑤	衍生式研究	①②❸④⑤	照片研究	①❷③④⑤	任务分析	①❷③④⑤
自动远端研究	①❷❸④❺	客户体验稽核	❶❷③④❺	涂鸦墙	①❷③④⑤	图像法	①❷③④⑤	领域图	❶②③④⑤
行为地图	①❷③④⑤	快速设计工作坊	①❷❸④⑤	启发式评估	①②❸❹⑤	原型法	①②❸❹⑤	主题网络	①❷③④⑤
身体激荡法	①②❸④⑤	设计民族志	①❷③④⑤	意象看板	①❷③④⑤	问卷	①❷③❹⑤	放声思考法	①②❸❹⑤
脑力激荡组织图	❶❷❸④⑤	设计工作坊	①❷❸❹⑤	访谈	①❷❸❹⑤	快速迭代测试评估	①❷❸④⑤	时间感知研究	①②③④❺
商用折纸	❶❷③④⑤	期许测试	①②❸❹⑤	KJ法	❶❷❸❹❺	远端管理研究	①②❸❹❺	试金石之旅	①❷③④⑤
卡片分类法	①❷❸④⑤	日志研究	①❷③④⑤	狩猎分析	❶❷③④❺	透过设计的研究	❶❷❸❹❺	三角比较法	❶❷③④⑤
个案研究	①❷③④⑤	引导式叙事	①❷③④⑤	关键绩效指标	①②③④❺	角色扮演	①❷❸④⑤	三角交叉验证法	①❷❸❹⑤
认知图	①❷❸④⑤	Elito法	①②❸④⑤	阶梯法	①❷③④❺	情境描述泳道图	①❷❸④⑤	无干扰测量	①❷③④⑤
认知演练法	①❷❸④⑤	人体工学分析	①②❸❹⑤	文献探讨	❶❷③④⑤	情境故事法	①❷❸④⑤	使用性报告	①②❸❹❺
拼贴	①❷❸④⑤	评估研究	①②③❹⑤	情书&分手信	❶❷③④❺	次级研究	❶❷③④⑤	使用性测试	①②❸❹❺
竞争测试	❶②③④❺	实证设计	❶❷❸❹❺	心智模式图	①❷❸④⑤	语意差异法	❶②③❹❺	用户旅程图	①②❸④⑤
概念图	❶②❸④⑤	经验原型	①②❸④⑤	心智图	①❷③④⑤	随行观察	①❷③④⑤	价值机会分析	①②❸④❺
内容分析	①❷❸❹⑤	经验取样法	①❷③④⑤	观察	①❷③④⑤	模拟演练	①②❸④⑤	网络分析	①②③④❺
内容盘点与稽核	❶②③④❺	实验	①②③❹⑤	平行原型设计	①②❸④⑤	站内搜寻分析	❶②③④❺	加权矩阵	①②❸④⑤
脉络设计	❶❷❸❹⑤	探索式研究	①❷③④⑤	参与观察法	①❷③④⑤	快速约会	①❷❸④⑤	奥兹巫师模拟技术	①②❸❹⑤
脉络访查	①❷③④⑤	眼动追踪	❶②③❹❺	参与式行动研究	❶❷❸❹❺	利害关系人分析图	❶②③④⑤	文字云	①❷❸④⑤

表2-4　　美国IDEO创新方法卡片的51种设计技巧

Learn 分析	Look 观察	Ask 询问	Try 尝试
• 人体测量分析	• 个人物品清单	• 文化探求	• 场景测试
• 故障分析	• 快速民族志研究	• 极端用户访谈	• 角色扮演
• 典型用户	• 典型的一天	• 画出体验过程	• 体验草模
• 流程分析	• 行为地图	• 非焦点小组	• 快速随意的原型
• 认知任务分析	• 行为考古	• 五个为什么	• 移情工具
• 二手资料分析	• 时间轴录像	• 问卷调查	• 等比模型
• 前景预测	• 非参与式观察	• 叙述/出声思维	• 情景故事
• 竞品研究	• 向导式游览	• 词汇联想	• 未来商业重心预测
• 相似性图表/亲和图	• 如影随形/陪伴/跟随	• 影像日记	• 身体风暴
• 历史研究	• 定格照片研究	• 拼图游戏	• 非正式表演
• 活动研究/行为分析	• 社交网络图	• 卡片归类	• 行为取样
• 跨文化比较研究		• 概念景观	• 亲自试用
		• 驻外人员/地域专家	• 纸模
		• 认知地图	• 成为你的顾客

本章小结

本章从设计思维实践与应用展开，着重分析了设计思维的基本原则、流程模型及主要方法，旨在厘清设计思维的应用路径与具体工具，并让设计者能够从传统的设计流程转变为以人为中心的设计思维流程，尤其是对当前主要的设计思维流程模型形成清晰明确的认知和理解，进而快速掌握设计思维各步骤的具体目标、任务和工具，以及各步骤之间的衔接与迭代关系，从而将设计思维灵活地应用于设计创新实践。

提问与思考

1. 如何理解“以人为中心的设计”？

2. 设计思维流程与设计流程有何区别？

3. 设计思维流程中最常用的设计方法有哪些？还有哪些创新方法可以在设计中应用？

第三章

研究

教学内容： 1. 设计思维“研究”的概念及内容
2. 设计思维“研究”的对象及具体范畴
3. 设计思维“研究”的方法与应用工具

教学目标： 1. 了解设计思维“研究”的目标与意义
2. 掌握设计思维“研究”的具体内容和逻辑架构
3. 掌握设计思维“研究”的常用工具与实用工具

授课方式： 多媒体教学，小组研讨，市场调研，阶段性汇报

建议学时： 6～8学时

第一节　何谓“研究”

设计思维六步模型的第一步是“研究”，那什么是“研究”？赫伯特·西蒙在其著作《人工科学》中将设计流程阐述为一种寻找最优化方法的逻辑，其中“研究”部分涉及的内容被定义为“外部环境”，探寻设计问题的内部环境适应外部环境的一系列参数变化，使其效用最大化在达成设计目标的过程中尤为重要。西蒙的定义针对较为具体的设计问题，而在后来设计思维逐渐发展的过程中，设计思维流程的研究逐渐转向更广泛的视角：哈索·普拉特纳研究院提出的设计思维六步模型中，第一步为“研究”（Research）或“理解”（Understand），旨在搜集项目的相关资料知识，以对设计挑战的问题形成一个全面的观点；坦佩雷理工大学的阿图尔·卢格迈尔等人在斯坦福设计思维经典模型的“同理心”阶段前面加入了“自学习”阶段，该阶段要求设计师学习和掌握有关创新、设计思维以及相关领域的背景知识，从而对设计思维及其相关内容产生更好的理解。由此可见，在以设计思维进行的项目启动之前，设计目标问题并非已有了一个清晰的表述，而是需要设计师能够识别其范围，并对其相关的各个层面进行广泛而系统的研究，先做足充分的知识储备。正如《设计研究》（*Design Studies*）期刊主编奈杰尔·克罗斯提出的关于设计思维的策略性因素中所说，设计师需要对问题有一个非常广泛的系统了解，而不是仅仅接受一种狭隘的问题条件。

因此，“研究”作为设计思维六步模型中的第一步，或者说是预备步骤，是制订项目计划、展开后续设计步骤的基础。其相近的概念包括探索、搜查、理解、了解等，这些概念时常互相替换使用，但其细节略有区别。其一，探索（Explore）意为研究未知事物，更加强调多方寻求答案的动机；其二，搜查（Search）的行为色彩则相对更加严肃；其三，理解和了解（Understand）含义相近，程度上稍有区别，侧重于对知识的消化和吸收。对比而言，“研究”更强调使用专业的工具进行分析和进行全面的商讨，体现更强的学术性和严谨的态度。所以，本书中侧重使用“研究”来表述设计思维六步模型的第一步骤。但也应注意，它仍与上述其他概念含义相近，可以根据实际语境来选用合适的词汇进行替换表述。

设计思维中的“研究”是指把握宏观社会环境中各因素变化的趋势，从政策、经济、生态、文化、技术、行业、产品等维度对潜在的设计目标产生横向的广泛见解，对设计目标的历史、现状、前景有纵向的了解，从而对聚焦的设计目标有全面的判断。这一过程意在了解趋势，收

集信息和数据，分析优势和劣势，知悉政策、商业和技术、竞争情况、愿景和成功率。因此，在这一步骤中，及时、高效地获取信息非常重要，即利用报刊、书籍、网络等进行多渠道搜集，在此基础上使用趋势矩阵、视觉资料集等工具对信息进行综合浏览和定期汇总。在“研究”步骤结束时，团队可以聚焦到一个较为详细的设计目标，且对该目标的横向、纵向信息都具备广泛而深刻的理解，这些重要的见解对制订项目计划起到了不可缺少的作用。

第二节 “研究”什么

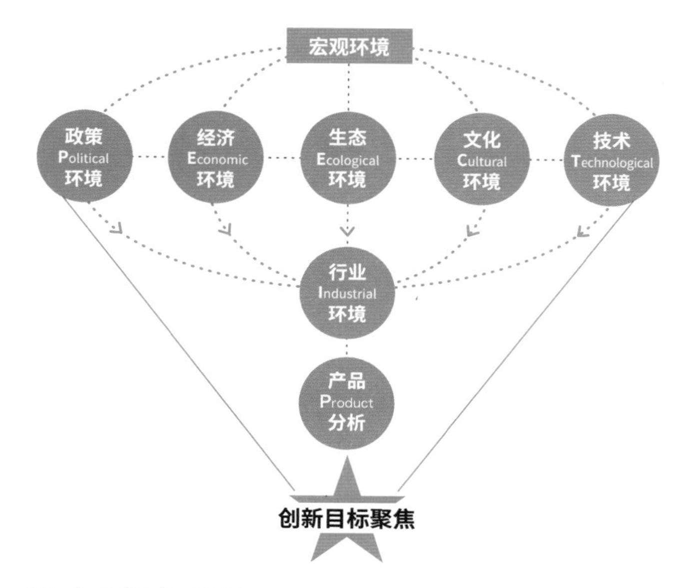

图3-1 环境因素结构图

在创新设计的初始阶段，设计师们首先要谋划布局，界定初始的设计目标是在什么领域范围内。这就要求设计师以全局的观念来分析我们所处的宏观环境，以独到的远见来判断具有探究意义的微观领域，从而找到设计项目的出发点。

宏观环境由多个影响微观环境的社会因素构成，涉及政策、经济、生态、文化和技术等方面。这些因素的变化直接或间接地影响行业的前景和发展：政策的颁布为设计起到引领和推动的作用；经济的发展和投入促进设计领域的繁荣；自然环境为设计提供无限灵感和资源，同时也有着平衡好生态关系的要求；社会的文化价值取向体现了大众对设计产品的普遍需求；科技的每一次进步都给设计带来新的手段和启示；各个因素相辅相成，创造了无限的设计可能。所以，从多方面把握宏观环境的现状及变化的趋势，有利于企业和设计师抓住具有前景和潜力的设计机会，及早发现且避开潜在的威胁和风险。

本节将从政策、经济、生态、文化、技术、行业、产品的角度（PEECT-IP）（图3-1）阐述如何搜集、感知与评估相关领域的变化趋势，以此帮助我们逐渐聚焦创新目标的范围。

一、政策环境

在不同的时代背景下，我们的社会都会面临各种各样的问题。面对这些社会问题，国家或重要国际组织基于社会发展大势做出全面的判断，所颁布的一系列政策、倡议、议程、计划等正是引领社会发展和设计项目开展的“指南针”。具体来说，经济、能源、安全、民生相关领域的新政策为各个相关行业带来不同的机遇与挑战。例如，市场监管总局颁布的新版国家标准文件会促进企业设备更新和技术升级；而政务部门出台的多项政策鼓励新能源汽车发展，自然降低了新能源企业的进入门槛。

这些政策的具体目标面向多元化的社会，针对当今世界发展变化中存在的各类复杂棘手的社会问题，而这正是通过设计思维方法来进行探究的领域。所制定的未来理想的变革愿景也和以人为中心的设计目标不谋而合。例如，2015年9月，193个联合国成员国决议正式通过2030年可持续发展议程。议程宣布了17个可持续发展目标，即联合国可持续发展目标（Sustainable Development Goals，SDGs）（图3-2）。该17个目标提出了当今社会全人类面临的全球挑战，包括与贫困、不平等、气候、环境退化、繁荣以及和平与正义等有关的挑战，旨在引导全世界在2015年到2030年以综合方式解决社会的发展难题，其目标是实现更美好和可持续的未来。

面向未来，我国也谋划并提出一系列基于国情的未来发展布局，以助力解决各领域的社会挑战。例如双碳目标的提出，《国别方案》中“创新、协调、绿色、开放、共享”发展理念的指导，“十四五”规划中建设数字中国的目标……通过对相关政策的分析，我们不难发现，我国正在从传统的“制造大国”向“科技、人文、永续”的大国

图3-2 联合国可持续发展目标（SDGs）

转型，而设计则是协助转型的有效工具。

作为设计的创造主体，设计师关注与分析政策环境、梳理近年国家的创新举措，有助于抓住时代动向特征、识别社会热点问题、洞察未来设计创新趋势。而关注人类社会发展问题、以设计思维解决社会难点问题也是每一位有责任感的设计师的使命。

二、经济环境

作为经济和观念形态的载体，设计已成为一个国家、机构或企业发展的有力手段。第二次世界大战后，日本经济百废待兴，日本政府引入了现代工业设计，制定了“设计立国”的新经济发展战略。日本将设计作为基本国策和国民经济发展战略，从而实现了20世纪70年代的设计腾飞。对于经济环境来说，设计可以提高产品附加价值、参与经济体管理、促进生产、推动消费。反之，经济环境的相关因素，如利率水平、财政货币政策、消费者可支配收入水平、居民消费储蓄倾向和长远预期等因素，都对设计目标的市场现状和前景有决定性的影响。

尤其是在信息化时代的今天，设计与经济二者发展日益密切、相互促进，设计一旦脱离了经济活动便失去了存在的价值。在过去10年，“互联网经济”是我国经济发展的一个非常亮眼的标签，电商、移动支付、移动社交、数字生活等服务无时无刻不改变着我们的生活，激发设计创新的灵感和潜力。

在未来，“智能经济”将成为我国经济发展的新标签。无人驾驶、智能工厂、智慧矿山等，从居家出行到制造研发，智能经济给生产生活带来深刻变革。据统计，近年来我国智能经济产业规模快速增长，2021年人工智能核心产业规模超过4000亿元，较2019年同期增长6倍多。以人工智能为核心驱动的智能经济业务将连续多年对营收增长产生积极影响。例如，国家新基建政策出台后，各地政府形成几十万亿元规模的投资，这些投资将形成更大的带动效应，推动未来智能经济领域相当长一段时间的高速发展。追踪这些经济发展活跃的热点领域，对于设计目标的聚焦和理解有更大的参考价值。

三、生态环境

生态环境与人类活动密切相关，包含影响人类生存与发展的水资源、土地资源、生物资源、气候资源等，是关系到社会和经济持续发展的复合生态系统。一方面，自然生态为人类发展和设计探索提供了源源不断的灵感和资源；另一方面，气候异常、灾难频发、能源危机等严峻的问题也为设计界思考人类发展与生态环境之间的关系提出了新的挑战。作为负责任的设计师，在设计思维的研究步骤中，关注生态环境问题、人与生态环境之间的互相影响也会为之后设计目标的形成带来新的理解。

有关自然环境的设计概念层出不穷，从20世纪八九十年代的“绿色设计”浪潮，到“生态设计”“低碳设计”等，再到如今火热的“可持续设计”，设计界始终在关注与协调人与自然、人与人、人与环境等多种关系。如今“可持续”也已不再只是时尚的学术话语，而成为当今社会各个领域最为关注的焦点问题。它并非单纯地强调保护

图3-3　朴门永续设计案例：上海杨浦区创智农园

生态环境，而是提倡兼顾使用者需求、环境效益、社会效益与企业发展的一种系统的创新策略。例如，朴门永续设计（Permaculture）就是从自然环境出发的可持续典型范例。它起源于澳洲在高度破坏性工业化农业的背景下，把永续（Permanent）和农业（Agriculture）二者理念相结合，构思发展出更加稳固环保的农业系统。如今，朴门的概念已经从农业系统扩展到全面的永续人类居住环境，其命名也逐渐变成了永续和文化（Culture）的含义，原本针对永续农业的设计手段，如建筑景观设计、废弃物处理、水资源管理等，逐步拓展到更多领域中，起到了积极作用（图3-3）。

所以，在设计思维研究步骤中，设计师也需要兼顾自然环境给人类生活带来各种变化的考量，结合其他领域内容，探索可持续社会转型中设计能够发挥的作用，发掘设计与自然合作的可能，为永续生活和人类福祉而设计。

四、文化环境

从设计的角度关注社会文化，我们主要将目光聚焦在有关社会风俗习惯、群体审美观点、道德价值观念等文化环境的因素中。具体来说，包含人们生活方式的习惯、工作与休闲的态度、潮流与审美的风尚、新生代的生活态度等。

通过了解特定群体的文化价值取向来思考设计的出发点，有利于更深刻地洞察消费者对产品或服务的情感诉求、满足他们对产品的价值认同，从而拥有更广阔的市场前景。洞悉文化背景，也有助于赋予设计作品独特的灵魂与思想。如果不考虑特定的文化环境，完全直接套用另一套文化环境下的模式，则会产生水土不服等问题。

例如，随着民族自信心和民族自豪感的不断增强，消费者群体对本土文化导向的产品产生越来越多的认同感，尤其是年轻消费者为“文创”买单的热情逐渐高涨。京东消费大数据显示，“Z世代”在线上消费者总人数中近10%，却贡献了近四成国潮风类商品的成交额。从偏好北欧风格到日式简约风再到中式国潮风，年轻一代消费者的偏好也引领了全民消费的风向，使很多全新的品类崛起，成为中国消费市场新的增长极。很多老字号的国货品牌通过跨界联名设计，将“非遗元素”作为创新热点加入潮流设计中，从而产生了奇妙的“化学反应”，名扬圈外（图3-4中，1为花西子“苗族印象”系列，灵感取自于苗银工艺，复刻了錾刻工艺与东方微雕技术；2为李宁“少

图3-4 老字号品牌的潮流设计案例展示

不入川”城市限定系列，运用了蓝印花布印染国家非遗工艺，将厚重深远的历史文化感与炫酷休闲的潮流元素巧妙碰撞；3为健力宝“招财熊猫”包装，展现了熊猫形象以及招财的祈愿文化；4为百雀羚条漫广告《1931》，抓住了年轻人碎片化的阅读习惯，以诙谐的口吻追溯了民国时期的生活）。随着社会审美风潮、消费者喜好的变化，国风、国货不再是“老土”的代名词，相反成了独属于中国人的浪漫。

因此在进行设计活动前，设计师先研究特定领域、特定地域的文化环境，参考消费者的价值观、审美观、生活观，有助于将顺应其消费行为导向的文化内涵融入设计创作中。

五、技术环境

当前，我们正处于一个全球性的技术变革的时代，物联网、移动计算、大数据、人工智能等信息技术逐步发展，配合新能源、新材料和新工艺的变革，信息技术与物理世界融合得更加紧密。技术的革新影响着设计活动的环节、设计生产的流程，所以在设计思维研究步骤中，对技术环境的理解必不可少。

一种新技术、新材料的诞生往往会激发、创造无限的设计可能。例如3D打印技术，起源于20世纪80年代，最早应用于各类原型的快速制造。随着材料技术与装备技术的不断革新，3D打印为生产具有更复杂造型和高精度的产品提供了可能，为降低产品生产周期和成本带来了机会。发展至今，3D打印材料的种类已经十分丰富，包括聚合物材料、金属材料、陶瓷材料、生物用高分子材料等，应用于汽车、模具、能源、航空航天、生物医疗、建筑、食品、家居等众多行业之中［图3-5，1为设计师乔·杜塞特（Joe Doucet）设计的3D打印用餐器具；2为设计师艾尔泽林德（Elzelinde）和3D食品公司（3D Food Company）利用剩余食物3D打印的食品；3为MX3D公司生产的3D打印不锈钢桥；4为汽车品牌布加迪使用3D打印技术生产的钛合金制动卡钳部件；5为中国空间站梦天舱3D打印的蒙皮点阵结构部件；6为上海九院为

图3-5 3D打印案例展示

骨盆重建手术3D打印的假体]。

技术的革新也为设计生产的流程带来巨大改变。工业4.0时代也被称为智能制造时代，许多原本由人操作的工作变为自动化，人工智能使工厂中的每个设备、每个材料都能相互联通，不光能够实行自动生产，还能以高效的方式制造个人产品。工业4.0背景下，设计的工具、流程及环境都必然推陈出新。重复性的简易设计工作会交给人工智能，图像、情绪识别等人工智能技术将辅助设计师更高效地工作；产品开发成本的降低大大缩短了开发周期，极大地加快了产品更新速度；消费者个性化、多样化需求的提出，也创造了更多设计的机遇。在智能时代的推动下，设计也开拓了新的职业领域，新技术一定会对设计产生影响，而设计也随着新技术的到来发生了变化。

前沿科学理论层面的发展，催生了新技术的应用，催生新的设计。因为技术具有先进性，所以对技术的应用，能够提升设计的水平。在设计思维的研究步骤中，当我们开始探索从何着手设计时，不妨探寻一下当下前沿的热点技术，从科学技术的进步中汲取灵感。例如，英国电信公司的未来学家伊恩·尼尔德和伊恩·皮尔逊于2005年就已合写《未来技术发展时间表》(2005 BT Technology Timeline)以帮助决策者及机构了解技术发展趋势及其潜在影响；麦肯锡咨询公司于2021年评选出了十大“最有可能引领人类生活”的科学技术，或许在未来的10年，这些技术与设计进行结合，会迸发出惊人的能量(图3-6)。

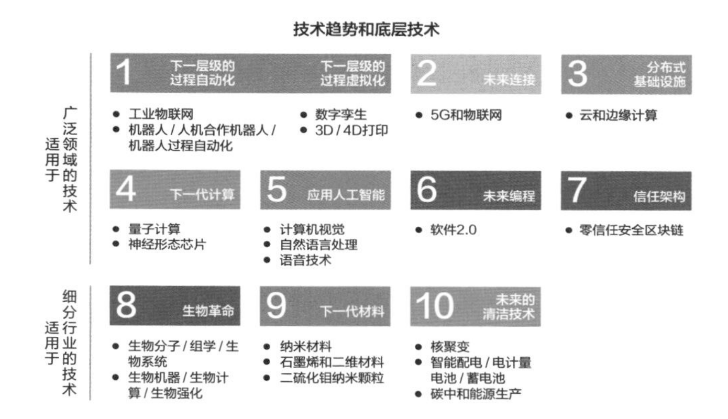

图3-6 麦肯锡：塑造未来的十大科技趋势

简言之，设计与科技紧密结合。一方面，科学技术是设计创造的先导，它的发展决定了我们的天马行空的设计想法是否可行可落地，也鼓励着设计师进行新形式的畅想和探索；另一方面，科学技术也需要设计作为载体将其展示出来，使技术跳出实验室，让越来越多的人可以享受到它们带来的价值。

六、行业环境

受以上各领域环境的影响，不同行业的发展也始终处于动态的变化之中。在设计思维研究这一阶段，抓住行业变化的趋势、摸清行业发展最新动向是进行设计思维实战，尤其是商业化的设计项目需要着重展开的。若选择一个缺乏政策支持或缺乏技术前景，也缺乏用户青睐的行业，即便大量投入，也很难获得有效等值的回报。

在研究步骤中，需要时刻关注整体行业环境，是否有技术升级、智能创新，推动产业革新转型。例如，对于汽车行业来说，传统燃油车虽仍是汽车市场的主力，但由于能源、环保、升级等问题，受到拥有众多新优势的新能源汽车冲击。2021年，中国产新能源汽车销量同比增长158%，甚至宝马、捷豹等一众老牌车企也在探索开发新能源车型。传统燃油车领域的技术已然非常成熟，若还在此领域进行设计开发，则很难抢夺龙头车企已受挑战的市场份额。此外，除了能量来源的区别，智能软件逐渐占据了新能源汽车销售中越来越重要的位置。人们不再看传统的汽车底盘、车身、动力系统、电子电器，而是把目光转向了汽车上的智能化控制系统、舒适的人车交互体验。因此，选择符合行业发展前景的领域进行研究与深挖，更能够聚焦到具有创新潜力的设计目标。

除此之外，由于行业环境的不断变化，设计从业者也需要不断了解新的商业模式，从而挖掘区别于竞争对手的商机和机会点。例如，经典的星巴克案例，它转变了传统的注重商品销售的商业模式，而是专注于对顾客消费时舒适体验的销售，从而增加顾客黏性、塑造其自身产品和服务的价值。此外，交叉式的商业模式也在为各个行业激发更大的发展潜力，即形成跨界合作的模式。例如，四川航空公司就从延伸服务空间入手，向汽车公司订购了一批高品质商务车作为购买中等票价以上的旅客的免费接送班车，吸引了部分待业的本地司机的加入。如此一来，整个资源整合的商业模式就形成了：对乘客而言，解决了从机场到市区的交通问题；对汽车公司而言，获得了一笔尚为可观的订单以及宣传的机会；对司机而言，成为专线司机能够获得稳定的收入来源；对四川航空而言，此模式开展后机票订单量涨幅巨大，据统计平均每天多卖一万张机票，成为最大的赢家。由此可见，好的商业模式能为行业的发展带来巨大价值。

所以，在设计思维的研究步骤中，关注行业发展动态，挖掘具有发展潜力的行业，学习并创新具有潜力的商业模式，能为后期的设计项目带来更为深刻的理解。

七、产品分析

随着市场竞争的日益激烈，为了提升产品的市场占有率，各企业不断更新技术，新产品出现的速度大大加快，产品更新换代的周期越来越短。因此，企业除了必须努力开发新产品并加快其商品化进程，还必须努力防止企业的停滞不前和产品的夭折。如人的一生经历从生到死，一个产品从推向市场到完全退出市场，经历了一个完整的生命周期，一般包含开发期、导入期、增长期、成熟期和衰退期五个阶段（图3-7）。需要调研产品处于生命周期的哪个阶段，再制定相应策略。

如针对处于开发期、导入期、增长期的产品，需要重点关注其研发、生产、促销等方面，加快消费者对产品的认识和认可。针对成熟期和衰退期的产品，需要进行产品的更新、改良和新用途的开发，思考通过适当的方法延长产品生命周期。常使用的方法包含挖掘现有产品新的使用方法、开发新用途、改良产品赋予产品新的属性、扩大市场拓展新的使用者等。最理想的情景是将原本的衰退阶段通过战略性调整转变为复苏阶段，进入下一轮生命周期（图3-8）。

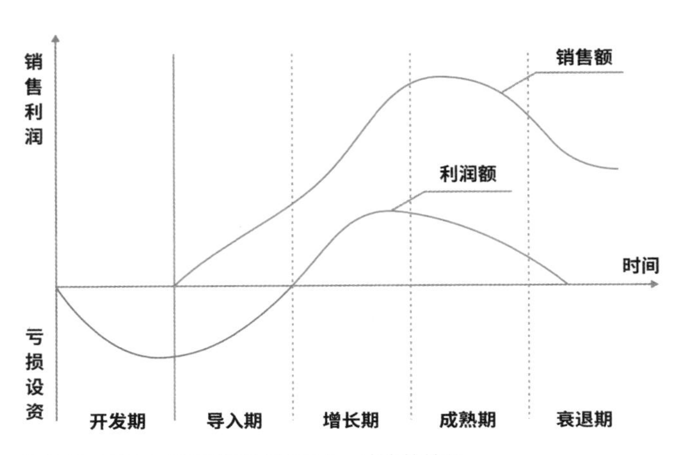

图3-7　产品生命周期各阶段和投入、产出的关系

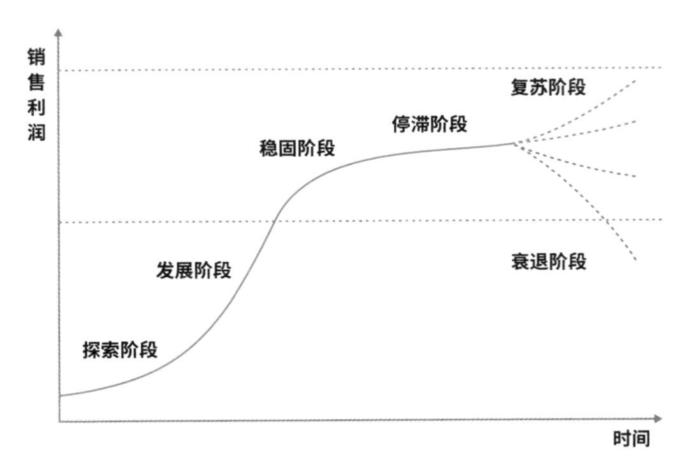

图3-8　产品生命周期延长

以上七个方面的研究和考量，有助于设计师在确立设计目标时对整体设计环境有了解，对设计趋势有把握，对设计方向有信心。这一步骤有助于广泛而全面地发现设计机会点，辨别具有研究前景的领域，聚焦到有价值的创新目标中。

第三节　如何“研究”

一、实践策略

在“研究”这一步骤中，设计师应通过纵览全局以及对整体环境趋势的了解与把握，形成相对明确的设计目标。这就需要设计者持续探索当今世界发生的最新动态，并预测可能涌现的新问题与新机遇；认识全新或处于不断变化中的事物，甄别潜在的增长热点；在纵览全局并建立概览后确立设计目标。综合而言，在“研究”步骤中，设计师需要遵循的实施策略有以下几点（图3-9）。

策略一：感知变化

作为设计者，需要及时感知世界的变化，这些变化可能发生在政策、经济、生态、文化或技术等各领域。尤其是那些发生于尚未被充分探索的领域之中的变化，往往意味着创新的沃土。设计者应积极监测各种信息源，如期刊、网站、书籍和新闻等，并时刻关注权威专家和领域内资深从业者的意见。设计者也要定期总结上述信息源及专家们的相关论述，并探讨哪些趋势有可能到来。值得注意的是，设计者不仅要观察趋势的变化，也需要观察这些变化随着时间推移是如何发生的。这有助于设计者预见未来可能发生的变化，从而提前思考如何适应变化并产出创新成果。

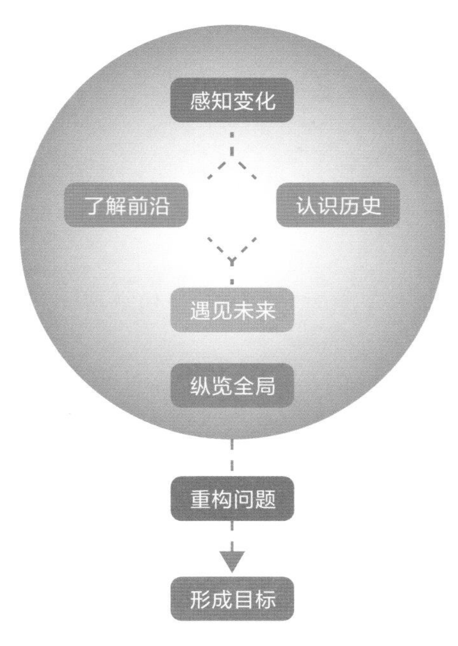

图3-9　实践策略结构图示

例如，近年来在传统文化领域，国家层面提出要坚定文化自信，以新型文化业态推动中华优秀传统文化创造性转化，即在政策领域可被设计者感知到的变化。在经济领域，据2019年9月百度国潮季联合人民网研究院共同发布的《国潮骄傲大数据》显示，从2009年到2019年，中国品牌的关注度从38%涨到70%。2021年5月10日，百度与人民网研究院联合发布《百度2021国潮骄傲搜索大数据》报告显示，国潮十年关注度上涨超5倍，国民对中国文化关注度空前高涨，国人迎来全面的文化自信。在文化领域，中央广播电视总台分别于2017年推出文博探索节目《国家宝藏》（图3-10），并在社会层面引发广泛发讨论和关注。而在设计行业内，第三届设计之春·中国家博会“当代设计展”（图3-11）于2023年3月在广交会展馆盛大开幕，展览以3个展馆、2万多平方米面积、5大主题区块、22位知名策展人、16个主题性展览、1000多件创新性新品发布、30多场研究性论坛活动、4个专业性奖项、100多位权威性专家学者名人、300多位先锋性艺术家设计师、100多个代表性品牌，横向维度展开中国文化创意，纵向维度展现中国生活方式，使阶段性时间内大众的关注点充分聚焦于优秀传统文化。以上案例分别从传统文化视角，在政策、经济、文化和行业领域，设计者均可感知到了传统文化议题在国家层面和大众层面的积极变化，有利于设计者充分探寻该领域未来发展的趋势，并提前思考如何产出适应这一变化的创新成果。

策略二：了解前沿

了解前沿即在某一主题领域内捕捉在政策、经济、文化、科技和行业等方面的最新动态，能帮助设计者在前沿的视角下获得更加直观的趋势把握。因此，基于特定主题，设计者需要不断探索领域内最新的研究成果、技术或知识。在设计领域，前沿成果信息可能来自《设计研究》

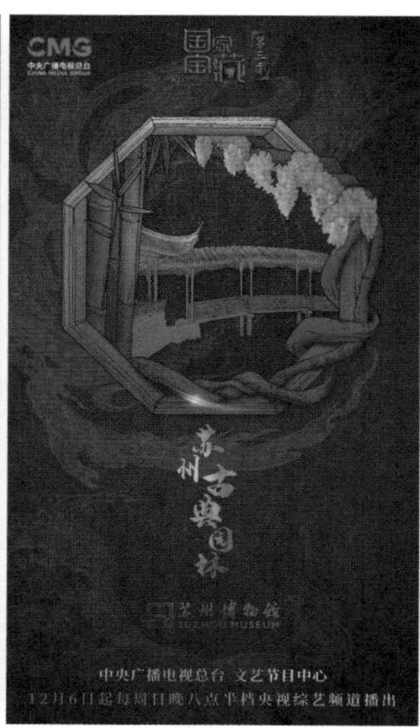

图3-10 《国家宝藏》节目

图3-11 第三届设计之春·中国家博会“当代设计展”

（*Design Study*）等重要学术期刊，行业的年度发展报告或知识产权的产出方向都在不同维度上提供了可参考的更新信息。设计者搜寻前沿成果信息，寻找创新先驱者，并挖掘支持他们创新的深层力量或条件。此外，在了解前沿成果的过程中，设计者还可以向理论经验丰富的领域先行者们询求经验，以进一步更新对前沿的认知。借助这些做法，设计者能够在了解前沿的基础上辨识出潜在机遇，有助于设计者认知未来趋势，为实现创新做好一定准备。

例如，在元宇宙的概念中（元宇宙即整合多种新技术产生的下一代互联网应用和社会形态，概念来自清华元宇宙2.0报告），设计者可以了解到的前沿信息包括2020年8月，硬币大小的神经链接（Neuralink）芯片植入猪脑，实时读取猪脑信息（图3-12）；2021年3月，罗布乐思（Roblox）顶着“元宇宙第一股”的光环，在美国纳斯达克上市（图3-13）；2021年11月，英伟达推出全宇宙头像（Omniverse Avatar）（图3-14），帮助元宇宙创作者建立虚拟人物形象等。这些集中于元宇宙概念下的信息提供了技术、经济及行业环境下的前沿资讯，从而传达了元宇宙概念及技术可能会影响到的传统行业及产品信息。这些信息可帮助设计者认知到未来的设计可参与的创新环境和创新产品，从而在认知的基础上进一步调动设计的力量，赋能设计产业及元宇宙的未来发展。

而在变化不断发生的时代背景下，以科技领域为例，人工智能与网络经济催生了科技创新，商业模式的创新和

图3-12　神经链接（Neuralink）芯片

图3-13　罗布乐思（Roblox）在纳斯达克上市

图3-14　全宇宙头像（Omniverse Avatar）

图3-15　乌福利亚粉笔（Vuforia Chalk）增强现实（AR）远程协助

物联网技术的作用尽显无遗，其运用必将取得更大的进展与推广。随着人工智能、大数据、物联网和区块链等新一代科技革命的兴起，经济社会发展中人工智能技术将起到更为关键的作用。在工业领域，乌福利亚粉笔（Vuforia Chalk）（图3-15）为增强现实技术提供远程协助，将先进的AR协同工具与实时视频通信相结合，连接现场技术人员和专家进行远程评估，以减少工人流动，同时提高生产效率。

策略三：认识历史

回顾某一领域的历史有助于设计者理解现状；研究历史背景，在目标意识下聚焦于具体领域，有助于设计者拓展对行业演变的认知，解释现状并且预测出未来趋势。

在博物馆文创产品（文创产品的全称为“文化创意产品”，霍金斯在2001年最先提出了“文化创意产业”的概念）开发领域，2006年1月，中共中央、国务院发出《关于深化文化体制改革的若干意见》，同年北京、上海市级层面首先引入文化创意产业的概念，也开启了中国文化产业原创力量崛起的时代。自此，中国的相关领域文创产品开发开始成型并逐渐发展。以故宫博物院为例，2010年以前，其文创产品的开发主要是对文物进行较为简单的、机械的复刻，并以小产品为主。此后，故宫文创开始由规模、数量向质量、效益进行转变，通过研究博物馆本身的文化历史和文物，以文化创意的形式让文物遗存与当代人的生活、审美、需求对接起来。例如，故宫博物院于2014年推出“朕就是这样汉子”折扇（图3-16）。最近几年，随着数字化浪潮来袭，国内各大博物馆也紧跟时代发展的大趋势，加大对大数据和智能媒体在场馆中的应用。由于互联网思维的介入，文创产品的种类从实体产品延伸到了手机App这一类虚拟应用，且自2021年以来，随着“元宇宙”“NFT”等概念的持续发展，文创产品的类型进一步丰富。2022年，哔哩哔哩（B站）与故宫宫苑首款联名数字藏品“干杯！故宫”系列上线（图3-17）；湖北省博物馆依托镇馆之宝“越王勾践剑”发行1万份数字藏品；同样，河南博物院首个3D版数字文创“妇好鸮尊”，1万份藏品上线就被售空，足以得见人们对文创产品

图3-16　故宫博物院“朕就是这样汉子”折扇

图3-17　数字藏品“干杯！故宫”

消费的热情。以上博物馆文创发展历史的案例可帮助设计者了解文创的发展历程，并加深对其现状的了解，从设计的视角出发拓展文创开发的思路，可以在未来通过各种渠道的新兴切入点，以设计更好地赋能文创产业发展，如文旅融合、数字孪生等方式，并在一定程度上从历史发展的视角探究未来的可能趋势。

策略四：预见未来

未来趋势告诉设计者某一特定领域发展的大方向。在目标下的特定领域中，趋势无处不在，某些趋势是短期的，如年度流行色之于文创产品的影响；但另一些趋势则可能预示着持久变化，如数字虚拟技术给文化传播领域带来的全新而深刻的变革。设计者应尽早识别并理解该领域下的趋势，从而以快速而高效的视角响应趋势对未来的影响。例如，设计者紧跟最新科技发展成果，并了解它们的使用规律，那么设计者就可以预测到这些科技趋势将如何“塑造”未来人类所需的产品和服务。与此同时，设计者还应拥有认识宏观趋势的心态，并思考此类重大变化将对创新机会带来怎样的影响。

例如，韩国SM娱乐公司于2020年11月17日推出女子组合埃斯帕（Aespa）（图3-18），是通过虚构世界观增强受众沉浸感的观念在流行文化领域得到应用的未来趋势体现。从设计角度来说，该案例通过运用新媒介和新技术相结合的传播策略，使虚构的世界观叙事能够在全球范围内进行大规模传播，这在传播媒介环境日新月异的当下尤其具有启发意义。设计行业内，随着人工智能技术的不断发展，人工智能生成内容（AI Generated Content，AIGC）已成为一个重要的学科，深入绘画、工业设计、建筑设计等行业领域（图3-19）。人工智能生成内容被认为是继专业生产内容（Professionally-generated Content，PGC）、用户生产内容（User-generated-Content，UGC）之后的新型内容创作方式，图像AIGC产品目前主流的主要有DALL · E、Stable Diffusion和Midjourney等，其快速且较高质量的图片生成方式为设计者带来新的机遇和挑战。目光聚焦到概念车领域，2023年，广汽集团发布了CAR CULTURE系列第二款概念车——泛生活（VAN LIFE）概念车（图3-20），以环保和可持续性为核心，充分利用了电气化技术，也通过多功能内饰设计极大增强了用户的个性化体验，由此，拓展了设计者在多功能、新能源等设计方向上的未来视野。

这些为文化传播的设计实践提供了未来趋势的新视角，使设计师得以从新兴切入点深入思考未来设计机遇。

策略五：纵览全局

在研究阶段，坚持找准目标导向下的重点并进行深度

图3-18 女子组合埃斯帕（Aespa）

图3-19 AI生成设计图

图3-20 泛生活（VAN LIFE）概念车

思考十分重要。所谓全局，是事物诸要素相互联系、相互作用的发展过程。全局观念则是指一切从系统整体及其全过程出发的思想和准则。而设计者的重点之一是理解从过去到现在，有哪些环境因素推动了该行业变化；与此同时，设计者也应随时关注行业最新动向和前沿科技。在信息整合环节，设计者可以尝试使用可视化信息动态地展示包含利益相关者在内彼此关联的各种环境要素，并将此作为背景概览，尝试全面了解特定领域的环境。例如在智能产品设计领域，全局既包括新型前沿的电子信息技术，也包括元宇宙概念等宏观背景。

如果过度关注问题的细节，很容易令设计者失去全局视野，往往会顾此失彼、遗忘要点，因而大局观不可或缺。环境包含许多要素，对于特定领域内的产品、服务、品牌、政策等要素，设计者必须全面了解。此外，设计者还应考察随着时间推移，受流行趋势、大众品位变化、资源可用性等因素影响，它们将如何发生改变。总而言之，设计者需要理解的“环境”成因复杂，并且充满变数。设计者的目标是适时转变视角，对环境形成可视化的总体概览，从而全面了解其组成要素、彼此间的关系以及动态。

策略六：重构问题

在纵览全局后认识并充分理解一个领域，重构该领域需要或可能重构的问题，有助于设计者思考如何做出改变。世界处于不断变化的状态中，过去正确的理论在今天或未来并不一定行得通。真正富有创新精神的设计者应当学会转换思维模式，透彻思考新的问题与机遇。挑战传统观念需要设计者了解该观念为何被广泛认同，并思考怎样更好地重新解读它，从而为未来的创新设计提供可能性。质疑当前的约定俗成很重要，根据策略实施的成果重构问题，判断创新存在哪些挑战同样重要，例如，是制造一套更好的移动交流设备还是创造一种更吸引人的远程交流体验？此外，重构问题的原则也能帮助设计者拓宽创新视野，发现意料之外的设计方案。

策略七：形成目标

在充分了解某一领域最新前沿信息、科技发展动向、趋势和历史之后，设计者就可以着手制定具体设计的早期目标了。设计者可以有意识地概述某些主流现象、规律或新兴潮流，以便界定潜在的创新类型。例如，若人口老龄化成为一种长期趋势，那么设计者在确立创新目标时，就应重点考虑如何满足行动受限人群的需求。时刻关注各种最新事件和趋势，将有助于设计者预测世界如何发展，并由此判断哪些类型的创新有望成功。但需要指出的是，这种看似直观的方法很有可能不着边际、增加不必要的开支或设计出失败的产品。确立具体设计目标时，设计者在分析环境时要用事实说话，让目标更实事求是，增加其可信度。

二、应用工具

在实践策略的基础上，设计者在研究时可应用相关工具，以了解社会热点，获取相关媒体报道，并关注专家意见，具体、深入而全面地对社会趋势进行了解，对相关资料进行整合并运用。具体应用工具包括热点报告、大众媒体扫描、趋势专家访谈、趋势矩阵等。

工具一：热点报告

热点报告指定期搜集与社会重大变化有关的消息，并在团队内部进行分享，让每个成员都充分了解时下的热门事件。投入来自不同渠道的最新信息后，可以产出一个不断发展完善的最新信息资料库。从功能上看，热点报告更像是一种新闻聚合。这些报告用于整合信息，以方便查阅，鼓励设计者对最新资讯保持好奇心，并为企业创新指引新方向。具体步骤如下（图3-21）。

步骤1：分配时间，通过各种渠道定期搜集最新资讯。

定期安排时间，利用所有信息源寻找热点。这些热点也许源自新闻广播、主流网站、电视广播、图书馆、科技评论等，或论文、书评等任何值得关注的新信息渠道。设计者须广泛阅览，坚持不懈地为创新项目寻找方向，任何信息都可能带来具有启示性的观点。

步骤2：综合浏览关于当前热点事件的多种信息。

保持开放心态，浏览各种类型的信息来源。寻找与创新项目直接或间接相关的热点，无论它们属于技术、文化、政策还是经济领域。尽量避免只寻找与项目紧密联系的信息。在项目初期，拥有广阔视野有助于设计者认识规律，揭示事物之间不易察觉的关联性并预测创新的方向。

步骤3：汇总并分享成果。

将搜集到的所有信息汇总在一起，形成一套供团队所有成员查阅的共享文件集。可以为每次所整合的文档拟一个精炼的标题，并简要说明，以便团队成员快速浏览。提交汇总信息时应标注日期、附带标题关键词，这些步骤可为共享文件建立脉络清晰的概要，让每一名团队成员都可以按照日期或标签进行查询。当提交信息汇总文档时，倘若撰写评价，阐述文档中涉及的概念及其对创新项目的影响，也将大有裨益。

步骤4：组织小组讨论会议。

召集团队成员，围绕热点报告进行讨论。每个人畅所欲言，就最新趋势将怎样影响创新项目发表看法。通过这样的讨论，团队内部得以确立共识并推进项目，也有可能擦出灵感的火花。

工具二：大众媒体扫描

大众媒体报道让人们了解正在发生或即将兴起的文化现象。设计者应浏览包括广播、新闻、杂志和电视节目在内的大众媒体，以便找到值得关注的文化风向。同时，对媒体的调研有助于设计者认识当前文化潮流和文化背景，了解重要的文化现象及随之而来的热点。通过浏览大众媒体，设计者可深入了解最新趋势、大众的想法以及学者们认为需要重点关注的话题，发现规律并找到研究方向。这让创新团队能够甄别并阐释有用的文化潮流，而后者将影响创新项目初期目标的形成，并提供创新的空间。具体步骤如下（图3-22）。

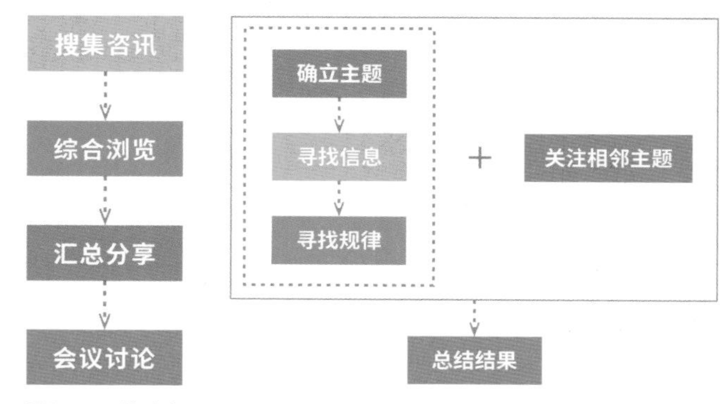

图3-21 热点报告步骤示意图

图3-22 大众媒体扫描步骤示意图

步骤1：确立与项目相关的宏观主题。

通过会议，在团队内部交流并制定“思维导图”，即确立与项目相关的宏观主题。这些主题或副主题将指引设计者步入后续的探索。

步骤2：寻找与主题相关的信息。

浏览各种杂志、网站与博客，并使用屏幕截图、扫描影印、制作书摘等方法，建立一个调查结果的数据库。与此同时，设计者还应从电视节目、广告、社会要闻及电影中寻找有可能与主题直接或间接相关的内容，并将它们作为注释或案例放入调查结果数据库中。

步骤3：寻找规律。

筛选经广泛搜集得到的信息，以揭示事物的规律。这些规律有助于设计者了解现有和新兴的文化潮流。

步骤4：关注相邻主题。

有些时候，另一个领域的新兴趋势有可能对你主要关注的领域产生影响。例如，得益于短视频平台的兴起与发展，许多家庭健身器材面世。它们让消费者能够足不出户即进行专业的健身运动，从而影响人们的锻炼习惯。

步骤5：总结调查结果，讨论创新机会。

通过总结并讨论，例如，对当前文化现象有何观点、创新是否具有可行性等问题，系统阐述文化潮流如何催生创新的机会空间，如何影响初期目标的制定等。通过这样的讨论集思广益，对创新机会进行更深入的探索。

工具三：趋势专家访谈

通过趋势专家访谈，设计者可以迅速了解与主题相关的趋势以及可能的未来。与洞悉特定领域最新动态的专家们（如未来学家、经济学者、教授、作家和研究人员）对话，可以快速获取价值较高的观点，并了解寻找信息的更多渠道，促进快速、早期的发现，获得新视角与新知识。在访谈过程中，可以用框架来引导对话，从而全面覆盖主题。设计者可以专注于各种不同类型的趋势，以一种严谨有序的方式进行对话（图3-23）。

步骤1：确定需理解的主题。

这些主题往往来自项目的简要介绍，但设计者也可以研究更多的主题以及各类趋势，从而对主题的理解更为深入。同时设计者应形成聚焦，确定重点话题，例如技术、商业、人群、文化、政策等。

步骤2：选定专家。

结合互联网搜索、与从业人员交流、文献检索、同行推荐等手段，拟定一份与主题密切相关的知名专家名单。围绕各主题，尽量与多名专家进行访谈。

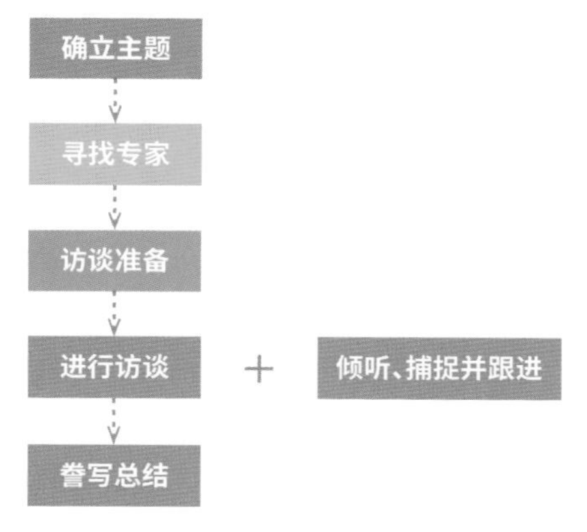

图3-23 趋势专家访谈步骤示意图

步骤3：为访谈做准备。

阅读受邀专家撰写的论文、书籍或其他文章，以了解他们的观点，并准备一组问题来引导访谈环节。例如，可以问询某领域内创新的早期和新兴趋势、基本现状，如何影响发展、创新如何不断壮大等问题，在访谈中作为一种方法，为对话建立框架，从而更加富有条理地提出问题。

步骤4：进行访谈。

深思熟虑的访谈构想，可使设计者最大限度利用与专家对话的有限时间。使用预先准备的问题来引导对话，询问时切忌过于直接。注意专家交谈时所提到的信息，将这些后续采访可能用到的信息记录下来。

步骤5：倾听、捕捉并跟进。

访谈需要积极倾听。在对方允许的情况下，设计者可以使用录音设备录制对话内容。随着谈话的展开，设计者需要记录大量的笔记，并跟进一些尚待解答的问题。

步骤6：誊写与总结。

将与专家谈话的录音写成文字，以便提炼要点或有价值的观点。总结访谈成果，并将其加入共享资料库，与团队其他成员分享。

案例呈现——公众参与式城市水生态环境治理模式创新设计研究

此案例来自东南大学艺术学院公众参与式城市水生态环境治理模式创新设计研究项目，主题为引入公众参与式治理理念，将治理过程与居民的城市生活与亲水行为相结合，以提升城市水生态环境改善效率和效果，改善城市水生态环境整体样貌。为此，团队在拟定访谈框架后，邀请南京市水务局水环境建设处的专家进行访谈（图3-24）。部分访谈问题罗列如下：

图3-24 趋势专家访谈过程

Q1：请问对污染物的打捞是交给养护部门吗？

A1：南京是由水务局养护，水务局安排市政公司等进行具体打捞作业。

Q2：请问对污染物进行打捞目前存在哪些困难？

A2：主要是打捞的周期较短，而城市防洪标准提高后破坏了原有的水生态环境，更容易爆发藻类污染。

Q3：请问目前水务局的治理方法除人工打捞外还包括哪些？

A3：首先有污水收集和集中处理，其次通过从周边江河调水进行生态活水，最终目标是修复生态系统，占据污染物藻类的生态位。

团队通过专家的阐述增强了对国家相关政策的进一步认识，并了解到南京黑臭污水治理的现状；专家同时建议了可考虑的推进方向。访谈结束后，团队对访谈资料进行了誊写和总结。

工具四：趋势矩阵

趋势矩阵深度解析了社会变化趋势如何牵动技术、商业、人群、文化以及政策等各方面的变化，让创新者能够直观地了解趋势如何影响其创新项目。例如，在文化旅游项目中，设计者可从交通工具、旅游服务、旅游体验及其他类似角度展开研究。同时，设计者的研究对象也可能与时间紧密关联，因此需以时间作为维度之一，关注过去、现在以及未来的现象。此外，趋势矩阵也可以揭示某个领域的变化如何影响其他领域（图3-25）。

步骤1：为趋势矩阵设立维度。

在一个趋势矩阵中，竖列通常列出技术、市场人群、文化和商业等因素，横行则依次展示设计者希望追踪考察的领域，如用户类型或者某体系的构成要素等。有时，横行以“过去”“现在”“新兴”作为维度。

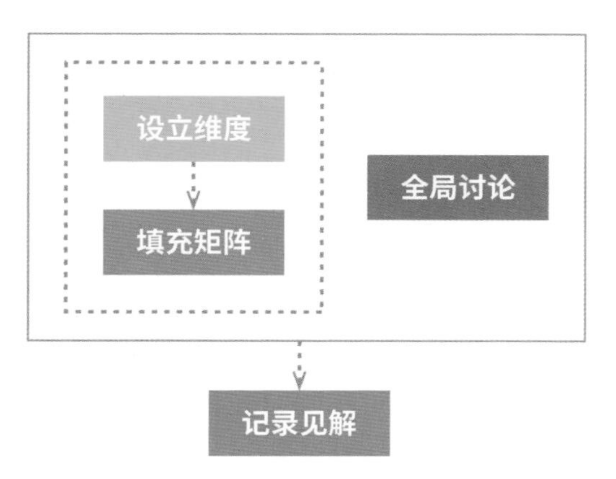

图3-25　趋势矩阵步骤示意图

步骤2：将相关趋势填入矩阵。

从技术、市场、人群、文化和商业角度，研究并找出将对创新项目产生重大影响的趋势，并将它们列入矩阵单元格内。设计者常用简短的句子描述某种趋势，即指定领域的重大变化，例如，旅行者越来所期望的旅游目的地偏向小众，且对旅途中的文化体验兴趣更浓厚等。

步骤3：从全局出发讨论矩阵。

绘制趋势矩阵的目的在于深入理解所发生变化的概况。对各种趋势进行对比，研究彼此之间的联系，并识别出相似趋势演变的规律。此步骤有助于预测未来方向，直观地了解特定趋势将如何影响创新项目。

步骤4：捕捉并记录见解。

与团队成员讨论趋势演变的规律，思考前沿趋势对社会重大变化的影响，预测未来的发展方向，并记录所得出的见解。在趋势矩阵中突出标示这些见解，以方便阅读和分享。

案例呈现——文化旅游-城市友盟（CityFriends）（2007年）

城市友盟是一个由IIT设计学院学生团队开发的产品。它通过当地导游和强大的在线系统为旅游者提供独特、地道的旅游体验。

该团队通过趋势矩阵（表3-1）进行的研究表明，旅游行业中正形成一群名为“冒险者”的新兴旅游人群。他们诉求更真实、更与众不同的旅行体验。“趋势矩阵”能有效地增强团队对旅游是如何随着技术、市场、人群、文化和商业发展而变化的理解。

三、规避事项

在掌握实践策略和使用工具的基础上，还需注意一些在进行“研究”这一步骤时需要规避的事项，以有助于更清晰完善地建立目标，实现创新。

1. 瞬时浏览：在研究初期，当面对海量信息与资料时，仅凭实时浏览和瞬时记忆获取信息，不进行存储与收集整合。这将不利于后续对已查阅资料的调取和使用，造成重复工作，降低信息获取的效率，形成的认知也会出现以偏概全等情况。

2. 收集无序：在对报刊、书籍、网络、论文等资料

表3-1　文化旅游-城市友盟趋势矩阵

	过去	现在	新兴（未来）
技术	汽车旅行； 纸质地图/旅行图册	在线预订/询价； 移动沟通、语音指南； 3G网/GPS、数码相机/摄影	移动互联网； 实时互动； 虚拟旅游； 无线射频识别（RFID）
市场	品牌； 假期旅游； 观光	价格与额外服务； 周末短期、低成本旅行； 单人游客、重视健康和可持续发展生活方式	体验； 更多散客； 分拆/定制旅行服务； 医疗旅游（度假疗养）
人群	难得旅游一回； 家庭旅游； 自驾车野营； 独特的当地购物体验； 朝九晚五的生活	经常旅游； 崇尚个性化生活者、从城市到乡村、寻找刺激/同伴； 旅行购物者； 灵活的工作节奏	旅游放松； 文化旅游； 非热门景点； 怀旧心理； 灵活的生活方式
文化	单一文化； 汽车文化	复合型文化； 全球化； 城市化； 匆忙的旅游	文化冲突变少； 乐于体验全球文化； 地域文化特色
商业	旅行社； 传统的3A全包旅游； 汽车旅馆	自助在线旅游 定制服务 所有大型景点 生态旅游/公益旅游	一对一服务； 网络/本地化； 送货服务； 预定回购

进行阅览及资料收集时，应尽量避免过于碎片化地收集和单纯采集数据。在信息摘录时关注整体性和易读性，使相关资料数据变得系统与整体，方便后续对资料进行整合与盘点。

3. 目标浅显：信息收集的主题往往会出现过于单一、流于表面等情况，出现类似情况的原因在于未对需收集主题进行拆解和深入分析。一个设计主题往往不是单一的存在，需关注的信息除主题本身，也需关注其横向背景的延伸和纵向立意的深入。

4. 存而无用：对于资料进行存储时，容易出现仅收集而不加以整理的情况，虽然对已获取的信息进行收集记录，但简单的存储不能满足后续精准调用的需要。在此基础上还需继续可视化盘点，通过有意识地整理归纳与制作图表，为后续及将来的设计提供更为清晰明确的机会点（表3-2）。

表3-2　信息获取渠道纵览表

政府官方公开数据	国家部门、国际组织、地方组织等发布的政策、倡议、议程、计划等； 国家宏观数据库：如国家统计局部分数据采样、国务院发展研究中心信息网、中国互联网络信息中心CNNIC、工信部数据等； 行业协会：如中国互联网协会报告、中国电子商务协会报告等； 地方政府公开数据：如南京市政务数据开放平台、成都市公共数据开放平台等
热点报告	咨询公司报告：麦肯锡报告、BCG大中华区、贝恩中国、埃森哲中国、艾瑞咨询、艾媒咨询、清科研究； 互联网数据服务平台：如199IT互联网咨询、前瞻网、网经社（电商领域）、CBNData第一财经商业（消费领域）； 行业头部企业调查报告：如阿里研究院、企鹅智库、百度数据研究中心、百度地图彗眼行业报告（出行大数据领域）、贝壳研究院（房产经济行业领域）、苏宁金融研究院（互联网金融领域）等； 数据工具服务商：如Talkingdata数据报告、极光行业洞察、Mob研究院等； 设计领域报告：如YANG DESIGN中国设计趋势报告、设计趋势ISUX报告、科技中的设计报告CX REPORT等
文献出版物	著作：专业领域的资深人士出版的相关专业书籍； 论文：如学术数据库，如知网、万方、斯科普斯（Scopus）、爱思唯尔（Elsevier）等； 专利：国家知识产权局官网、中国专利电子申请网

续表

媒体来源	搜索引擎：如维基百科、Magi知识搜索引擎、Google、百度等； 页面数据：新闻、周刊、杂志、新闻、广播； 社交媒体数据：微博、微信、抖音、论坛等； 网络公开知识平台：如慕课（MOOC）、技术-娱乐-设计演讲（TedTalk）等； 企业信息检索网站：如天眼查、企查查等
展览展会	设计类展览：如双年展、米兰设计周、北京设计周、中国国际家具展览会等； 行业展会：如各类博览会如中国国际消费品博览会、上海国际智能家居展览会等
会议讲座	专业会议：如中国服务设计大会、用户体验设计峰会（UXDG Summit）、世界可用性日（World Usability Day）等、微软专业开发者大会（PDC）； 讲座、工作坊等
趋势专家	行业领头人、领域专家：采访专访、会议言论、媒体发表； 领域学者：科研人员、未来学家、社会学者、经济学者等； 行业内部人员：产品经理、行业从业人员、设计师等； 媒体从业者：作家、媒体人等； 领先用户：产品发烧友等

本章小结

本章内容关键词为“研究”，主要内容包括设计思维中“研究”的定义与内容、实施策略与规避事项以及开展“研究”的具体方法。“研究”是设计思维六步模型的第一步骤，也是制定项目计划、展开后续设计步骤的基础，以宏观视角掌握趋势变化，以政策、经济、生态、文化、技术、行业、产品等视角形成目标，并通过感知变化、了解前沿、认识历史、预见未来、纵览全局、重构问题、形成目标七大实践策略，使用热点报告、大众媒体扫描、趋势专家访谈、趋势矩阵等工具对目标的横向、纵向信息都具备广泛而深刻的理解。在此基础上也需注意规避瞬时浏览、收集无序、目标浅显和存而无用等事项，在广泛而深刻的对整体环境的理解中形成目标意识，输出具体设计目标。

提问与思考

1. 可研究的内容中，对生态环境方面可从哪些角度进行调研？

2. 了解前沿这一策略中，对某一主题领域的动态捕捉可来自哪些方面？

3. 尝试使用一或两种“研究”的工具，以明确一个设计目标。

第四章

共情

教学内容： 1. 设计思维“共情”的定义及设计意涵
2. 设计思维“共情”的对象
3. 设计思维“共情”方法与应用工具

教学目标： 1. 了解设计思维“共情”的目标及对设计全流程的作用
2. 熟悉并掌握用户共情的“观察—访谈—体验”的基本流程
3. 掌握具体观察方法、定量与定性研究方法、同理心地图、用户旅程图等常用工具

授课方式： 多媒体教学，用户调研与访谈，小组研讨，阶段性汇报

建议学时： 6～8学时

第一节 何谓“共情”

共情是日常生活中的读心术，它教会我们如何洞察人心。共情将我们的生活扩展到别人的生活中，把我们的耳朵放在别人的灵魂中，用心去体会“你是谁?”“你感觉怎么样?”“你是怎么想的?”“你最看重什么?”[1] 柯林斯词典分别对动词共情（empathize）和名词同理心（empathy）做出了解释：共情他者时，因为你和他们处在同一情境中，所以你会理解他们的立场、问题以及感受（If you empathize with someone，you understand their situation，problems，and feelings，because you have been in a similar situation）。拥有同理心时，你仿佛成为对方，体验着他们的感受和情绪（Empathy is the ability to share another person's feelings and emotions as if they were your own）。英文对共情直白且稍显冗长的解释可以被浓缩为两个关键词，一是设身处地，二是换位思考。中文里，“体”即共情，共情近似于体谅、体察、体验三者的综合体，宋代典籍《礼记・中庸》解释“体”道：“体，谓设以身处其地而察其心也。”共情围绕“设以身，处其地，察其心”的脉络展开，这与英文解释的“设身处地”和“换位思考”不谋而合。综合中英文的解释，当想要共情时，我们需要充分了解他者所处的环境，以及发生于该环境中的人、事、物间的互动关系。当产生共情时，我们将深刻理解他者面临的问题和困境，并能够解释他者行为背后的潜在需求和欲望。

就设计工作而言，共情用户是至关重要的，这能够帮助设计者移除对用户的主观假设，转而去观察用户，调研用户，收集用户信息，进而获取用户的需求，提出设计方案，产出设计产品作充分和必要的准备。在设计思维的六个阶段中，共情阶段处于研究阶段之后，在问题定义、构思、原型和测试这四个阶段之前。在设计思维的共情环节，首先，设计者应该找到用户并了解共情对象，观察用户的客观行为，通过发掘或营造特定的情境，观察用户在做什么；其次，通过调研和访谈，设计者引导用户说出主观想法，体会用户在想什么；最后，通过模拟用户身份，设计者沉浸于用户的真实处境中，从而全面地了解用户行为的发生原因和动机，以及用户发生这些行为时的情绪感

[1] [美] 亚瑟・乔拉米・卡利，凯瑟琳・柯茜. 共情的力量 [M]. 王春光译. 北京：中国致公出版社，2018：21、22.

受、用户对于这些行为的认知、用户的价值观等，即体验用户在经历什么。在共情阶段，将会使用到不同的方法或工具来观察和记录用户行为、挖掘和收集用户信息，以及体验和描述用户经历。这些方法和工具涉及非参与式和参与式观察法、实验观察法、AEIOU观察工具、问卷调研法、用户访谈法、同理心地图工具、用户旅程图工具等。

在本章，结合设计思维的实际应用，设计者将利用多种方法和工具，代入用户的身份，了解用户的环境，观察用户的行为，体会用户的心声，理解用户的需求，最终与用户产生共情，为提出有效、真实地解决用户问题的设计方案做出必要和充分的准备。

第二节　与谁“共情”

一、“谁”即用户

开展共情时，首先要做的就是找到共情对象，即我们为设计的产品或服务所选择的目标用户。用户，也称为使用者，他们是直接接触产品或服务的使用者，与产品或服务有直接或间接的交互。他们是设计者长期提供服务的对象，他们能够通过使用产品或接受服务感知设计者的存在，能长期和设计者保持联系。之所以在用户前加入“目标”的界定，是由于并非所有人都会使用某个产品或服务，也并非所有人都适合使用某个产品或服务。不同的用户具备不同的需求，也就会选择不同的产品或服务。

我们可以使用马斯洛需求层次理论（图4-1）分析人类的需求层次。马斯洛需求层次理论是一个五级模型，通常以金字塔的等级形式来呈现需求结构。这五层需求由金字塔末端至顶端分别是：生理需求、安全需求、爱与归属的需求、尊重需求、自我实现的需求。这五层需求显示出人类的低级需求和高级需求的关系，即需求层次越低，力量越大，潜力越大，需求层次上升，力量减弱，高级需求产生之前，必须首先满足一部分的低级需求。根据这一理论，可以划分出不同的用户群体消费市场，划分出产品需要满足的不同功能。我们以建筑设计的案例来简单说明需求理论的应用，一栋房屋，首先需要满足人可以在里面进行基础活动，比如吃饭、睡觉等生理需求。除此之外，房屋的结构和材质还需要保护人免受动物入侵、免受自然灾害等不安全的隐患，这属于安全需求。当这些需求都得到满足以后，我们意识到房屋内的人和其他人存在社交关系，比如夫妻、亲子、朋友等关系，这时候需要对房屋空间进行合理规划，即考虑房屋内部和外部的空间关系，考虑房屋内部的空间安排等，此时是在满足爱与归属的需求。到这一步为止，建筑满足的是大部分人的基本需求，然而当人产生尊重需求时，建筑需要体现使用者在社会上的存在和价值，比如中国的私家园林，以独具意境的营造方式表达了文人士大夫的身份。当最后的自我实现需求出现时，也许建筑表达的是一种极致的态度和风格，比如高迪的圣家族教堂，以复杂的结构和浪漫的风格满足教徒的神圣信仰。

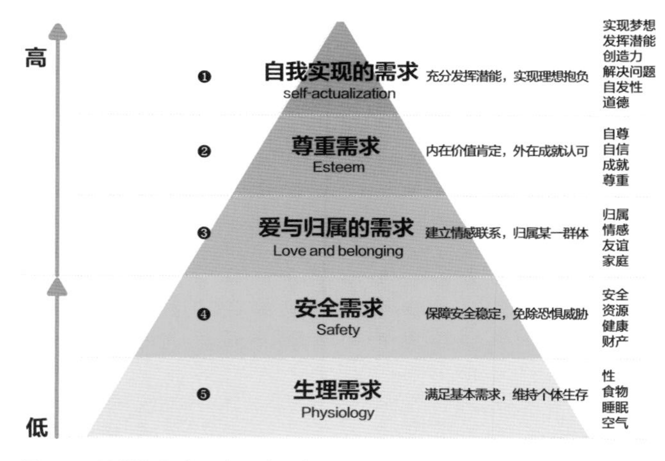

图4-1　马斯洛需求层次理论示意图

通过马斯洛需求层次理论，我们发现用户群体的需求是多样的，且不同的用户既有共有的需求，也存在不同的需求。因此，在开展共情时，我们应该首先找到目标用户，以便对应用户需求，选择适合他们的产品和服务。

二、用户的选择和确立

确立共情对象，即在对用户进行选择和确立时，设计者针对用户的基础信息进行收集、分类、分析和归纳的工作。在这个过程中，设计者可使用用户画像这一工具完成用户的信息整合。

1. 用户画像

用户画像（User Persona）的概念由艾伦·库伯（Alan Cooper）提出，用户画像是建立在一系列属性数据上的目标用户模型，即根据用户属性、用户偏好、生活习惯、用户行为等信息抽象出的标签化的用户模型。针对如何创建用户画像，艾伦·库伯提出七步人物角色法，建立用户画像的七步分别是：

- 发现并确认模型因子（即画像的信息要素）；
- 对目标用户进行访谈；
- 通过识别行为模式在多个行为变量上看到相同的用户群体；
- 确认用户特征和目标；
- 检查完整性和重复性；
- 描述典型场景下用户的行为；
- 指定用户类型。

我们可以举一个非常简单的案例来理解用户画像的标签化。当我们在浏览小红书App的页面时，常常会看到用户发表日志时附加的标签，如科技类、健身类、知识类等用户类别标签，体育达人、健身博主等用户特征标签，或者是更具体的一些学校、工作单位等用户定位标签，我们可以通过这些标签去找到我们希望关注的内容。

我们也可以参考阿里巴巴公司的标签分类形式，阿里巴巴公司建设数据平台，致力于打造智能大数据体系。体系中包含统一实体、全域标签、全域关系和全域行为四个类别。其中，全域标签（GProfile）（图4-2）将人的立体刻画划分为人的核心属性和人的向往与需求两大部分。人的核心属性包含自然属性和社会属性，自然属性即人的肉体存在及其特征，如性别、生肖、年龄、身高、体重等；社会属性即人在实践活动基础上产生的一切社会关系的总和，如经济状况、家庭情况、社会地位、政治宗教、地理位置等。人的向往与需求侧重于兴趣偏好和行业消费偏好，兴趣偏好即人对非物化对象的内在心理向往及外在行为表达，是发自内心的本能喜好，如渴望爱情、需要安全感等；行业消费偏好即人对物化对象的需求与外在行为表达，涉及行业，与物质生活息息相关，如母婴行业偏好、美妆行业偏好等。

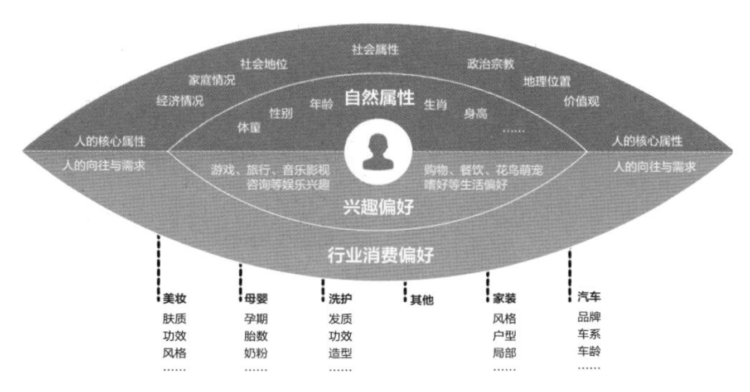

图4-2　阿里巴巴全域标签示意图
（图片来源于阿里巴巴云上数据平台）

2. 用户画像侧写

用户画像承载的目的是通过创建虚拟用户，展现目标用户的属性特征。用户画像应该包含六个要素，分别是：

- 基本信息：包括用户角色类型、虚拟用户姓名、年龄、性别、居住地、职位信息、婚姻状况、育孩情况、性格、爱好等；
- 用户参考图片：接近用户特征的照片或者图像；
- 人格：用户个性、品质、特点等；
- 目标：用户想要使用产品或参与项目的动机；
- 痛点：用户无法通过现有产品做到的事情；
- 目标：用户希望通过产品或项目达到的目标。

通过这六个要素，我们可以初步确定设计项目中的目标用户特征。如图4-3所示，学生围绕如何帮助家政行业适应后疫情时代的问题展开了设计研究，通过走访家政公司，深入观察并接触家政阿姨的日常工作，得出了较为系统的家政阿姨用户画像。同时为了更加全面地呈现用户画像的要素与信息结构，可参考用户画像图例（图4-4）进行用户画像绘制，该图例清晰地呈现了用户画像中的要素类型：基本信息、用户参考图、人格、目标、痛点、目标等，下文中的用户画像要素信息表（表4-1）整理并解释了用户画像图例中的细节信息，可对应查看。

3. 群体用户调研分析

通常，我们可以把群体用户调研的分析流程分为三步：第一是判断基本方向，即判断市场营销的基本方向；第二是数据收集，收集有关该方向的用户相关数据；第三是标签建模，以标签化的形式定义用户。我们可以引入北京贵士信息科技有限公司（Quest Mobile）2020年“Z世代”洞察报告，对“Z世代”群体用户的调研结果展开分析（图4-5）。“Z世代”指在1996—2009年出生的人群，也被定义为网络世代、互联网世代。相关数据显示，我国的Z世代群体网络活跃用户规模已经达到275亿人次。互联网经济浪潮影响下的今天，Z世代是产品设计面向的主流用户群体，是中国新经济、新消费、新文化的主导力量。

（1）基本方向：Z世代的移动互联网影响力。

（2）数据收集：Z世代使用移动互联网的基本信息：

年龄 52
婚姻状况 已婚，一女一子
居住地 江苏苏州
求职意向 月嫂、清洁打扫等

耐心 认真 友善

陈姨

场景故事

1. 陈姨已经入行三年了，受过58平台系统培训，主要做保洁工作。
2. 她受到客户的一致好评，经常被客户介绍给他们的朋友。
3. 基本在微信群内接单，数量不多，一天两单左右，接单流程不太熟练。

用户要求

1. 希望中介费适当降低
2. 使用平台接单效率高
3. 操作简便

当前痛点

1. 中介费抽成过高
2. 平台内不能直接接单
3. 操作繁复，打卡、确认等操作不人性化

用户技能

带孩子
打扫
擦玻璃
收纳

当前品牌

图4-3　用户画像案例-家政阿姨用户画像

杰克·罗兰德

年龄：45
职业状况：运营
婚姻状况：已婚
居住地：西雅图

个人简介

杰克在客户支持部门工作长达15年，他很热爱这份工作。他乐于助人，且擅长技术。他基本上每天都会提供客户服务，且运用KPI（关键绩效指标）为重点审核客户。当客户遇到问题时，他会选择亲自与客户交流。他希望系统能够更加简单直观，当解决问题时，他能够更加轻松，提供更有效的解决方案。

信息渠道

传统广告
社交媒体
推荐人
公关

动机

设计师产品
生态友好的
个人化的
价格低廉的
方便实用的
社交化的

目标

- 减少客户流失
- 管控广告商
- 通过电子邮件或智能化操作服务购票用户

痛点

- 广告商影响购票用户体验
- 手动记录电话不便利
- 购票步骤复杂

Intercom　LOS ANGELES LAKERS

人格

内向型　外向型
逻辑型　创新型
专一型　善变型
积极型　消极型

可接受度
可使用度
可信赖度

“我想要优化票务系统的操作方式，以便更好地捕捉到产品反馈。”

图4-4　用户画像图例

表4-1 对应图4-4用户画像图例的用户画像要素信息表

	序号	要素	信息
用户画像	1	基本信息	姓名：杰克·罗兰德（Jack Rowland） 年龄：45 性别：男 居住地：西雅图 职业信息：运营 婚姻状况：已婚
	2	用户参考图：接近用户的照片或者图像	照片或手绘画像
	3	人格：用户个性、品质、特点等	偏向外向型（外向型与内向型） 偏向创新型（逻辑型与创新型） 偏向专一型（专一型与善变型） 偏向积极型（消极型与积极型）
	4	目标：用户想要使用产品或参与项目的动机	设计师产品类（重要程度偏低） 环保（重要程度高） 个人化的（重要程度高） 性价比（重要程度偏低） 方便实用的（重要程度偏高） 社交化程度（重要程度高）
	5	痛点：用户无法通过现有产品做到的事情	广告商影响购票用户体验 手动记录电话不便利 购票步骤繁杂
	6	目标：用户希望通过产品或项目达到的目标	减少客户流失 管控广告商 通过电子邮件或智能化操作服务购票用户

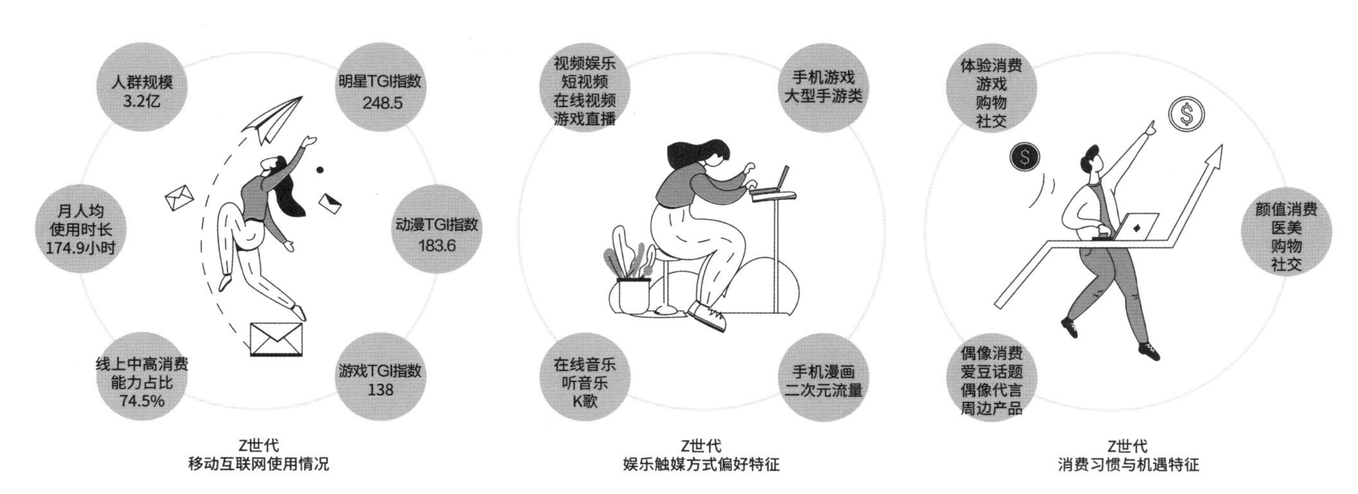

图4-5 群体用户调研
（图中文本及数据取自北京贵士信息科技有限公司2020年“Z世代”洞察报告）

- 移动互联网用户总规模：从2016—2020年，升至3.2亿；
- 城市级别分布情况：三线城市以24.2%居榜首；
- 一线城市以9.3%位于末端，但二线及以上城市的分布率呈上升趋势；
- 线上消费占比：75.5%的用户具备超过200元的线上消费能力，82.3%的用户具备中高端线上消费意愿；
- 智能手机使用情况：超过50%的人使用的是头部品牌的手机，如华为、苹果。总的来说，Z世代的移动互联网使用情况高于全网平均水平。

（3）标签建模：

- 移动互联网使用情况：用户规模3.2亿；移动互联网月人均使用时长174.9小时；线上中高消费能力占比74.5%；明星TGI指数248.5；动漫TGI指数[1] 183. 6；游戏TGI指数138。
- 娱乐触媒方式偏好特征：视频娱乐行业，在线视频及游戏直播是Z世代在视频娱乐的主要时间去处。手机游戏行业，手游类游戏深受欢迎；在线音乐行业，在音乐类App上有更高偏好，爱听歌和K歌；手机漫画行业，支撑起二次元流量的大半江山。
- 消费习惯与机遇特征：体验消费，愿意为体验乐趣买单；颜值消费，注重悦己的消费；偶像消费，支持偶像代言及周边。

以上就是对Z世代群体用户的调研分析，此类分析可以使企业或设计师对目标用户群体有一个较为概括的、多方位的认识，为设计项目的定义与构思奠定了基础。

在建立用户画像以后，我们初步确定了共情对象，并掌握了有关他们的一些信息，然而，我们仅仅是确定了目标用户，还没有真正开始与他们共情。因此，我们还需要探究如何共情，通过观察与访谈了解用户在做什么，用户在想什么，体验用户在经历什么，挖掘用户真正想要什么，从而理解设计者该为用户提供什么。

第三节　如何“共情”

当我们明确了共情对象即目标用户后，便可以与他们建立共情。虽然共情是人类与生俱来的能力之一，但当设计者需要使用这种能力去共情特定用户，并需要依靠它发掘用户需求时，共情过程便不是随心所欲的，而是有章可循的。设计者可依照“观察—访谈—体验”（Look-Ask-Try）（图4-6）的三个主要步骤与用户建立共情。开展这三个步骤，分别会用到一些方法和工具，本节会围绕这些方法和工具展开详细介绍，并加入对应的案例来帮助读者理解它们的使用方式。跟随步骤中的案例解析，你会慢慢掌握共情力，进而去共情某个目标用户群体。

一、观察

观察是指有目的、有计划的知觉活动，是知觉的一种高级形式。观，指看、听等感知行为，察即分析思考，观察不只是视觉过程，是以视觉为主，融其他感觉于一体的

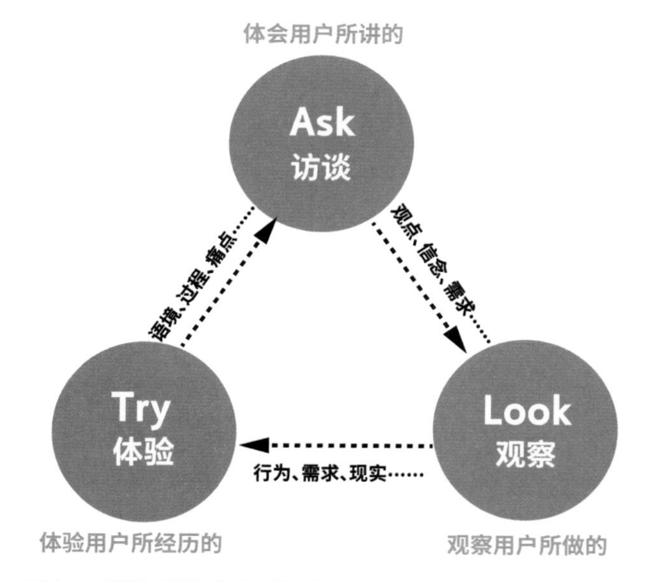

图4-6　观察-访谈-体验三角测量法

[1] TGI指数=（目标群体中具备某一特点的人群所占比例/总体中具备同样特点的人群所占比例）×标准数100。

综合感知，观察包含着积极的思维活动。观察是人们认识世界、获取知识的一个重要途径，也是科学研究的重要方法。观察能力是指能够迅速准确地看出对象和现象的典型的但并不显著的特征和重要细节的能力。通常，设计者会通过观察发现用户正在做什么，并发现其行为中的问题。以为外卖骑手设计安全骑行系统为例，设计者应当去观察外卖骑手在配送订单过程中的种种行为，并记录下配送过程中不安全的骑行问题，如车身超载、逆行、抄近道、是否佩戴安全头盔等。观察为先，代表了设计者首先以客观视角看待用户，避免一开始就代入过多的主观想法。而且用户的许多行为也是潜意识的，用户真正的行为和他们认为自己会做的行为之间有很大的差异，这也帮助设计者避免一开始就被用户的主观想法所影响。观察有多种方法，且这些方法的划分标准不一致，设计者需要选择最适合自己设计项目的观察方法。以下将介绍一些主要的方法和工具，并辨析这些观察方法的利与弊。

1. 非参与式观察与参与式观察

依据设计者（观察者）是否参与用户（观察对象）的生活情景，我们将观察法分为非参与式观察与参与式观察。

（1）非参与式观察。非参与式观察的特点是设计者（观察者）不直接介入用户（观察对象）中间，不暴露身份，以旁观者身份观察行为发生的过程，且不干预行为进程，不提出任何问题，客观地记录事件发生的进程。非参与式观察方法包括近距离冷淡法和远距离仪器法，近距离冷淡法即观察者在距观察者很近的地方观察，但对其活动不露声色，只是听和看，不提问；远距离仪器法即观察者与被观察者相距较远，借助望远镜、摄像机等仪器进行观察。非参与式观察的好处是：不引人注意，有利于保持观察对象的自然状态，也有利于观察者保持客观立场，不易受情感因素的影响。如果观察者公开身份，但并不参与被观察者的群体及其活动，只在同被观察者的简单交往过程中进行观察，这种观察方法也属于非参与式观察，即交往非参与观察法，此法被用于用户行为的初步观察阶段。

例如，为探究共享单车服务在局部范围内，如在高校、社区等封闭环境中如何形成更好的体验，东南大学艺术学院团队对学生体验校园共享单车的过程作了非参与式深度观察，并进行了细节记录，表4-2展现了团队的观察记录情况，也在一定程度上反映了用户部分行为特征。因篇幅受限，仅节选了一些重要的节点展示观察结果。通过非参与式观察，团队一方面对校园共享单车的服务系统有了全面的认识，另一方面对小范围用户的行为特征与体验感受有了初步理解，为之后的用户定量与定性调研打下基础。同时，团队将观察视频上传至哔哩哔哩网站（图4-7），视频内容成为校园热点话题，如此，既可以得到更多的用户原始评论，又可以对观察结果进行补充，可谓

表4-2　非参与式观察记录表格

体验节点	想法记录（部分为原始评论）	图片佐证
扫码	1. 扫码位置的材质反光，有时因光线原因影响扫码； 2. 扫后面车座码的时候可能要弯腰； 3. 微信小程序需要经历三次扫码动作； 4. 超过一分钟开始收费，一分钟前由于车辆故障或其他原因不骑车时是不收费的	
调整座椅	1. 拉环比较省力，男女生都不费力； 2. 找到身高刻度线 / 看习惯调高度	

续表

体验节点	想法记录（部分为原始评论）	图片佐证
放置物品	物品在骑行过程很容易被颠出来	
骑行过程	1. 骑的时候，有时会微微站起身，因为总是感觉座位向前滑； 2. 遇到不好的路况颠得太厉害； 3. 车筐里的东西重容易偏车，使车辆倾倒	
还车过程	1. 还车需要用手机确认并进行支付； 2. 无法还车的界面等待时间长； 3. “问题反馈记录”界面空白，菜单栏在底部，影响交互体验	

图4-7　项目视频合集截图

一举多得。

（2）参与式观察。参与式观察的特点是设计者（观察者）进入用户（观察对象）的生活情景中。依据观察者参与的程度，参与式观察可被划分为半参与式观察和完全参与式观察。半参与式观察指研究者参加被观察群体的活动，但是他们的真实身份并不刻意隐瞒，通过与被观察者的密切接触，被观察者把他们当作可以信任的外人，从而能够接纳研究者。完全参与式观察是指研究者通过隐瞒自己的真实身份，进入社会群体关系中，进而了解被观察群体特殊的文化模式，了解群体中的隐私和机密。

我们引入“地瓜社区”的案例来详细解读一下参与式观察方法在用户行为研究中的应用。“地瓜社区”是设计师周子书开展的一个社会创新设计项目。项目中的目标用户群体是一线城市地下室居住人群，最初的目标用户群是北京花家地社区的地下室居住者，设计师想要通过这个项目改造地下室居住环境，以社会结构的设计，形成地上和地下居住者的交流对话，设计出满足各方利益的社区结构，营造共赢的社区公共空间。这一项目的核心是改造闲

图4-8　左：北京花家地地瓜社区入口图；右：成都曹家巷地瓜社区入口图

置空间，吸引更多人来到这个空间，创造更多的公共产品，以低廉的价格服务更多的人（图4-8）。

周子书首先使用了非参与式观察方法获得了关于用户群体的部分信息，他以旁观者身份进入地下居住者的环境，记录他们居住于此的行为痕迹，如墙壁上的粘钩、随处摆放的衣架、被损坏的通往地上的门栓等物品，这些行为痕迹显示出地下居住者的收入偏低，并曾和地上居住者产生过冲突。除此之外，其生活空间中一些富有情趣的装饰物以及墙壁上的激励性话语又告诉设计者，地下居住者依然向往美好的生活，并保有个人理想。但可以想见，作为一名从地上“闯入”地下的不明观察者，周子书的身份不受地下居住者和地上居住者的欢迎，甚至被排斥，因此观察到的行为信息有限且片面。所以，周子书选择成为一名地下室租户，加入了地下居住者群体，但保留自己设计者的身份。成为租户后，他开启了半参与式观察的观察阶段（表4-3）。他主动为地下室的公共区域做清洁，以便观察不同的地下居住者的行为特点。在观察过程中，他借助房东的关系网络扩大了可接触到的用户人数，并增加了随机用户访谈。通过半参与式观察方法，他了解了不同房屋面积中分布的居住者人数，他们的居住需求以及职业需求，并总结出地下居住者的核心需求：提升职业技能。由此，他的设计并未对地下居住环境展开“大刀阔斧”式的空间改造，反而开始针对用户群开展职业技能交换实验，并致力于将地下居住空间打造为不同居住者之间、地上居住者和地下居住者之间互动交流的社区公共空间，这便是后来的地瓜社区。

2. 实验观察

根据观察的环境是在自然状态还是人工控制状态，可以将观察方法分为自然观察法和实验观察法。自然观察法所要求的环境一般是在自然状态下，即事件自然发生，在对观察环境不加改变和控制的状态下进行的观察。实验观察法是在人工控制的环境中进行的系统的观察。在上述两个案例中，无论是对学生体验校园共享单车开展的观察，还是周子书对地下居住者开展的观察，均属于自然观察法。所以，接下来主要介绍一下实验观察法。

在开展设计研究时，我们常常会用到实验观察法。以刊登于《包装工程》中的论文《基于用户行为的适老型智能卫浴产品设计研究》展示的行为观察研究实验为例（图4-9），文章中提到研究对象被分为自理老人、助行器老人与轮椅老人三类，实验开展前，邀请了大约12名60～70岁的老年人，每个类型的老人各4名。实验场地为一个物品器具摆放整齐的卫浴空间，实验前，让所有被试者在30分钟内熟悉相关物品的存放位置、功能配置、相关产品的操作方式，将相机固定在卫浴空间外斜45度角处，为视频资料的录制做准备。实验过程中要求每位被试者在自然放松的状态下依次模拟日常如厕、淋浴活动的完整行为过程。实验结束后，研究团队绘制

表4-3 参与式观察记录表格

观察阶段	观察形式：隐匿拍摄	观察记录：地下居住者的生活痕迹
非参与式观察	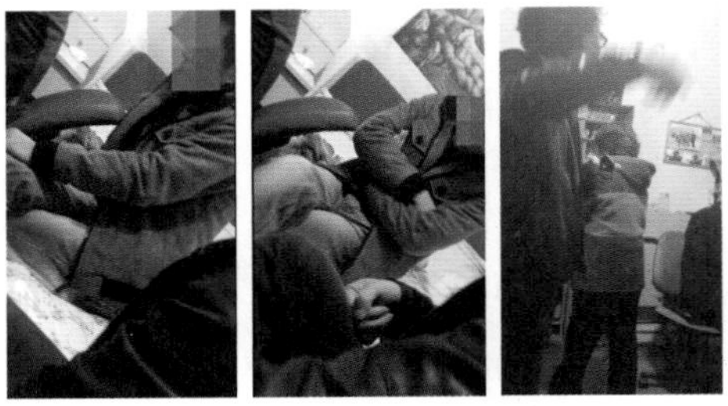 地下居住者态度	 地下居住者信息
观察记录	作为身份不明的观察者， 设计师被地下与地上居民禁止拍摄生活区	1. 经济条件差 2. 鼠族 3. 生活水平低 4. 与地上居住者常常发生冲突
观察阶段	观察形式：成为租客	观察记录与访谈：地下居住者的生活态度
半参与式观察	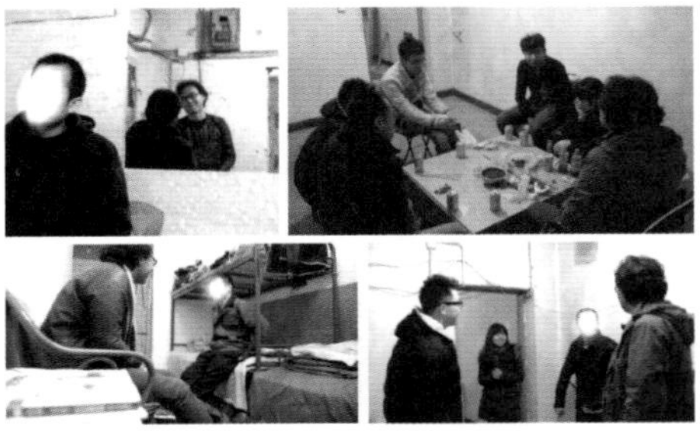 地下居住者态度	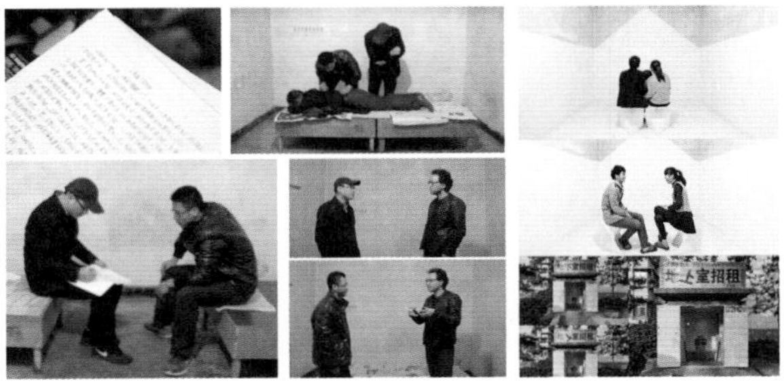 地下居住者信息
观察记录	由于居民对设计师介入地下生活的质疑，设计师成为租住者，并通过房东扩大交际网，打扫地下空间，与居民建立初步信任； 与地下居住者聚会聊天，一对一采访地下居住者； 针对部分地下居住者建立体验空间	1. 有梦想，有理想 2. 对生活有期待 3. 希望尽快赚钱 4. 希望提升职业技能 5. 不希望长期居住在地下空间 6. 希望生活得更有尊严 7. 希望彻底改变地下的环境

了行为分析图，总结出这几类老人在行为过程中的危险行为问题，并根据这些问题总结出老年人在卫浴行为过程中的辅助性需求。

3. 观察工具

AEIOU元音法是一种可辅助设计者捕捉用户行为模式的工具，它的问题方向列表可以为设计者的观察过程提供结构依据。AEIOU元音法的5个字母分别代表活动（Activities）、环境（Environment）、交互（Interaction）、物品（Objects）、用户（User），设计者可以依据这五个方向的不同问题去开展线下调研，从而获取对用户较为全面的观察结果，逐渐建立起同理心。基

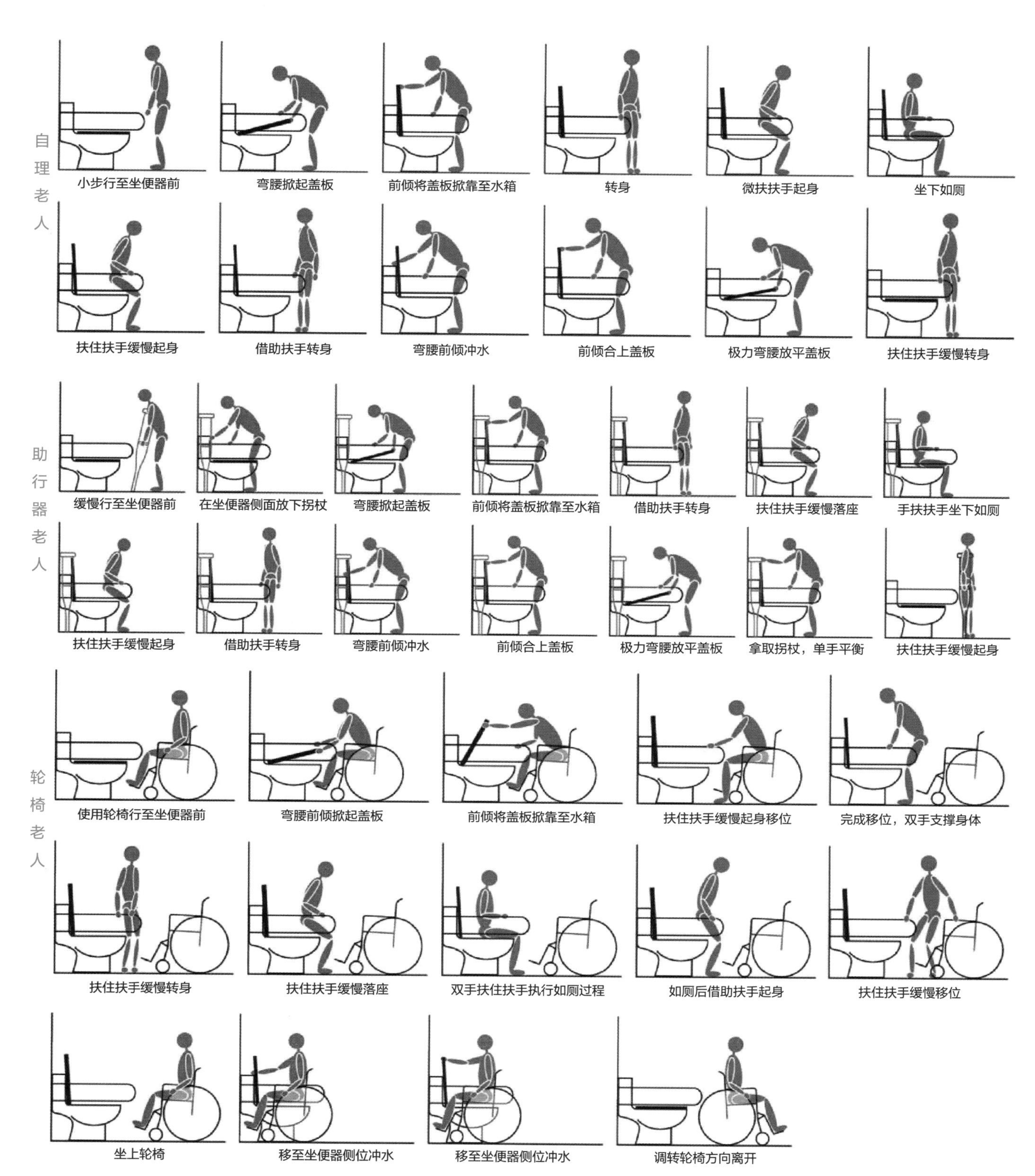

图4-9　观察用户使用智能卫浴时的行为
（图片来源于《基于用户行为的适老型智能卫浴产品设计研究》）

于AEIOU元音法的5个方向的具体问题，以及用户行为方式、行为主旨、共通性、个性和不同点的问题内容，我们整理制成了AEIOU表格模板（表4-4）。

表4-4　AEIOU表格模板

活动 Activities	1. 发生了什么事情？人们在做什么事情？ 2. 他们的任务或目的是什么？ 3. 他们实际上做了什么来完成他们的任务、达到他们的目的？ 4. 活动前后发生了什么？ 注：在观察过程中，也可以通过一个浅层的、初步的、聊天形式的访谈走进用户的行为旅程
环境 Environment	1. 环境是怎么样的？ 2. 该环境有什么样的功能和特性？ 3. 该环境区域周边有怎样的功能区/业态？ 注：环境与场景有宏观与微观之分，大到一个业态布局、社区规划，小到一个桌面环境
交互 Interaction	1. 系统彼此间是如何交互的？ 2. 有接口或触点吗？用户又是如何与其他人互动的？ 3. 操作由什么组成？ 注：考虑用户在真实世界和数字世界中的交互方式
物品 Objects	1. 什么物品和设备被使用？ 2. 谁在什么环境下使用了物品？
用户 User	1. 谁是用户？ 2. 用户扮演了什么角色？ 3. 谁在影响他们？ 注：这一点需要和活动首先考虑

为获得更加细致、准确的观察结果，设计者在进行AEIOU表格撰写的时候应该有所侧重。首先，设计者需要对观察方向进行优先级排序，即变动AEIOU五个方面的观察顺序。例如，当设计者针对不同车型车门开启方式的体验进行对比观察时，第一排序是物品，即车门的观察分类，比如区分车门是传统平开门，或电动平开门，是剪刀门、鸥翼门还是蝴蝶门。第二排序是环境，即环境场景的观察分类，说明物品在何种场景中被应用，比如在停车位场景中，是窄位停车还是路边停车。多点综合的分析才能产出全面且系统的观察结果。AEIOU元音法的表格模板是一个大致框架，在实际应用过程中，抓住框架的底层逻辑后，再进行实践，才是设计者与用户共情的有效路径。

设计者开始共情用户时，迈出的第一步就是观察。设计者既需要从外在表现去审视用户的行为，也需要从内心同理去认识用户的行为，目的是在一开始就抛弃自己对目标用户的“刻板印象”，重建用户认知，这样才能够在后续的共情过程中，引导用户说出需求，且更客观地看待用户反馈的主观答案，做出合理的判断，这样才能挖掘出用户的真实需求。

二、访谈

既然已经观察了用户的一些行为，设计者需要体察用户心中所思，也就是搞清楚用户的主观想法。一方面，设计者对用户展开定量调研，通过问卷调研、数据埋点等方法收集并呈现用户在某种产品或服务的使用过程中的各类数据情况，并进行统计分析。另一方面，设计者对用户进行定性调研，通过用户访谈、焦点小组等方法收集用户对某些问题的特定看法，形成访谈笔记。定量调研与定性调研相辅相成，将二者结合，设计者会获得更加准确的信息。下面我们将分别围绕问卷调研、用户访谈和焦点小组这三种主要的调研方法展开介绍。

1. 定量调研

数据埋点（对数据埋点进行解释：埋点分析，是网站分析的一种常用的数据采集方法，指在需要采集数据的“操作节点”将数据采集的程序代码附加在功能程序代码中，对操作节点上用户行为或事件进行捕获、处理和发送相关技术及其实施过程）。

问卷调研（Questionnaires）是设计者运用系列问题及其他提示从用户（受访者）处收集所需信息的方法。该方法被应用于产品或服务开发流程中的多个阶段。进行问卷调研的步骤可以分作七步，分别是：

- 定义问题方向：问卷的目的是什么？谁是目标人群？收集来的数据用来做什么？究竟想要找出什么问题？这些问题归根结底都指向我们想知道些什么。调查者可以通过头脑风暴的形式先全面地覆盖所有问题，列出提问方向，再进行筛选。主要参考的方向可以有了解用户行为或观点出现的频率，用户对现有解决方案优势或劣势感知的频率，某种需求出现的频率等。
- 选择需要了解的问题的回答方式：问题的回答方式有封闭式和开放式。封闭式提问通常用的词语有“是否/能否”“或/还是”等。对于回答者来说，问题的答案比较明确，简单容易，范围窄。开放式提问通常用的词语有“怎么/如何”“为什么”

等。对于回答者来说，问题的答案比较开放自由，内容相对广泛多样，同时回答者可能会觉得选择权在自己，感受到尊重。比方说，“这堂课收获如何?”

- 根据需要了解的问题制定问卷中的具体问题。
- 检查问卷：合理、清晰地布局问卷，去掉无关的问题，检查语法，调整用词和问题顺序并进行归类。
- 小规模测试并改进问卷，比如有很多用户选择了“其他”这个答案，说明可能需要增加一些选项供用户选择，小规模测试的形式可以依托小范围发放问卷或焦点小组的形式进行。
- 依据不同的话题邀请合适的调查对象：根据问卷调研目的的不同进行随机取样或有目的地选择调查对象，比如哪怕是熟悉该话题的人群也分不同年龄与性别等。
- 运用数据统计方法展示调查结果，必要时将结果进行可视化地呈现，探讨被测试问题与变量之间的关系。

清晰的问卷结构是好问卷的基础，问卷结构主要由开场白（Opening）、前期问题（Early question）、中期问题（Middle question）、后期问题（Late question）、结束语（Closing）这几部分组成（表4-5）。

当然，问卷不是万能药，它的优势在于能从大量样本中获取信息，帮助企业、设计者节约时间与财务成本。在项目后期，问卷也可用于产品或服务的测试阶段。问卷的劣势体现在两个方面。一方面，设置的问题选项多多少少会存在局限性，问题与选项的好坏会影响信息反馈。例如部分问卷往往因为题目设置得枯燥乏味而很难获得足够的答复样本，因此设计者常常需要结合视觉材料，使问卷变得生动有趣，吸引受访者作答，也让受访者明确问题含义。另一方面：在分析阶段，对收集到的答案，分析者容易产生不充分的理解，不能得到用户潜意识或情感化的信息。对于回答者来说，容易忽视问题的目的或者没有对上下文有很好的理解。为了对编写问卷有具体的认识和理解，我们通过几个问题（图4-10）来对比一下在问卷中好的问题与不好的问题。

表4-5　　问卷结构表

开场白 Opening	表示友好，唤起访问者对话题的兴趣。如：你比较喜欢某产品?
前期问题 Early question	尽量用简单、友好、封闭式的问题，这样的问题更容易回答且能够传达主题。如：你是否用过某产品？你是否买过某产品?
中期问题 Middle question	关键性、有目标针对性的问题
后期问题 Late question	与个人相关度高的问题，如：年龄、名字以及一些开放性的问题
结束语 Closing	建立关系，表示感谢，给一些正面积极的反馈

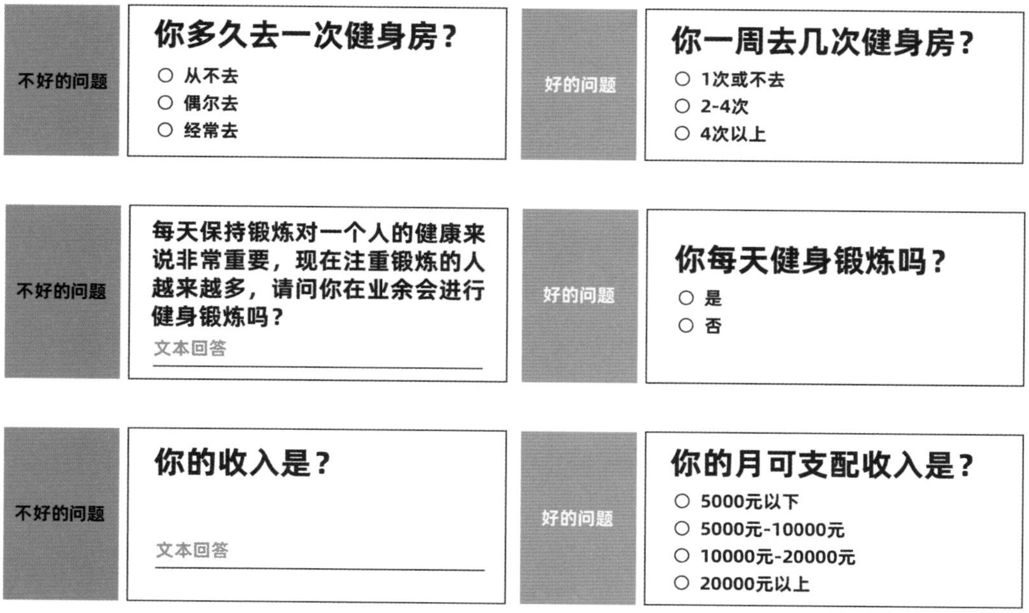

不好的问题	好的问题
你多久去一次健身房？ ○ 从不去 ○ 偶尔去 ○ 经常去	你一周去几次健身房？ ○ 1次或不去 ○ 2-4次 ○ 4次以上
每天保持锻炼对一个人的健康来说非常重要，现在注重锻炼的人越来越多，请问你在业余会进行健身锻炼吗？ 文本回答	你每天健身锻炼吗？ ○ 是 ○ 否
你的收入是？ 文本回答	你的月可支配收入是？ ○ 5000元以下 ○ 5000元-10000元 ○ 10000元-20000元 ○ 20000元以上

图4-10　问卷中的问题优劣对比

2. 定性调研

在开展定性调研时，设计者需要用文档、录像、图像等形式与用户展开交流并记录。在对收集到的信息进行分析时，会发现有很多访谈信息都是用户的陈述性话语，这要求设计者把不同的用户原话或用户评价进行归类统计，之后再进行信息的分析与决策。同时，需要注意的是，在定性调研过程中，设计者需要及时发现并排除自己的主观想法，比如判断或偏见等，以免对信息的分析和决策产生负面影响。

（1）用户访谈。用户访谈（Interviews）即设计者（访谈者）通过与用户（被访谈者）进行面对面的讨论，多数是一对一的形式，从而直接地理解被访谈者对产品或服务的认知、意见、行为方式等。除了对用户开展访谈之外，如遇未涉猎过的专业领域，访谈者也可以通过对话交流，从业内专业人士处学习和收集相关信息。开展用户访谈的步骤可以分为六步。

- 准备一份确保在访谈过程中能覆盖所有相关问题的话题指南，可以是问卷。但是相比问卷的线性结构问题，话题指南有时也依托访谈者的临场、即兴发挥，以获得更加轻松、自由的访谈氛围。
- 在模拟访谈中测试该指南。
- 邀请合适的采访对象，依据项目的具体目标，可能需要3～8名被采访者。访谈的数量取决于设计者是否已经得到所期望的信息。10～15个访谈可以反映80%的需求。
- 实施访谈，一个访谈时长通常为1小时左右。访谈过程中往往需要录音记录，挖掘尽可能多的细节。同时，在访谈过程中，需要注意以下客观因素：建立友好优美的环境氛围，视情况提供一些茶点；用普通的问题开场，如现有产品的使用和体验等，而不要直接展示设计概念；合理分配话题时间，最重要的话题安排在后半部分；视觉材料明晰，如概念图的展示要清晰，提前确定受访者是否已经理解问题。
- 记录访谈对话具体内容（记录用户的原话），总结访谈笔记。
- 比较不同受访者的陈述，其相似点和不同点分别是什么，分析所得结果并归纳总结。

与问卷调研一样，用户访谈也存在优势与劣势。其优势在于多个阶段皆可使用用户访谈，设计初始阶段，可运用此方法获取产品使用情景、用户对现有产品反馈等信息；在创意或原型产生阶段，可用此方法测试产品或服务的设计概念。同时，相对于焦点小组，用户访谈能更深入地一对一地挖掘信息。因为在此过程中设计者能就采访者给出的答案进行二次提问或追问。用户访谈的劣势在于将其应用于已知产品或服务时为最佳，而开发全新产品时，情境地图和用户观察等方法更合适。在访谈过程中，被采访者可能只能通过自己的直觉回答采访问题，需要通过一些视觉表达对被采访者进行启发，并且访谈结果在一定程度上取决于采访者的采访技巧与表达能力。

（2）焦点小组。相比于用户访谈的一对一形式，焦点小组（Focus Groups）更加侧重集体访谈的形式，用于讨论目标用户小组内的成员对某个产品或服务的看法。实施焦点小组的步骤可以分为六步。

- 从目标人群中邀请参与者，每次讨论有6～8名参与者、一位主持人与一位数据员。
- 列出一组需要讨论的问题（即讨论指南），包括抽象的话题与具体的提问。
- 模拟一次焦点小组的讨论，测试并改进讨论指南。
- 从目标用户群中筛选并邀请参与者。
- 进行焦点小组讨论，每次讨论1.5～2小时，通常情况下需对过程录像以便于之后的记录与分析。由普通的话题开场，如对现有产品的使用和体验感受等。再将用户逐渐带入产品的使用情境中，借机提出与新的设计概念相关的问题。在此过程中注意先将概念表达清晰，并询问参与者是否存在疑问，再提出相关问题。同时将重要的话题/问题放在后半部分。
- 分析并汇报焦点小组所得到的发现，展示得出的重要观点，并呈现与每个具体话题相关的信息。可以直接引用参与者的原话。

三、体验

从观察到访谈，设计者已经发现了用户在做什么，也体会了用户在想什么，但到此为止，设计者可以和用户共情吗？让我们再次复习一下“共情”的概念，共情便是“设身处地”，设用户之身，处用户之地，察用户之心。前两步完成后，设计者找到了共情对象，并在特定的情境中完成了观察过程。那么，只剩下第三步，察用户之心。虽然访谈可以主动引导用户说出心中所想，但这并不代表所说的话即真实的需求，或许用户心存某些顾虑，并不能完全表露心中所想，又或许，用户有时并不完全理解自己想要什么。所以，设计者只有“将心比心”，才能真正实现察用户之心。因此，接下来的内容会围绕设计者洞察用户的过程展开，即设计者通过身份转化，模拟用户角色，用心体验用户的所做、所想和所思，最终，结合已完成的观察与访谈，形成用户洞察，真正共情用户。当然，我们依然会教授你转化用户身份，体验用户经历的方法，在学习这些方法的同时，你将会慢慢理解一名设计者洞察用户的过程。

在观察倾听之后，设计者在一定程度上会对用户的行为模式与需求点有一个初步的假设和印象。但是单凭假设、印象无法判断出合理、准确的用户需求。因此，我们必须进行沉浸式思考，进一步与用户同理，完善用户同理心地图，从而加深设计者与用户的情感共鸣。

1. 同理心地图

同理心地图（Empathy Mapping）为设计者提供了描述同理心的方向，即看、听、说、做、想、痛点和收获。设计者可以把所听所见的内容在观察中或观察之后记录在地图上，以便进行下一步综合分析。但是，需要注意的是，做这些前要征求用户的许可，不是每个人都能接受直接拍摄。

我们以学生设计项目“城市水环境治理服务体系设计”为例说明同理心地图是如何应用于设计实践中的。该项目期间分别对两个用户群体——城市居民群体与城市水环境治理专员进行了同理心地图的绘制（图4-11）。同理心地图的绘制综合了水环境、河道周边环境的观察结果，以辅助对用户需求的进一步挖掘和分析。一方面，同理心地图的内容离不开设计者“设身处地”的体验，需要他们有意识地利用所有的感官去体会用户正在经历的体验。同时，需要提醒设计者，“好奇且不带入先见”是第一要义。另一方面，同理心的形成需要设计者对用户行为模式有深刻的认识并最终形成共情。除此之外，同理心地图也面临不断迭代的过程，需要在设计过程中不断进行完善和改进。在此阶段形成的用户同理心地图，是基于初步观察和认知进行的一个初步总结，需要结合之后的定量与定性调研结果继续深入探析。

2. 用户旅程图

用户旅程图（Customer Journey）帮助设计者深入解读用户在使用某个产品或服务的各个阶段中的体验感受，它涵盖了各个阶段中用户的情感、目的、交互、障碍等内容，用户旅程图将复杂多元的体验综合在一张地图上，辅助设计者针对不同时间段、接触点进行思考。设计者可以在整个项目中使用用户旅程图，包括在项目的一开始，使用它去研究用户对已有产品或服务的体验旅程。用户旅程图可以帮助设计者在项目各个阶段发现自己知识的匮乏之处，进而促使设计者通过跨界整合知识应对可能遇到的问题。同时帮助设计者集中精力，直接在地图上标注产品或服务的设计需要改进的地方，避免设计出与客户体验格格不入的孤立接触点（touch point）或产品特征。

制定用户旅程图的流程可以分为三步，分别是：

（1）选择目标用户的类型，建立该用户的画像，并备注如何得到这些信息。

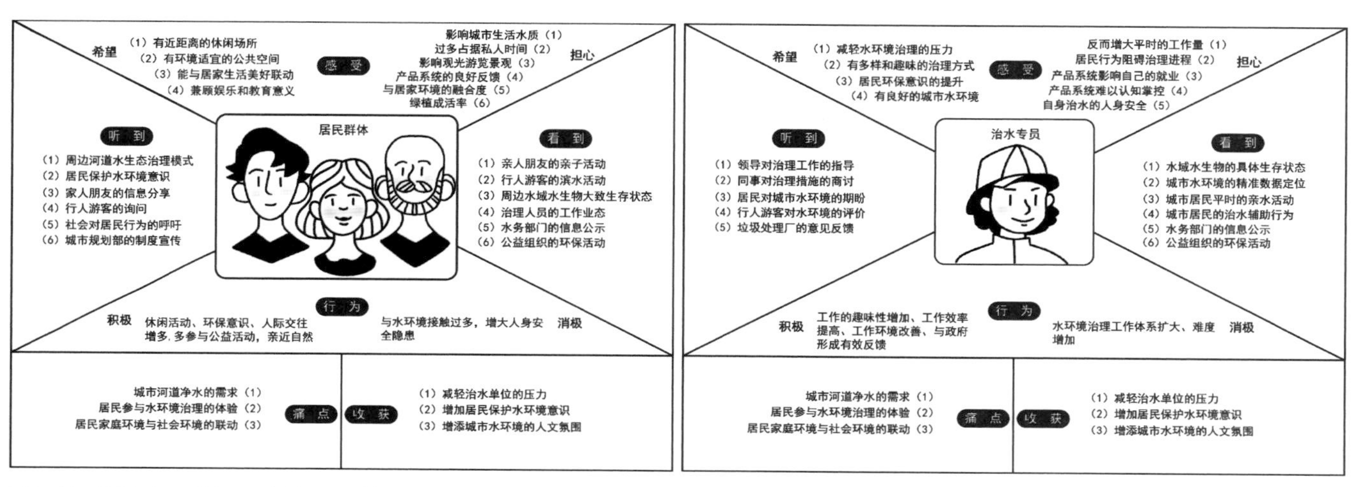

图4-11 “城市水环境治理服务体系设计”的用户同理心地图

（2）在横轴上标注用户使用该产品的所有过程。切记要从用户的角度来标记这些活动。可要求用户自行定义产品或服务使用的各个阶段，而不是从产品的功能或接触点的角度。

（3）在纵轴上罗列各种问题，纵轴上的内容类别设置可以根据实际具体情况设置，灵活多变一些。可以添加对该项目有用的任何问题，例如：用户与产品或服务有哪些“接触点”，用到哪些设备等。

由于用户旅程图是一个迭代优化的过程，在设计项目初期，设计者可以用手绘的形式进行用户旅程图的绘制（图4-12）。通过便利贴拼贴等方式，可以随着用户调研的深入，进一步修改、补充用户旅程图中的信息，发现更多用户行为过程中的细节、痛点，挖掘出更多机会点。

在设计项目中后期阶段，可以提高用户旅程图的精度。如图4-13所示，同学们以线上校园服务平台设计研究为主题，针对目标用户群体，围绕课前、课中、课后的阶段，搭建了学生群体在课程学习过程中的用户旅程图。该用户旅程图以更加可视化的方式，形象描述了用户接触点以及用户在行为旅程中的想法与情绪。

图4-14为设计项目“外卖骑手安全骑行系统设计研究”绘制的用户旅程图，旨在分析外卖骑手的骑行行为与安全意识。该用户旅程图选择的目标用户为外卖骑手，描述了外卖骑手一次完整的送餐过程，即从在商户取到订单开始，到再次赶往下一个商家拿取其他订单结束。横轴标注了骑手的

图4-12 手绘用户旅程示意图

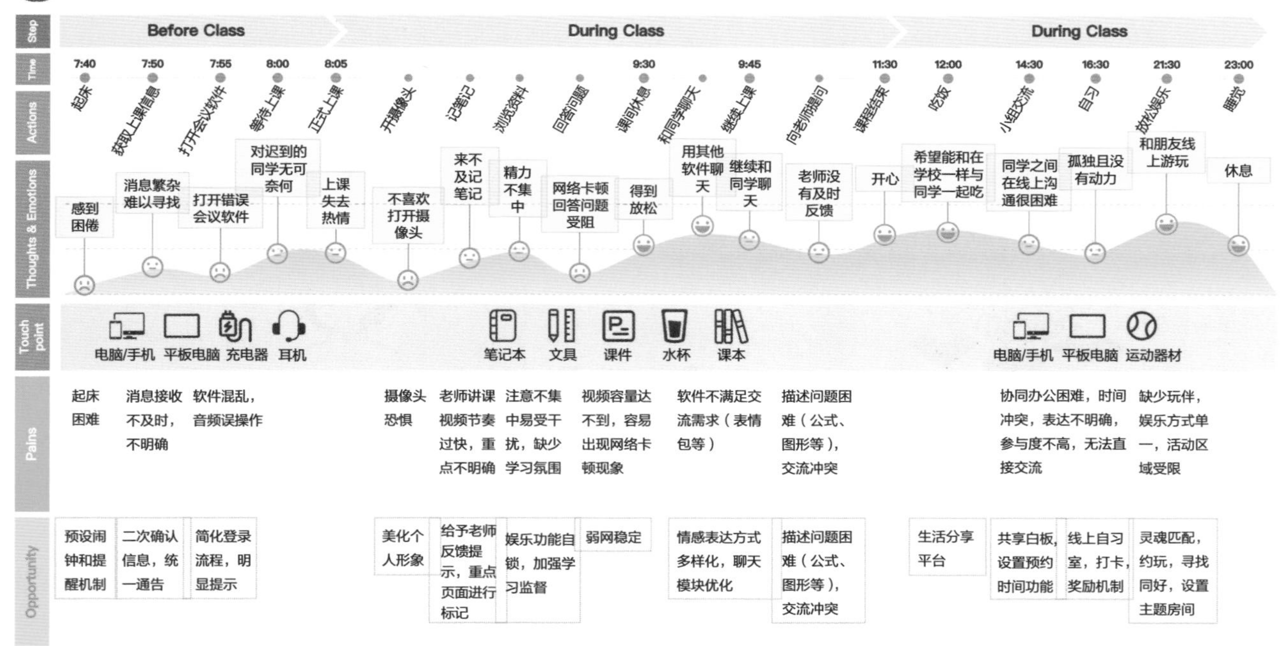

图4-13 “线上校园服务平台设计研究”学生群体用户旅程图

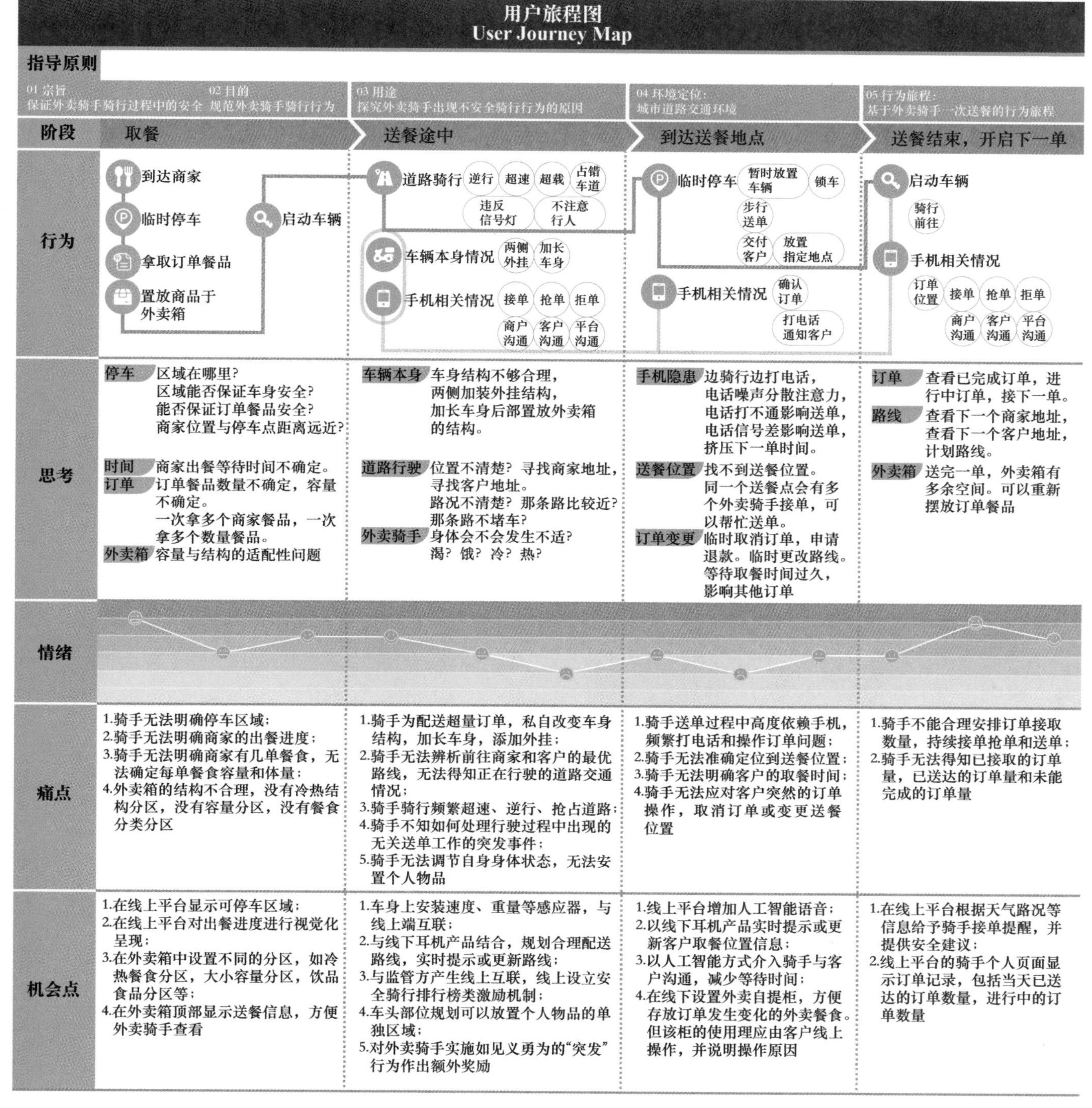

图4-14 “外卖骑手安全骑行系统设计研究”用户旅程图

送餐过程，显示为“取餐—送餐途中—到达送餐地点—送餐结束，开启下一单”的阶段任务。纵轴罗列了行为、思考、情绪、痛点与机会点等与项目相关的类别。用户旅程图中包含6个主体行为，分别被命名为：到达商家行为、临时停车行为、拿取订单餐品行为、置放商品于外卖箱行为、启动车辆行为和道路骑行行为。在不同的行为中，旅程图依次分析了诱导不安全骑行行为发生的因素，围绕外卖骑手，思考骑手发生不安全骑行行为的主观原因，也显示出来自外卖骑手、商家、平台和外部环境等多种关系相互交织的原因的复杂性，并以情绪曲线显示外卖骑手在配送订单过程中的情绪变化。最终，根据设计研究团队对客观行为的观察、描述，以及对主观因素的分析，总结出可供继续探讨的设计机会点。

3. 角色扮演

作为设计者或者调查者，身份不可能正好对应每个用户群体。若设计者自身不属于潜在用户群，那么通过角色扮演（Role-Playing）的方式，可以让他们利用全身的感官融入某一特定场景中。这对于设计者在前期开展场景分析，以及感受交互模式等具有重要的积极意义。角色扮演通常需要设计者运用照片或视频的方式记录扮演过程，以便之后反复进行研究。在《IDEO，设计改变一切》一书中，就以唐普雷斯酒店与“空间设计师”的杰作这一案例分析了角色扮演工具的使用。该设计团队在旧金山租下一间旧仓库，在仓库里，他们搭建起与原物尺寸相同的大堂模型和一个用泡沫塑料芯板搭成的标准客房。他们的模型并不是要展示这个空间的外观特征，而是让设计师、客户团队、酒店所有者、经营者共同上演一场服务体验。在这场“剧演”过程中，设计团队鼓励所有来访者提出改进意见，写在便利贴上，贴到模型上。在这一模型空间中，可以对任何想到的情境模式进行及时、直观的角色扮演，以此带来很多创新性的想法。

对于学习者来说，可能没有充分的资源去搭建完善的场景并邀请足够的用户来演绎角色，但是在有限资源条件下，可以依据用户旅程图，以团队的形式，给团队成员分配角色。这种角色不一定是用户或一个人物，角色也可以是一个交互点，重点是通过演绎一方面让团队设计者沉浸到整个产品或服务流程中，另一方面也让观众理解这一流程。

本章小结

本章重点探讨了设计思维“共情”的过程与方法。首先，以英文“Emphasize”的原义详解和中文“设身处地”的来源解析分别探究了“何为共情”。其次，如何从研究对象或设计目标找寻和确定共情对象，即如何确定目标用户，这部分主要介绍了制作用户画像的方法，以及确定用户洞察的方法。确定了共情对象后，可以从“观察—访谈—体验”的脉络开始对用户需求和行为进行调查。在观察阶段，详细解读了非参与式观察、参与式观察、实验观察等观察方法，以及AEIOU元音法这样的观察工具。在访谈阶段，分别讲解如何围绕用户开展定量调研与定性调研，包含问卷调研、用户访谈、焦点小组的方法。最后，经过观察和访谈，在体验阶段，设计者开始与用户共情，开展用户角色扮演，绘制同理心地图、用户旅程图。进而通过系统和全面的用户“共情”，帮助设计者充分而深入地理解用户的真实需求，为后续步骤的展开提供支持。

提问与思考

1. 观察时常用的工具有哪些？
2. 定量调研与定性调研的区别是什么？
3. 问卷调研和用户访谈分别有怎样的优势与劣势？其基本结构是怎样的？
4. 用户同理心地图与用户旅程图的基本样式是怎样的？

第五章

定义

教学内容： 1. 设计思维“定义”的概念与步骤
2. 设计思维“定义”的方法与应用工具
3. 设计思维“定义”的目标——POV

教学目标： 1. 了解设计思维“定义”的概念与内容
2. 掌握设计思维“定义”的具体流程和应用工具
3. 掌握POV的表述句式及对设计思维流程的作用

授课方式： 多媒体教学、小组研讨、阶段性汇报

建议学时： 6~8个学时

第一节　何谓“定义”

设计思维流程中，什么是“定义”呢？“定义”即问题定义，就是指透过现象挖掘本质的过程，重在清晰陈述用户的真实需求和实质问题。“定义”的重点是设计者结合共情阶段的全部研究结果，通过整理分析找出需求背后的真实场景，洞察用户的实际问题和真实需求，进而创建以用户为中心的问题陈述，这在斯坦福设计思维流程中也被叫作POV（Point of View）。“定义”的重要任务为借鉴、解释并衡量所发现的问题和用户痛点，界定关键问题，梳理实质需求。“定义”的最终目标是对所研究的问题进行凝练和概括，进而给出一个有意义的、可执行的明确表述和问题界定，通常用一种简洁直接的语句来进行显性表达，即POV。POV是一份聚焦于某一特定用户或综合特征的洞察和需求的指导性陈述。POV不会想当然地自动浮现于设计师的头脑当中，它们往往是设计师经过深入观察、调研和分析而逐渐形成的。

为什么要“定义”？“定义”是设计流程中不可缺少的部分，是把握根本设计问题的关键，它会直接影响到设计师的判断和设计思路。当设计师激发创意的时候，制定一个更加精确的问题陈述往往有助于产生更具针对性和更高质量的解决方案。“定义”也是将调查中收集整理的多样信息整合成结构化洞察的重要过程，让设计工作更加高效。这一步骤将会把捕捉到的信息综合归类，将达成共识的内容按类别归纳到一起，再把不重要或不相关的观点剔除，最终准确定义关键问题，寻找设计介入的价值点。

通过“定义”，设计者可以找到最核心用户真正的需求及最有价值的痛点和机会点，并降低原型和测试阶段产生摩擦和分歧的可能性，故其在设计思维六步骤当中起到重要的承上启下作用。这一阶段也是第一个思维收敛的过程，最终形成的问题界定及陈述（POV）将是下一阶段创意构思的起点。

第二节　“定义”的过程

如何去定义？上文提到，在定义阶段，设计师需要将用户的“需要”（need）转变为“想要”（want），并最终形成一个有意义的可执行的明确表述和问题界定，所以定义的流程便是汇总前期所有的观察和调研，通过整理形成逻辑清晰的以用户为中心的故事脉络，进而从中进行洞察，找出用户痛点和机会点，并根据共鸣程度、价值倾

向、用户相关性、可执行性等方面对所挖掘的洞察进行重要级排序，选出最关键的洞察后将其打磨成一句简练、精准的表述，将以用户为中心的设计“愿景”最终转化为设计团队可执行可操作的明确“挑战”。

定义的过程可以借鉴《佐藤可士和的超整理术》中所提到的“整理的步骤”（图5-1），首先对信息进行可视化处理，接着对信息进行客观且清晰地分类和陈列，然后根据信息类别或信息主题进行优先排序，目的是找出这些信息的因果关系并推断出本质，最后通过“琢磨”“反转”“组合”等方式将本质信息凝练成设定的课题。

在定义这一环节中需要进行收集整理、综合分析、衡量并结构化所有的洞察，找出其中的关键洞察并不断打磨；挖掘用户真实的需求，并在设计团队当中确定该需求是否有深入的意义；最终通过思维的收敛提出恰当的POV，让综合多样的信息形成一个凝练的句式，为设计任务提供一个美好的愿景。定义的具体步骤如下（图5-2）。

步骤1：综合分析，收集、解读并分析所有的信息，整合关键信息并总结用户需求。

步骤2：洞察比较，对综合分析所得出的结果进行洞察，利用多视角发现其中共有的规律，凝练成设计主题，从中推断出关键问题集合。

步骤3：痛点甄选，对多个设计主题和关键问题展开进一步筛选，划分出需要的主题领域并进行问题的设定，以便下一个步骤的迭代。

步骤4：形成POV（问题界定及陈述），将第三步骤筛选出的关键问题进行凝练概括，以简练的句式总结出关键句子，最终确立最有价值的POV。

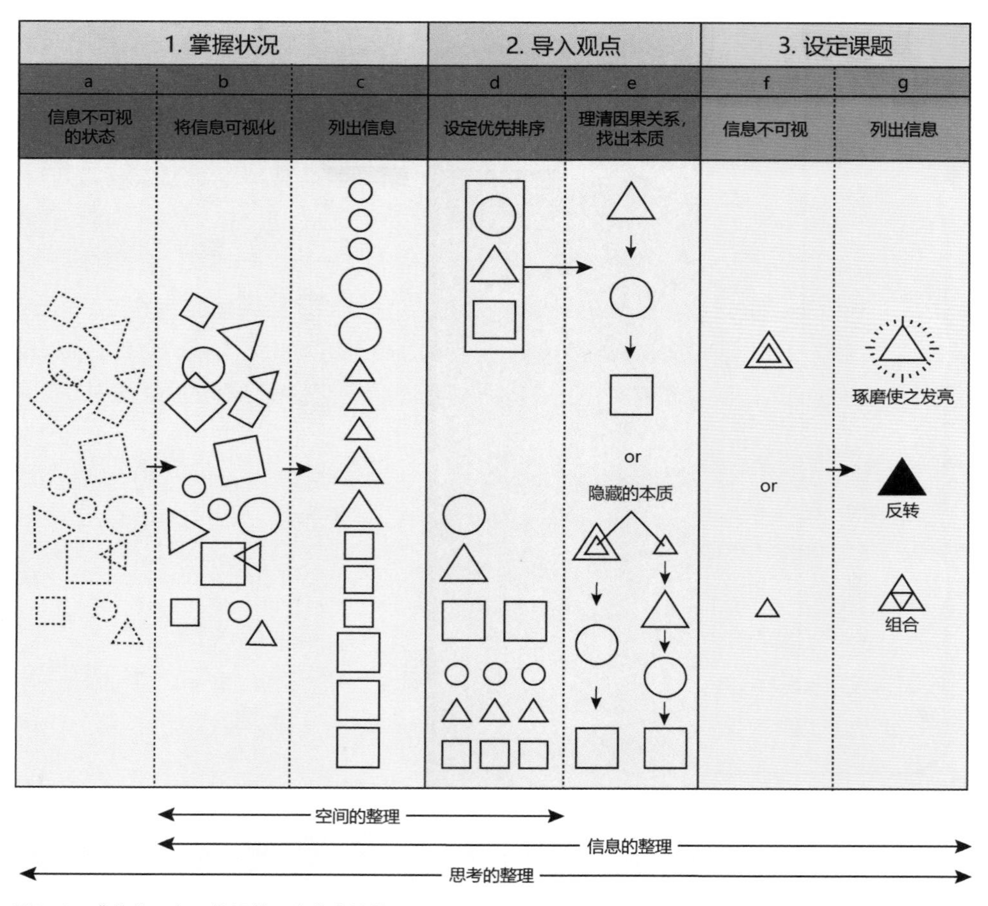

图5-1 《佐藤可士和的超整理术》中的整理过程

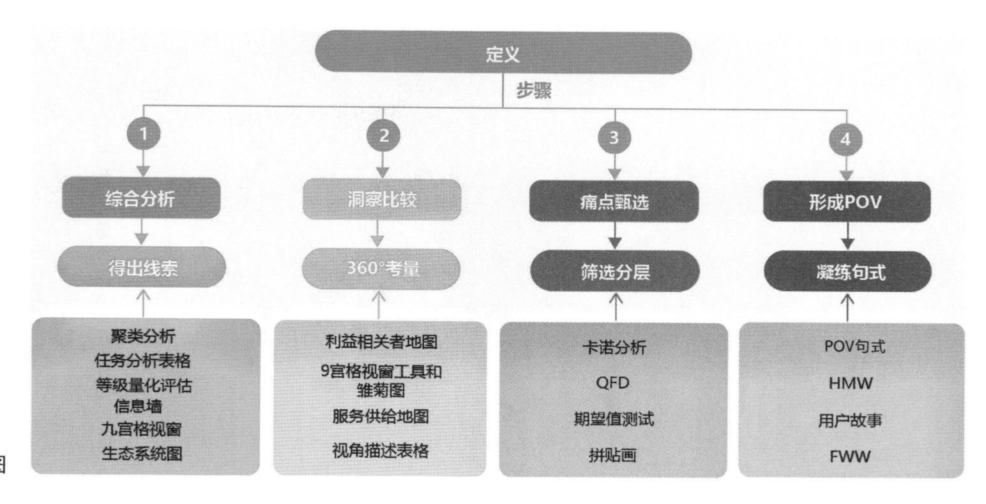

图5-2　定义的四步骤及框架流程图

第三节　综合分析

在理解综合分析这一步骤前，首先要了解分析与综合分析之间的关系。蒂姆·布朗在他的著作《IDEO，设计改变一切》中提到，综合分析与分析同等重要，在创建选项和做出选择的过程中，二者都发挥着至关重要的作用。

在定义环节，综合分析中的“分析”为名词，是前期分解复杂问题、深入用户调研所得到的结果，是设计思维前两个阶段经过观察、收集、记录所得到的各类细节；“综合”则作为动词，即创造性地把前期的调研所得的“分析”拼接成具有联系性、推导性的认知，在过程中筛选和归类所有合适的且有价值的发现和分析，最终形成完整的想法。简单来说，综合分析便是创造性地把前期的认知像拼图一样拼在一起，让所有人都能清晰地了解一个完整的故事。

具体而言，综合分析就需要设计师汇总所有的原始发现与研究并与团队共享，组织、解释和理解，并为创建问题陈述而收集数据。在这一步骤中，设计师们通常会采取多样的手段对数据和分析进行分类分群，梳理脉络。信息墙是一个汇总各类碎片信息并归总的常用方法（图5-3）。可以采用在白板上贴便利签的方式把信息连接起来，这是在电脑上做文档实现不了的视觉感观。设计师将他们的观察和发现整理到一个地方，创造出一个具有经验、思想、见解和故事的信息墙。然后，可以将这些单独的元素或节点连接起来，分类汇总，并试着发现其中的关联性，这些见解有助于定义问题并开发潜在的解决方案。换句话说，这便是从发散分析到收敛综合的过程。

信息墙及后续信息处理

要求清单也是综合分析的方法之一。要求清单列出了成功的设计必须具备的重要特征，它详尽且具体地描述了设计应达成的目标。据此，设计师可筛选出最具开发前景的创意和设计提案的组合。

满足规定与要求的设计方案才能算得上是“好”设计，以此为基准，在完成与设计问题相关的信息分析后可草拟一份“要求清单”。在设计较为复杂的产品时，一份条理清晰的要求清单至关重要。因为在设计过程中，设计师需要周全地协调影响设计的各方面因素。团队作业时，要求清单可促使所有成员达成共识。同时，设计师与用户就产品设计和开发方向达成一致后，所产生的要求清单也可以作为协议写入合作合同。随着设计方案逐步具体、细化，要求清单也会不断改进，其使用步骤如下。

步骤1：在已有的设计要求清单的基础上搭建结构框架，便于完善此后提出的设计要求。

步骤2：尽可能多地定义各种设计要求。

步骤3：找到知识空白，即需要通过调查研究才能得出的信息。将设计要求应用于调研实践中：确定可观察或可量化的特征的变量。切勿陷入“价格越低越好”的误区。尽可能运用此类表达方式：零售价格在100元与200元之间，成本在25元与30元之间。分清消费者的需求（demand）和愿望（wishes）：需求一定要被满足，而愿望可以作为选择设计概念或设计方案的参考因素。需求的例子：根据劳动法规，产品的重量不应该超过23千

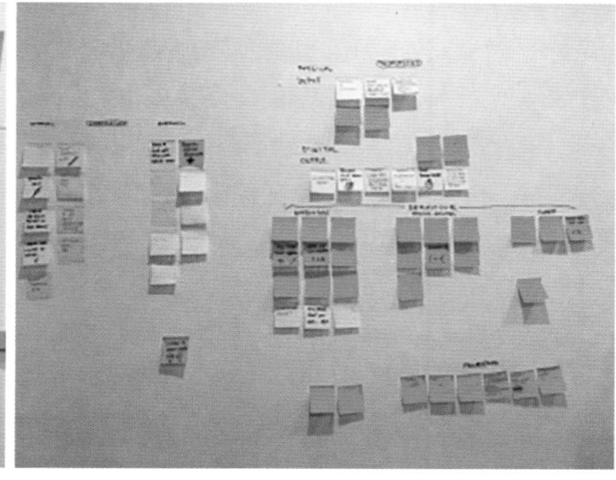

图5-3 信息墙

克。愿望的例子：产品的舒适性应尽可能多地得到使用者的认可。

步骤4： 删除相似的设计要求，消除歧义。检查设计要求是否有层次，并区分低层次与高层次的设计要求。

步骤5： 确保设计要求达到以下标准：每个要求都是有效的，要求清单是完整的，每个设计要求都是可具体操作的，要求清单是适量的，不重复、不繁冗的，要求清单是简明扼要的，每个要求是可行的。

纽约农产品设计公司通过让用户参与“农产品建议墙”（图5-4），以各个利益相关者的视角，将设计要求及目标罗列并拼贴，最后供设计方进行分层和筛选。

以用户为中心的设计项目，其难点在于设计师很容易被各种研究信息淹没。综合所掌握的一切信息，通过可视化框架（用户旅程图、关系图、象限图等）（图5-5）来帮助设计师理清冗杂的信息，并确定关键的方向。同时，在进一步深入综合分析的过程中，需要对调研结果进行重要性排序并找到层级关系。找出它们之间的重叠、并列和所属等逻辑关系，圈出其中相矛盾的地方，对没有联系的和指向不明确的信息进行取舍。

综合分析阶段通常会诞生一组或多组关系图，设计师应尽量将它们表达得清晰明确，并不断收敛这些关系图，比如前期的信息贴纸墙在后期的凝练中可以转化为更明确清晰的电子版图表。例如2019年最佳服务设计奖项学生组的最佳作品挪威当地政府与尼泊尔合作的《提高尼泊尔女性孕期健康水平的服务设计》（图5-6），设计组成员首先采用“The 10-minute map”方法绘制了一份用户旅程图草图，然后进一步制作了一个更大更全面的用户旅程图，在该图中，设计师将行动、需求、体验、挑战、可能性、接触点和人物分开，并通过背景信息将它们联系起来。最后，设计师确定了设计模式和主要挑战，结合设定标准，制作了利益相关者地图、价值水平地图、价值主张及服务模型画布。

在定义环节，综合的目标是形成一个容易被理解的、能够推导分析元素间关系的系统图，图表的形式不受局

图5-4　需求清单方法的实际案例——农产品建议墙

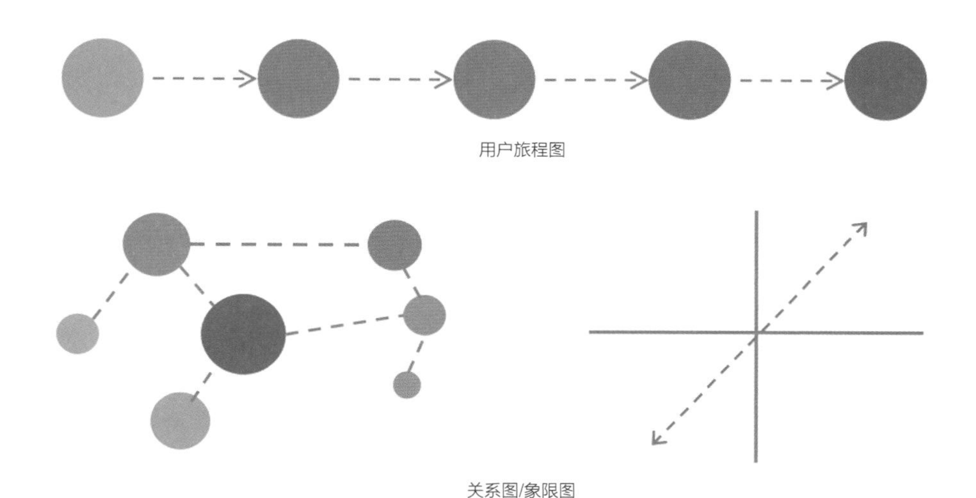

图5-5　三种常用的可视化框架

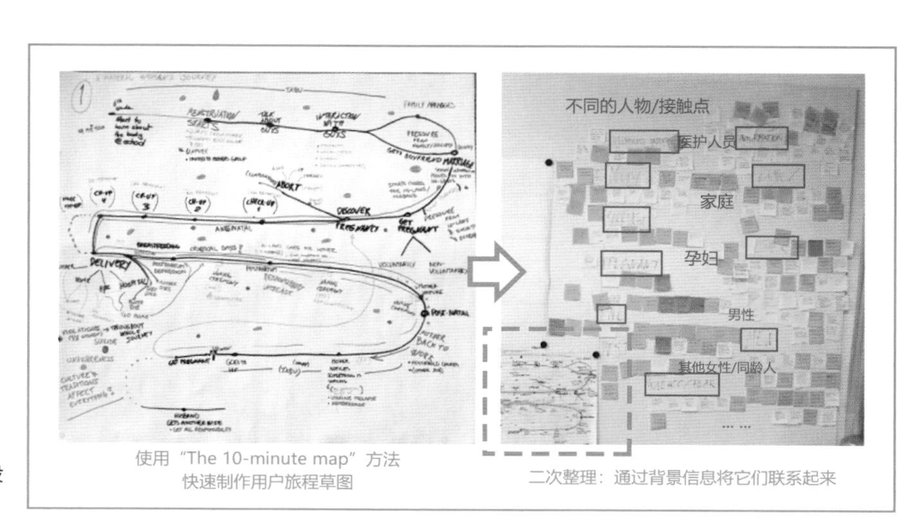

图5-6　“提高尼泊尔女性孕期健康水平的服务设计”项目综合分析图的迭代过程示意图

限，除了简单易操作的信息墙，各类逻辑性结构化更明确的图表也值得学习和借鉴。在这里，举一个服务设计的案例：2020年服务设计SDN入围奖“低接触——外出就餐方式”（Low Touch——The Future of Dining Out）项目。该项目关注人们未来的外出就餐方式，通过重新设计用户在整个连锁店的就餐服务流程，以期为他们的顾客创造一个愉快而安全的用餐体验，来帮助餐厅在疫情下安全地重新开放。

项目的设计师首先从财务、材料和信息流这几个方面绘制了基于用餐体验的生态系统图（图5-7），以便于分析项目中关键的因素。其次，设计师还研究了食客外出就餐时会与他们接触的对象、时间、地点以及接触方式。研究发现：在通常情况下，食客用餐时会触摸到28种不同的事物（不包括自己的物品），这些因素就是新冠病毒的传播基础。

设计师通过Zoom和电话采访的方式访问了许多来自爱尔兰和欧洲各地的餐馆老板、经理、服务员工、厨房员工、评论家和餐饮顾客。通过绘制利益相关者地图对采访对象进行了优先排序。设计师还花了很多时间通过社交媒体来关注局势，这使设计师有机会在局势发展变化时得到第一手的资讯。

在调研时，设计师了解到这样一些信息：许多餐馆老板抱怨防疫指南把所有责任都推给了他们，而顾客则没有责任；当开放堂食时，餐厅无法阻止以用户为中心的病毒扩散；用餐者的责任是确保自己的卫生，并确保在出现症状或可疑的密切接触时不会外出，但是当食客坐在餐厅用餐时，难以避免产生疫情传播的可能性。为了理清这些信息的内在联系，设计师创建了一个因果关系图（图5-8），以突出显示餐厅中各个元素之间的相互影响，这些影响可以是推动性的（即图中“+”），也可以是反作用的（即图中“-”），不同元素的影响力（即图中橙色圆形图案的大小）也有所不同。通过因果关系图的梳理，设计师得出这样一个结论：良好的就餐体验基于COVID19防疫规范的合规性。

与此同时，设计师还创建了数字研究墙，从大量访谈中整理出有效的信息并绘制了数据可视化图片，然后将其与次级研究和用户调查结果分层，以全面了解情况。数字研究墙里的这些信息的沟通在组内均是实时的、交互式的，以确保设计工作的高效开展。

通过对该项目的梳理，我们也可以了解到，设计师在不同的阶段都需要进行信息梳理，面对复杂问题时，综合分析能够帮助设计师及时准确地掌握项目进度并与团队分享自己的综合分析结果，让人清楚地了解到项目的实时展开情况以及重点研究内容，以便团队成员都能高效地参与到后续的设计中去。

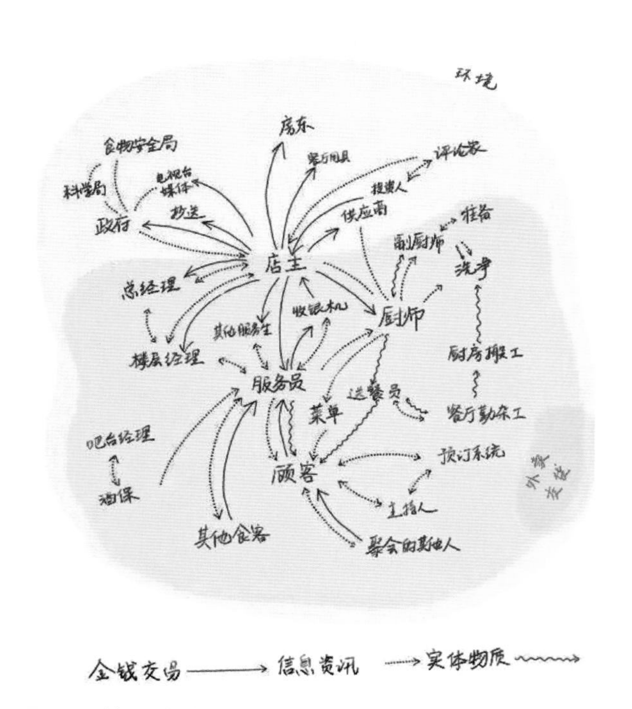

图5-7　基于用餐体验的生态系统图

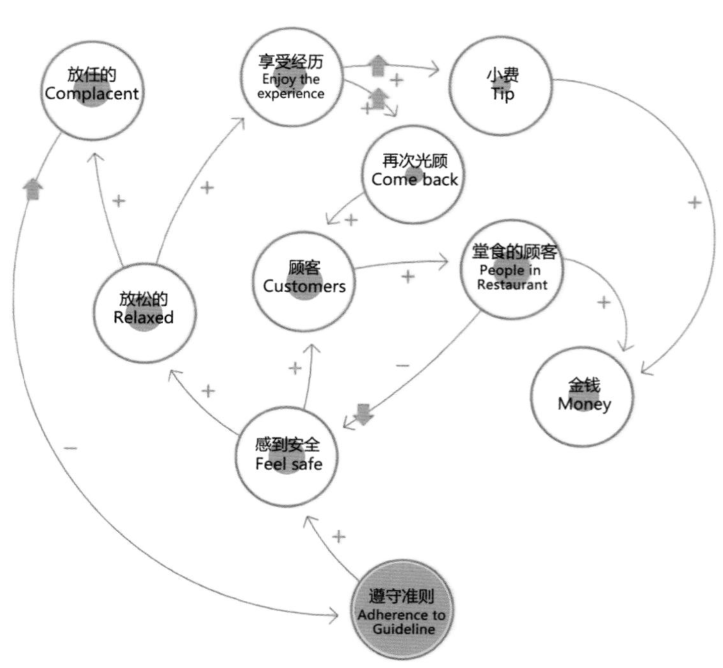

图5-8　因果关系图

第四节　洞察比较

洞察比较是定义环节中不可或缺的重要步骤，当设计师分类梳理好所有的分析结果后，需要对其进行洞察，利用多视角发现其中共有的规律，总结重要的模式，凝练成设计主题。什么是洞察？洞察（insight）就是对用户、消费者和顾客行为的深入探索，并将调查研究和启发活动中的所见所学简洁地表达出来的过程。

设计师需要找到真正的问题，而洞察可以帮助设计师找到问题的本质。好的洞察能够使设计师不被问题的表象所欺骗，也能够让设计师不被问题的初步解决方案所牵绊。例如：某公司征集新型烤面包机的设计方案，一位负责清洁的老太太提出自己需要一个能抓老鼠的烤面包机。经过与老太太的深入访谈，设计人员得知，每次烤完面包后总有老鼠来偷吃面包渣，所以老太太就给出了能抓老鼠的面包机的解决方案，但这不是真正的问题。如果设计师没有深入了解用户的需求，而是花大量时间和精力设计能抓老鼠的烤面包机，那会是多么滑稽的事情。而只有通过洞察，挖掘用户表述下潜在的实际需求，找到真正的问题所在——老太太需要一个方便清理面包渣的烤面包机，才能设计出最符合用户需求的产品。

同时，洞察也是创意点的催化剂，能够使设计师以新的方式看待世界。在项目中，通过洞察得出的问题往往让人耳目一新，并且让后续的构思变得更加顺畅和合理。斯坦福设计学院学生做过一项名为“拥抱”（Embrace）的婴儿保温袋项目（图5-9），设计人员在研究过程中发现每年都有大量的婴儿在出生后28天内夭折，尼泊尔首都加德满都的医院装载着大型保温机器，但该机器在平时并没有被使用，因为大部分早产儿都在农村出生，他们在没有机会到达城市的时候就已经夭折。

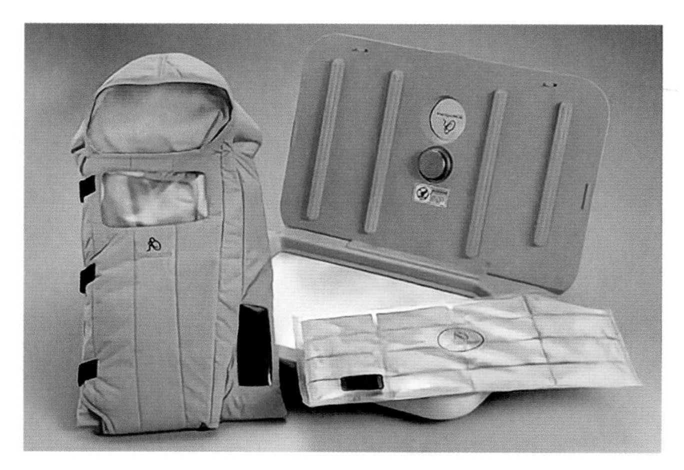

图5-9　“拥抱”婴儿保温袋（斯坦福设计学院）

以下是该项目洞察比较的推导过程。第一步，通过罗列出所有观察到的主题、规律和案例，在综合分析中找出具有深入价值的信息（图5-10）。第二步，分类筛选信息，为导致这些现象的原因做出不同的猜想（图5-11）。第三步，汇总分析信息和猜想后，在这些线索中寻找潜在联系，并将发掘出的联系整理为洞察（图5-12）。

通过推导，设计师可以得到一个关于该项目的新洞察：贫困地区的母亲更期待一个在无电情况下也可以安全简单操作的产品。由此，设计师可以进行初步的问题定义，即“如何在没有电的条件下让婴儿保温”。

得到洞察后，解决问题的新思路也随之产生。但并不是每一个洞察都能形成最终的问题定义，检验每一个洞察：设计团队里多少人对这一洞察产生了共鸣？这一洞察是否能带来进一步的启示？如果目前所得的洞察还不够完

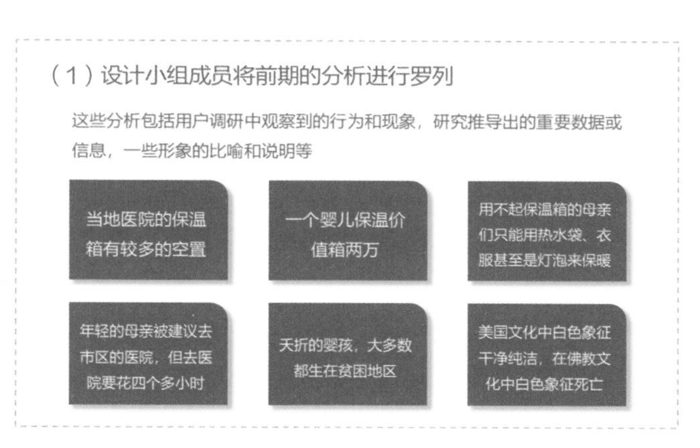

图5-10　洞察分析第一步：罗列分析

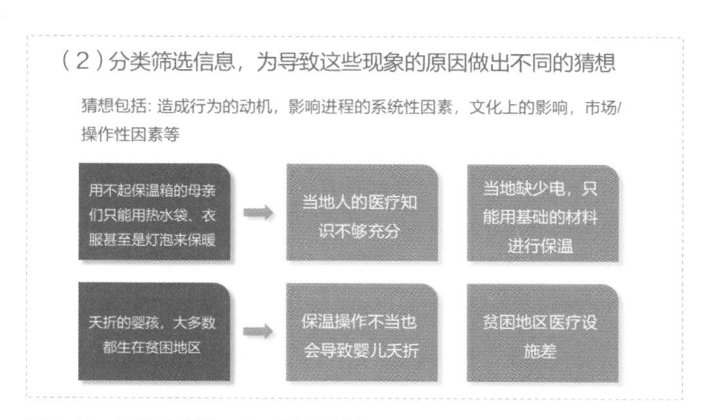

图5-11　洞察分析第二步：做出猜想

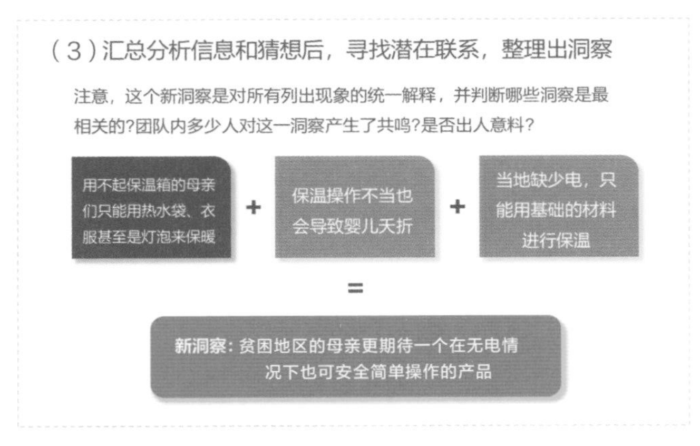

图5-12　洞察分析第三步：寻找联系

善，可以尝试通过多视角的方式看待问题。

在整个定义的环节中，设计师以用户为出发点，但视角却可以是多样的（表5-1）。在进行洞察时，可以多去转换视角，这里的视角不局限于人物，它也可以是一种环境、一种态度、一种心情等。在多视角洞察下，很多意想不到的信息会帮助设计师拓展思路，拓宽设计视野。

表5-1　　举例一些常用视角

利益相关者	
顾客	忠实顾客 随机顾客 非顾客
合作方	供应商 租借方 赞助商
员工	长期员工 具备专业技能的员工 关键员工 学徒
政府机构	市政当局 社会服务 当地就业办公室
居民	私人家庭 其他企业和店铺
竞争对手	直接竞争者 间接竞争者
时间	过去 现在 未来
金钱	没有资金 资金充裕
其他视角	
虚构的世界	在另一个星球 童话 电影
年龄	儿童 青年 成年人 老人
文化	在另一种文化里 用户A视角 用户B视角
地缘政治	在另一个国家 在另一套系统
时间压力	没有时间压力 很大时间压力

在洞察比较这一环节，免不了需要重新整理信息，更新已有的主题，直到觉得主题很全面为止。在这个过程中，设计师需要寻找信息的共通性与连接不同信息的新主题。例如，在教师空间的话题中，可以将“教师缺少工作空间”和“教室不支持协作”这两个主题组合在一起，变成“教师需要灵活的协作空间”。将得出的信息与“挑战”重新联系起来并再次审视最初的问题，放弃不那么重要的细节，将信息浓缩成与挑战相关的洞察。

许多设计师常常在洞察的时候想出一些闪亮的创意点，这些创意点的出现往往令人兴奋，但注意，不要紧接着就立即进行构思，应继续洞察并不断更新和完善所得的洞察，尝试将洞察限制在最重要的三到五个方面。

最后，打磨筛选出的洞察，试验不同的措辞和组织方式以最好地传达这些洞察，打造简短而表述清晰的句子，直击要害，以确保在定义环节中所得的洞察能体现出新的视角或可能性。

第五节　痛点甄选

设计师经过洞察比较后将会收集到非常全面的洞察和现阶段存在的一系列痛点，但是痛点所反映的问题通常错综繁琐，它包含了简单问题、复杂问题和棘手问题三类。到底哪些问题是下一阶段需要理解和解决的痛点？此时，就需要通过痛点甄选这一步骤来辅助关键痛点的界定和解决。痛点甄选即标画出可能的关键洞察或者主题（如投票最高洞察），进行进一步问题的设定，最终以不同视角、用户及立场形成多个痛点，从中再筛选出关键痛点，划分出最需要的主题领域，筛选分层，为后续的设计步骤指明方向（图5-13）。

定义的重要作用在于收集、结构化和衡量所有的洞察，以便发现最为重要的设计要点，而痛点甄选这一步骤主要是对关键问题、关键痛点和用户需求进行筛选分层，筛选出用户的主要需求和设计的重要主题，帮助设计师识别出主要的挑战和用户痛点，进而对未来的设计目标进行清晰地界定和表述，最终凝练为关键句式，每一次甄选后的痛点都是下一个POV句子迭代的起始点，故痛点甄选起到了一个非常重要的承接作用。

一、痛点甄选时的必要思考

设计师应对调研所获得的综合信息进行深入思考，确认关键的用户痛点并将痛点通过设计语言转化为设计要素，以进行下一步设计工作的展开。以英国爱丁堡大学设计的适老化饮食监测App设计为例，该项目通过对老龄群体生活中的饮食痛点进行整合和反思，将所收集到的洞察进一步转化为重要痛点的设定，进而转译为设计要素，即“老龄群体采购食材的时候，不明白什么样的食材和配比最适合自己的身体状况”这一痛点是最重要且最棘手的，故围绕这一关键痛点进行App的功能规划和服务设计系统搭建（图5-14）。

（1）第一个思考：深思关键用户和需求痛点，反思与项目相关的问题。

- 用户在日常生活中的思考视角和需求视角是什么样的？
- 用户的思考方式和需求方式与设计师所构思的内容存在哪些差异？
- 调研过程中有哪些洞察和痛点的发现是设计师意想不到的？
- 如何更准确地进行痛点的分层和筛选？

（2）第二个思考：所筛选的痛点问题真的合适吗？

- 检查综合筛选出来的痛点是否合适。
- 针对该痛点的解决方式是否能够在用户日常生活中起作用？
- 为了让设计师所筛选出的痛点能够更加符合用户的日常生活场景，还需要做什么修改？

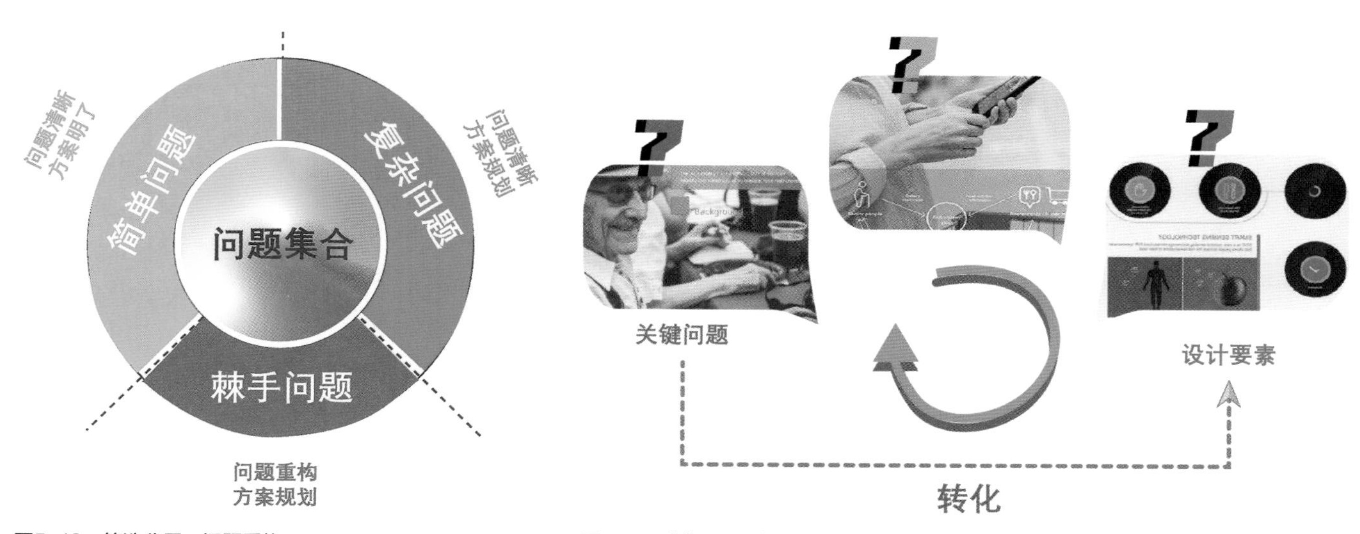

图5-13　筛选分层、问题重构

图5-14　“英国爱丁堡大学设计的适老化饮食监测App”项目中的设计要素转化

- 通过提出问题和反思，设计师可以快速拓宽其解决问题和制定方案的视角。这让设计师的设计方案不仅基于假设，而且基于亲耳听到、亲眼看到和亲身收集的调研事实。同时，对用户人群真正的感受及需求的渴望，能够让设计师更好地感同身受。

（3）第三个思考：记录问题使用的方法与向用户提问的方式合适吗？

- 设计师提出问题的方式能使对话顺利进行吗？
- 设计师对用户的记录足够细致全面吗？

二、痛点甄选的常用方法

1. 拼贴画

- 概念：拼贴画是一种对产品使用情况、产品用户群和产品要求的可视化表述方式。它可以帮助设计者完善他们的设计标准，使所有的用户需求可视化表达，并能将这种设计标准清晰地传达给其他项目成员及利益相关者。[1]
- 方法：首先，确定拼贴画的设计目标。第二，确定拼贴画的使用方式。确保使用有助于直观展现设计项目的表达方式，并能清晰地、可视化地传达设计愿景。最后，对拼贴画进行深入分析和迭代，以明晰最终解决方案所要达到的设计标准。拼贴画可以帮助设计师从目标用户群的生活方式、产品外观、产品的使用方式和互动方式等方面来完善设计方案。拼贴画的创作是一个结合感性创作和理性分析的过程。完善的拼贴画可以用来定义产品的特征，如颜色、纹理、材料和在用户使用场景中的功能属性。
- 使用步骤：第一步，选择最佳材料，并尽可能多地收集原始视觉资料，以便后续的制作。第二步，根据目标群体、背景、用途、用户行为、产品类别等对视觉材料进行分类。第三步，确定构图位置（水平或垂直）、背景颜色、纹理、尺寸及相关元素所表达的功能和含义。第四步，准备一张草图，找到合适的构图，重点是轴线和参考线的位置。第五步，按照设计师的构图愿望，利用上述视觉材料画出一个暂定的拼贴画。第六步，检查整个图片，看它是否基本表达了设计师想表达的方案。[2]
- 案例1：以慢性病管家App设计案例为例，设计者通过拼贴画的形式很好地呈现出居家慢性病App服务使用中的需求及相应功能设计，并直观地辅助分析各个设计流程的过程及优势，以便于将信息进行更好地分层，便于筛选最关键的问题和需求，辅助下一步设计方向的确定（图5-15）。
- 案例2：以东南大学智慧城市适老化出行设计案例为例，设计者吴彤将老年用户出行旅程的服务过程进行分组分析，并采用交通图标、表情图标和资源增减图标进行拼贴，展示出行服务设计过程中的功能设计及资源流动，以辅助下一步的服务流程迭代（图5-16）。

2. 期望值测试

- 概念：期望值测试能够帮助测试参与者准确表达他们对某一特定设计原型的意见和看法，最早是由微软公司提出的，乔伊・拜奈代克（Joey Benedek）和崔西・麦那（Trish Miner）的论文《测量期望值：在可用性实验室环境中测量期望值的新方法》（Measuring Desirability：New Methods for Measuring Desirability in the Usability Lab Setting）中详细介绍了期望值测试的概念和使用流程。当设计的方向在设计组内产生分歧时，或者设计的要素需要进行优先级分层筛选时，设计师可以采用期望值测试这一方法来解决，其目的并不是探究哪一种需求最重要，而是筛选出哪一种需求和关键问题的解决更能让用户感到更加满意。[3]
- 使用方法：首先，准备一些正面、中性和负面的形容词，设计师在索引卡上写出上述形容词和描述性短语，并将所有卡片随机排列在桌面上。接下来向测试参与者展示一个模拟的设计原型，并要求他们选择三至五个最能描述其感受的形容

[1] 贝拉・马丁，布鲁斯・汉宁顿．通用设计方法［M］．北京：中央编译出版社，2013：34、35.
[2] 简召全，冯明，朱崇贤．工业设计方法学［M］．2版．北京：北京理工大学出版社，2000：58、59.
[3] 贝拉・马丁，布鲁斯・汉宁顿．通用设计方法［M］．北京：中央编译出版社，2013：64.

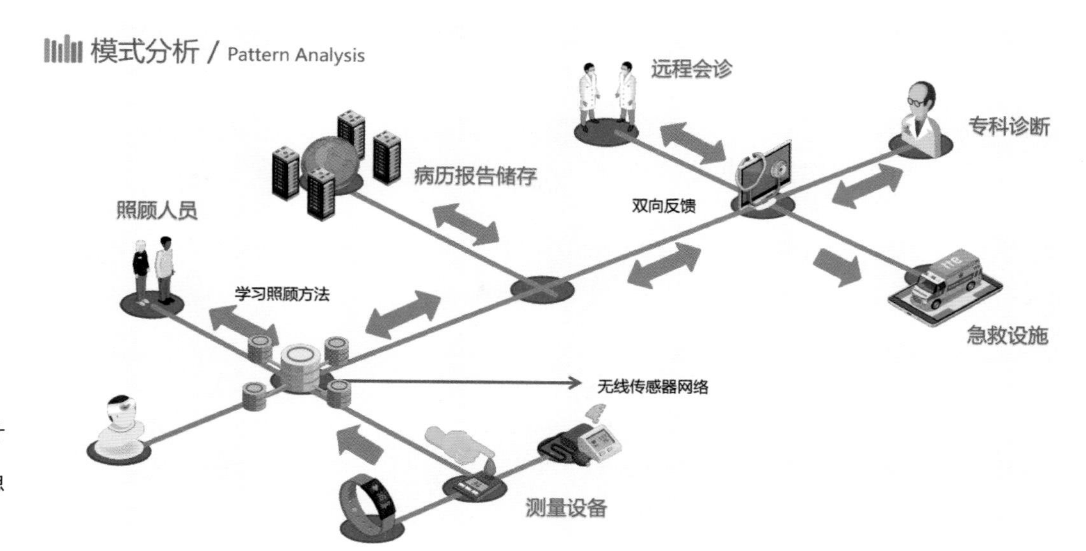

图5-15 “慢性病管家App设计案例”中的拼贴画分析
作者：王逸雪、吴云艳、姚思雯、吴梦丽、朱可、纪至岚
指导教师：许继峰

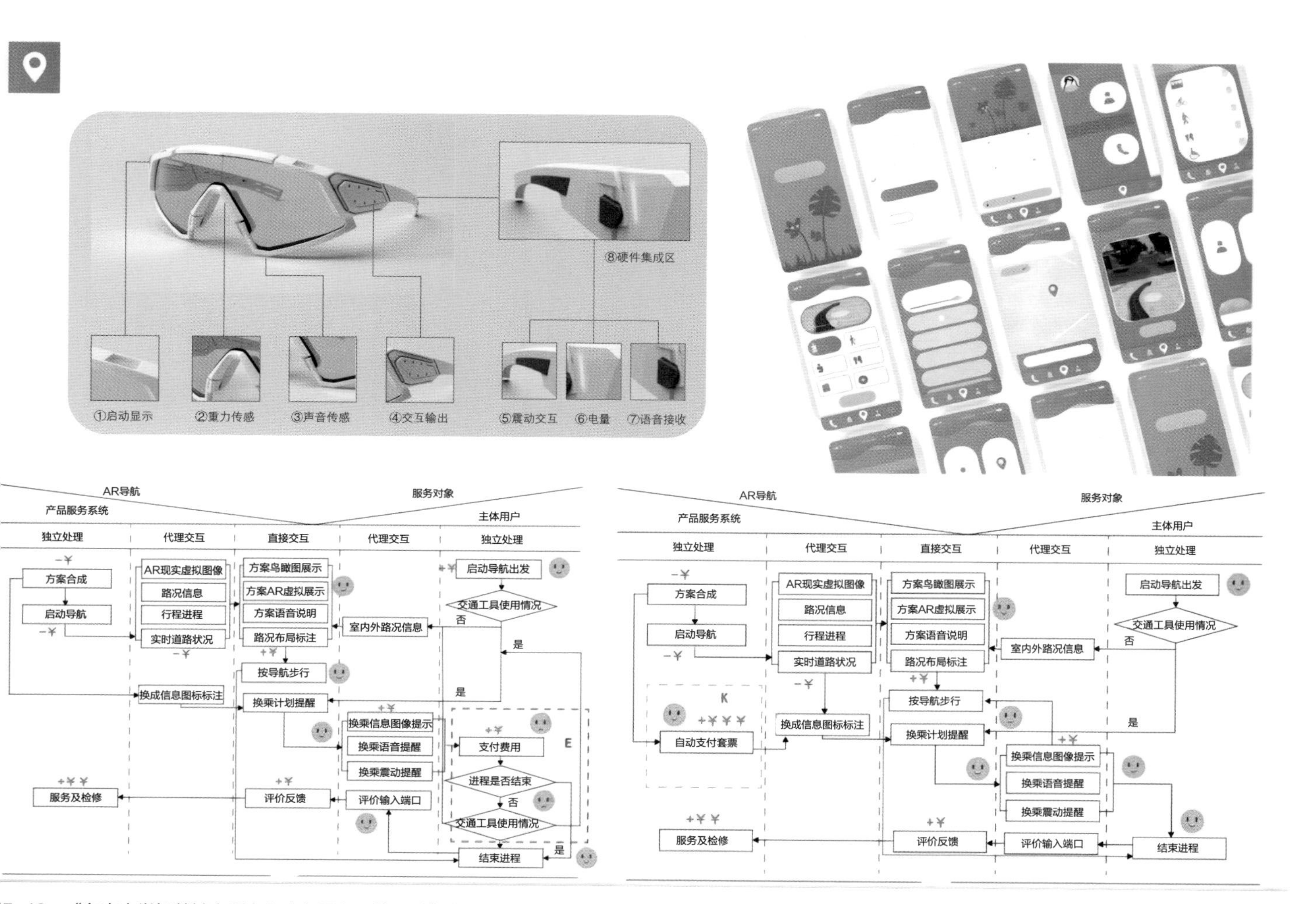

5-16 “东南大学智慧城市适老化出行服务系统设计”中的拼贴画分析
者：吴彤
导教师：许继峰

词，并记录下测试参与者的选择。对每个选定的参与者小组重复这一过程。然后，设计团队开展不同的方式来呈现测试数据的可视化表达，从中获得该产品原型的期望值测试结果，并以此结果继续完善该设计原型。如果团队成员之间关于产品的设计要素及设计方向有分歧，这种方法可以用来帮助设计师筛选设计方案，重新调整设计目标及设计方向，以此来达成共识。

- 实例分析：微软公司的产品反应卡通过收集参与者的反馈来作为设计团队改善设计原型的参考，是一种非常有效的设计工具（图5-17）。卡罗尔·巴纳姆（Carol Barnum）和劳拉·帕尔默（Laura Palmer）在南部理工大学可用性中心运用此工具进行了监测全球酒店环保措施系统的设计研究，并通过产品反应卡对该设计原型开展了期望值测试。在产品反应卡的测试过程中，测试参与者总体上对产品原型比较满意。产品反应卡在测试用户对产品属性的观点和感受方面发挥了重要作用，对设计原型的判断和测试具有意义。通过对测试环节不断优化，参与者的评分发生了根本性的变化：12人选择了积极的卡片，占总测试人数的82%（第一次调查时为42%），选择最多的词是“具有实用性”。这一重大变化是一种积极的趋势。随后，设计团队专注于改进测试卡选项结果中“界面跳转迟钝”“颜色过于花哨”等剩余的问题，并在发布产品之前对测试参与者进行了试点版本的使用测试。试验版的结果令人振奋，所有的测试参与者都选择了积极的词语，100%的积极形容词被选中。由此可见期望值测试有助于设计团队确保产品原型的正确设计方向及改良方向，并让设计方案的优化更加快速、省时和高效。

3. 卡诺分析

在20世纪70年代至80年代，质量管理领域的专家及讲师狩野纪昭博士（Kano Noriaki）为卡诺分析方法的发展奠定了基础。他对如何通过改善或者增加某些类型的产

图5-17　微软产品反应卡

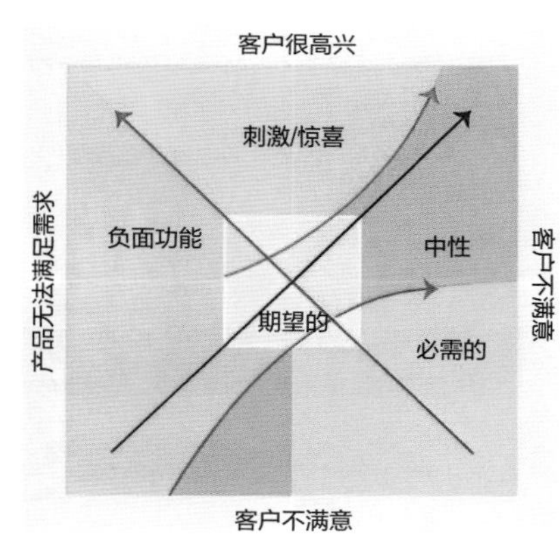

问题2：如果产品不具备这个属性，顾客会感到……

问题1：如果产品具备这个属性，顾客会感到……

	满意	中性	不满意
满意	不确定	负面功能	负面功能
中性	刺激/惊喜	中性	负面功能
不满意	期望的	必需的	不确定

图5-18　卡诺分析图示
（图片来源：贝拉·马丁，布鲁斯·汉宁顿. 通用设计方法［M］. 北京：中央编译出版社，2013：107.）

品属性以及排除其他类型的产品属性来有效地提高客户满意度进行了阐述。设计者可以利用卡诺分析来确定产品的哪些属性最能影响客户满意度。卡诺分析认为不断增加新功能——“越多越好”的方法——是无法提高客户满意度的。在调查和访谈中使用卡诺分析，有助于设计小组确定基本框架，了解产品的哪些属性对客户来说比较重要，并对这些属性优先排序。把每种产品属性（如功能、价格和好处）归类到以下五种类别中，就能体现出与客户满意度相关的客户价值。其使用步骤如下。

- 基本属性（基本的质量成分）：基本属性指的是产品的基本特征。最基本的隐私、安全、安保和法律要求都是基本属性。这类属性的存在可能不会使用户满意度提高，但没有这些功能肯定会产生负面影响。
- 期望属性（质量因素的某些方面）：期望属性与顾客满意度有直接关系，如果产品具有这些属性，顾客对产品价值的正向评价就会显著增加，反之，如果不包括这些属性，用户对产品的正向评价就会相应减少。
- 魅力属性（吸引力质量的要素）：魅力属性在用户使用产品的过程中可以给用户带来愉悦和惊喜的感觉，并提高用户的满意度。然而，与基本属性和期望属性不同，魅力属性通常是用户潜在的需求，缺乏兴奋和惊喜的属性通常不会导致用户失望或不满意。
- 中性属性（重要度不明显的质量因素）：中性属性是用户通常不会过多留意和关注的功能或属性。这些功能的存在或不存在并不会直接地影响到用户的满意度。
- 消极属性（负面的质量因素）：消极属性有助于了解在产品设计中应该避免的问题。这种属性的存在会对用户满意度产生负面影响。
- 对于每个问题，用户被要求从三个选项中选择一个答案：满意、中立或不满意。一旦收集到顾客对每个问题的答案，每个问题都会根据图5-18进行交叉对比，以确定与每个特征相对应的卡诺产品的属性类别，最终每个产品属性都会被归入图中的卡诺类别。该属性所处的区域可以决定这一产品属性最终是让顾客满意还是失望。

第六节　形成POV

一、POV的概念

POV是一个强大的设计工具，是对所研究的问题进行凝练和概括，进而给出一个有意义的、可执行的明确表述和问题界定的方法，通常用一种简洁直接的语句来进行显性表达，这个表述便是POV（Point of View，简称POV）。

POV，也可称为用户需求陈述、问题陈述或观点陈述。POV可以用来定义和调整设计师正在解决的问题，汇总设计针对的用户是谁，用户需要什么以及为什么这个需求对用户非常重要，它定义了设计师在生成解决方案之前要解决的问题，以便浓缩设计师对问题的界定，并提供了衡量设计任务是否成功的指标（图5-19）。同时POV

图5-19 POV的结构化思维模型
（图片来源：尼尔·伦纳德. 创新设计思维：设计思维方法论以及实践手册［M］. 北京：清华大学出版社，2015.）

也能够帮助设计师识别出用户的关键需求，以决定下一轮迭代的优先顺序。

二、POV的优势

1. 捕捉关键用户和关键需求

设计师通过POV将用户及其需求提炼为单个句子。在找到解决方案之前，它特别有助于缩小设计研究的范围，指明设计方向，从而提高设计效率。

2. 提供简洁一致的设计目标

POV是一种表述简洁、表达清晰的句式，可以在多个设计团队成员和利益相关者之间准确明了地传达用户需求，它充当着指导的角色，为团队提供简洁、一致的设计目标。

3. 确定设计的基准和衡量标准

在创建POV时，可以建立相应的设计成功指标，为设计团队设定一个明确的标准。

三、POV制定阶段的必要关注点

POV制定阶段有以下必要关注点。

（1）设计师应注意识别出用户最重要的需求，并深入挖掘其真正的需求。

（2）设计师应注意各个信息的矛盾之处，其可能是设计的关键切入点。

（3）设计师应在360° 的视角下全方位地理解用户的需求。

（4）设计师应将视角放置于用户的生活场景当中，时刻注意进行问题分析时，具有同理心。

（5）设计师应阶段性地对所发现问题及痛点进行重要度分层，并强调最重要的洞察。

四、POV句式公式

（1）通过一个简单的句式（表5-2）来创建一个有意义的和可执行的需求陈述（图5-20）。

表5-2 POV的句式公式表格

方法	POV句式
我们可以如何	我们可以如何？ 我们可以如何帮助用户达成某个需求目标？ 对于用户来说，达成某个设计目标具有多少种方法？
标准	用户的重要需求是否得到满足？ 为了满足用户什么需求，谁想要什么，动机是什么？
用户故事	作为一个角色用户，想要（行动、目的、希望）为了获得什么（为什么）

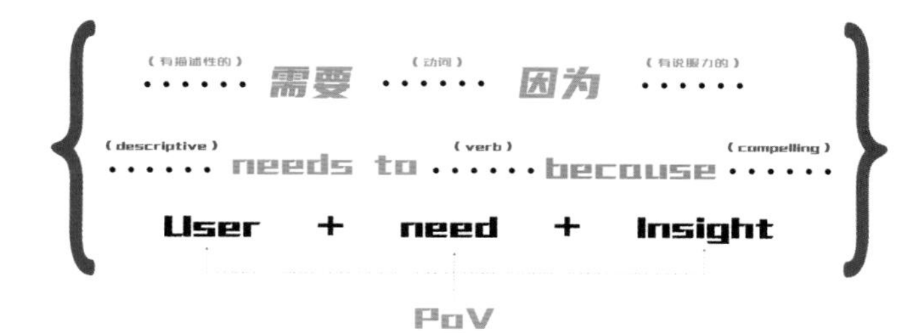

图5-20 POV句式公式

（2）用户单元：注意选取准确的视角和用户群体的关注点，并选取简洁的描述进行用户陈述。

（3）需求单元：注意要突显设计目标、明晰设计愿景。

（4）原因单元：注意要陈述具有说服力的需求起因，讲明需求动机，陈述用户故事。

（5）问题重构：让混乱的调查数据及用户需求变得有逻辑，进而界定挑战、诱发创意。

下面将深入阐述如何运用句式表格来结构化用户的需求。传统的POV有三个组成部分：用户、需求和目标。这三个部分遵循以下模式：【用户】需要【需求】来完成【目标】。还是以“拥抱”保温袋为例，经过洞察比较后，设计团队形成了如下POV（图5-21）。

经过上述POV的陈述和梳理，得出设计的重要用户，即发展中国家中农村地区的年轻妈妈群体迫切需要将宝宝带在身边照顾，而不是将婴儿放进保温箱，故最终设计团队决定制作一个保温袋，来解决当前用户的关键需求和棘手问题（图5-22）。

当完成基本的方案制作后，设计团队把课堂项目引入

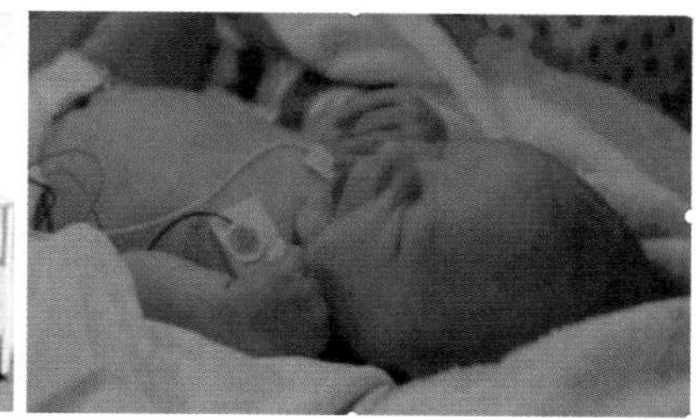

“ 发展中国家贫困农村地区的育儿家庭 **需要** 无需接通电源且无需医学常识就能使用的低成本育儿襁褓 **因为** 国家经济和医疗环境较差电源、医疗等资源紧张 ”

“ **设计师** **如何** 创建一个非电类婴儿保温襁褓 **可以** 让婴儿接近母亲的身体? ”

图5-21 “拥抱”保温袋的POV思维展示

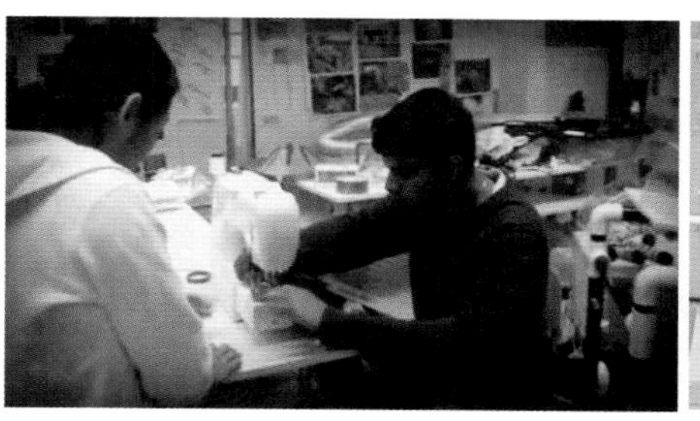

图5-22 经过POV后第一轮草模制作

“ 发展中国家贫困农村地区的年轻妈妈 **需要** 总是将宝宝带到身边来维护好母亲人设 **因为** 国家环境对婴儿独处的文化接受程度较低例如让婴儿待在保温箱里 

“ **设计师** **如何** 创建一个非电类婴儿保温箱 **可以** 让婴儿接近母亲的身体? ”

图5-23 迭代后非电类保育袋的POV

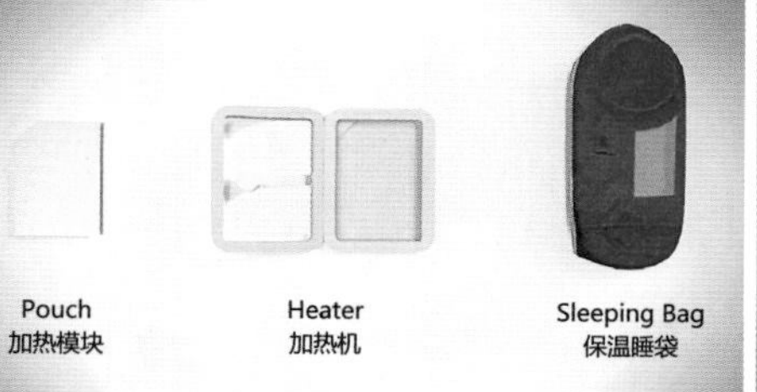

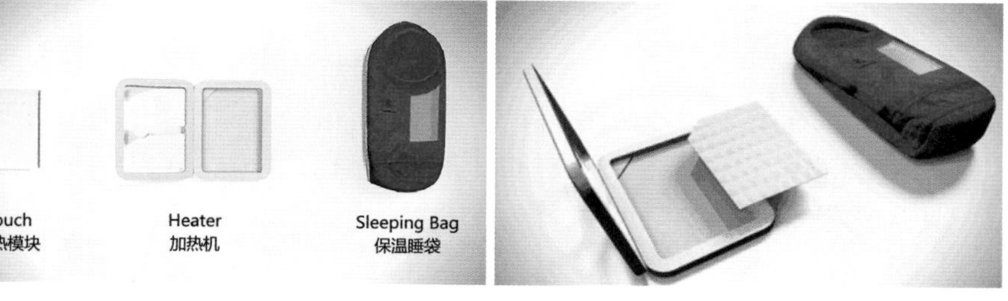

图5-24 迭代后非电类保育袋产品展示

了现实中，团队带着原始模型去往印度实践的路上，但是现实体验远比想象中残酷。设计团队在印度一个村子的诊所里遇到带着早产女儿去看病的母亲，当时他们发明的保育袋需接通电源，但村子里没有电源，母亲和医生使出浑身解数也只能眼睁睁地看着孩子因无法保温去世。

现实让设计团队之前纸上谈兵的设计模型变成了废品。经过考察，设计团队意识到真正能帮助发展中国家的救命产品，必须极其方便和便宜，并且能够让没有医学常识的使用者在无电源的情况下就能操作。故将上一个POV放入产品迭代的起始点，结合实地试验和考察优化后形成新的POV（图5-23）。

基于上述POV，“拥抱”保温袋通过三个部件（加热模块、加热机、特殊材料制成的保温睡袋）的组装和使用便可以实现婴儿所需的保温功能（图5-24）。将加热模块放到加热机加热后，再放到保温睡袋的夹层里，就可以为婴儿供暖。每一次加热，都可以持续4～6个小时的保育温度，在特殊布料作用下，“拥抱”保温袋能一直控制恒温。

最后团队研制出来的保温袋，不再显示多少度，只要加热到标准温度，它就会自动显示完成。最重要的是，“拥抱”保温袋的价格还不到保温箱的1%，这也让产品落地于更多贫困地区的家庭。2014年，“拥抱”保温袋已经在世界各地挽救了15万个早产儿。随着产品的全球推广，将会有更多的早产儿受惠，“我坚信每个人都应该有活着的权利。”凭着这个信念，设计师用一只温暖的襁褓，为那些原本会消失的生命，夺回了活着的资格。

五、POV迭代阶段的重点聚焦

POV迭代阶段应重点聚焦于以下几个方面。

（1）应全方位地考察需求用户，筛选出最核心的用户，确定POV的主语。

（2）应从不同视角来审视同一个设计问题，为下一轮迭代定义重点。

（3）应定义最有价值的关键问题，并将其转化为团队能够理解的简洁明了的句式。

（4）可以尝试更大程度和更多区间的陈述视角转换，比如“时间”（之前、之后）、“金钱”（有、没有）等。

（5）应列出所有的POV问题，最终在设计团队中选出最适合的问题进入下一轮迭代。

（6）同时注意，需求应该是用户的需求而非团队的需求，也不可以是某些问题的解决方案。切记：用户并不总是知道他们的需求是什么。故了解用户的真实需求、提出正确的设计目标是设计师的重要任务，还是以上述“拥抱”保温袋项目举例：

- 设计目标应该是“将婴儿带在身边的育儿工具”，而不是“将现有的医疗保温箱产品设计得更加便携”。
- 设计目标应该是“方便操作的保温工具”，而不是“开展医疗保温产品的操作训练及技术培训”。

本章小结

本章着重讲述了“定义”的基本概念、基本流程及常用的方法。“定义”是对所研究的问题进行凝练和概括，进而给出一个有意义的、可执行的明确表述和问题界定，通常用一种简洁直接的语句来进行显性表达，最终完成一个引导设计团队进行构思和实践的POV，主要包含综合分析、洞察比较、痛点甄选及形成POV四个步骤。“定义”是一个收敛的环节，从前期大量的调研信息中梳理出以用户为中心的设计“愿景”，通过设计师的洞察，最终将其转化为设计团队可执行可操作的明确“挑战”，“定义”的每一个步骤都需要设计师的深入观察和比较，只有理清了逻辑，找对了洞察，分开了层次，凝练了句子，才能完成问题的定义，才能更好地进行下一环节的构思设计。

提问与思考

1. 定义环节在设计思维中的作用是什么？

2. 定义环节的思维特征是什么样的？能否尝试用简笔画的形式说明？

3. 定义环节的主要步骤是什么？可以通过什么样的方法辅助其实现？

4. 如何在定义环节准确地掌握目标用户的主要痛点与实质追求？

第六章

构思

教学内容： 1．设计思维“构思”的概念与意义

2．设计思维“构思”的基本步骤与常用方法

教学目标： 1．掌握设计思维“构思”的基本步骤

2．掌握创新思维方法与创意视觉化的应用技巧

3．掌握创意发散、方案拓展与方案甄选的方法

授课方式： 多媒体教学、小组研讨、方案点评与阶段性汇报

建议学时： 8～12学时

第一节　何谓“构思”

构思，是设计思维六步模型的第四步，也是问题解决阶段思维发散的新起点。那设计思维流程中的“构思”具体是什么呢？又将如何展开呢？事实上，对于设计师而言，“构思”是最基本的和必备的专业技能——设计者需要在用户需求基础上，明确待解决的问题和面对的挑战，针对设计目标和愿景，展开创意发散并产生更多创造性解决问题的创意点。当然，设计者构思的过程，并非仅仅依赖天马行空的想象，而是针对定义问题提出的具有独到创意的创新的解决方案，这一过程是可以通过一系列创新方法来促发和实现的。

在设计思维流程中，“构思”不是要求设计者重新回到设计的起点，而是在前三个步骤形成的判断和结论的基础上展开创意发散和概念创新，特别是针对“定义”所确定的用户痛点和实质问题。设计思维中，“构思”需要设计团队进行思维发散，突破定势思维，鼓励“跳出框架来思考”，为所定义的问题提出尽可能多的可供选择的解决方案，通过用户体验评估、反馈及测试等，最终遴选并确定最佳方案。换句话说，要有好创意，需要先有更多的想法。“构思”位于双钻模型中的第二次发散阶段，用于产生解决问题的概念方案，为后续建立原型和为用户提供创新的解决方案提供了动力和参考来源，是从定义问题到解决问题的过渡，对后期方案的筛选与选择起着至关重要的作用。

与传统的创意方式不同，设计思维中“构思”强调的是设计团队共同发散、群体激励和协同创新，主要目的是将团队成员的观点和优势结合起来，利用团队头脑风暴、小组会议、群体创新及思维碰撞等方式来促进概念形成。通过扩展解决方案的数量，设计团队将能够超越常见的解决问题的方法，增加解决方案的创新潜力，以便为用户找到更好、更优雅、更令人满意的解决方案。

“构思”的目标是探索并发掘所定义问题的解决方法。因此，构思是创意产出和问题解决的关键步骤。在此过程中，系统的构思方法和步骤对概念形成和方案产出尤为重要。设计者需要秉持“大胆想象，小心求证”的原则，综合运用创新思维方法产出突破常规的想法和创意，促成颠覆性概念或“WOW”方案的诞生。就设计实践来看，“构思”可以从以下3个步骤展开（图6-1）。

第一步：寻找创意点。 围绕所定义的问题，运用发散性思维，冲破思维定势和常规思路的限制，激发灵感，探寻解决问题的新方法、新思路。

第二步：创意可视化。 借助设计表达的相关技法，将创意点具象化、概念视觉化，重点突出核心创意点和关键创新点，尽量捕捉创意的灵感，将头脑中酝酿的概念通过

图6-1　构思步骤流程图

简单明了和易于理解的方式转化为“纸面”上的视觉方案。

第三步：甄选创意点。设计者可以制定相关的评估标准，也可运用评估模型，对前期产生的所有创意点进行多维评估，评价创意点的可行性与优缺点。这一步骤需要设计者重视思维的完整性和逻辑的严谨性，通过多轮设计迭代与设计评估，对优选方案进行进一步细化和收敛，为后续的设计甄选出可以深化设计价值的创意点。

第二节　寻找创意点

如前所述，构思阶段是“发现问题”转向“解决问题”的起点，也是最能体现设计师“创造力”的阶段。在此阶段，设计师需要围绕用户、设计对象、环境因素（内部因素+外部因素）等多种因素进行思维发散，综合应用多种设计表现技法与形式，尽可能多地探索解决问题的方法，并在此基础上甄选出最优的创意方案。在构思过程中，设计团队可以围绕定义问题进行头脑风暴和思维发散，通过群体激励创新灵感或思维发散逻辑推演等来寻找尽可能多的解决方案。

一、群体激智

随着时代发展和科技进步，人类所面临的问题与挑战更为复杂，设计创新所涉及的领域和需要考量的因素也更广阔，众多任务单靠个人的力量已难以胜任。例如，通用汽车的开发需要700人的设计团队通力合作，波音飞机的研发则需要近7000人的研发团队。跨领域团队的合作与跨专业人才的协作逐渐成为现代设计创新的主要形式。群体智慧的汇集、激发、整合和倍增成为设计部门和组织生存和发展的关键，更是体现其创造力和竞争力的重要内容。因此，群体激智方法也就成为设计思维中获取灵感和构想概念的必要方式。群体激智方法是一类激励集体思考和激发集体智慧的方法。实践证明，当一组富有个性的人集合在一起时，由于各人在专业背景及参与起点、掌握的材料、观察问题的角度和研究方法等方面的差异，每个人会产生各自独到的见解和个性化的洞察，然后，通过相互间的启发、比较甚至是责难，从而产生具有创造性的设想。群体激智的应用有利于推动团队协作、彼此激励并不断丰富团队知识体系以及对问题的认知深度，从而有助于产生新概念、新思路和新方案。

在寻找创意点的过程中，设计团队需要根据团队成员构成特点、具体的问题、讨论的主题以及特定的情景等选择适当的方法，其目标是激励团队成员以积极的心态和更大的专注力投入方案构想，迸发灵感，涌现创意。一般常用的群体激智方法有头脑风暴法、KJ法、焦点小组、身体风暴、635法和7×7法等。

1. 头脑风暴法

头脑风暴法，又被称为畅谈会法、智力激励法、奥斯本智暴法，是由美国创造学家亚历克斯·奥斯本（Alex Faickney Osborn，1888—1966）于1901年提出的一种激发群体智慧的常用方法。在群体决策中，由于群体成员心理相互影响，个体易屈于权威或大多数人的意见。为了保证群体决策的创造性，提高决策质量，头脑风暴是设计思维过程中最具代表性的创新方式，它有助于促进设计团队积极拓展思维、不受限制地寻找解决问题的方法，激励团队成员在有限的时间内产生成百上千的创意点和概念方案。

头脑风暴法最适用于设计问题和设计要求之后的概念创意阶段，最适宜解决那些相对“开放”的设计问题。群体在融洽和不受任何限制的气氛中，以小型会议（5～10人）的形式进行咨询、讨论、座谈和畅想，积极思考，畅所欲言，充分发表看法（图6-2）。会议的目的就是通过畅谈来产生连锁反应，激发联想，从而产生较多较好的设

图6-2　头脑风暴的场景

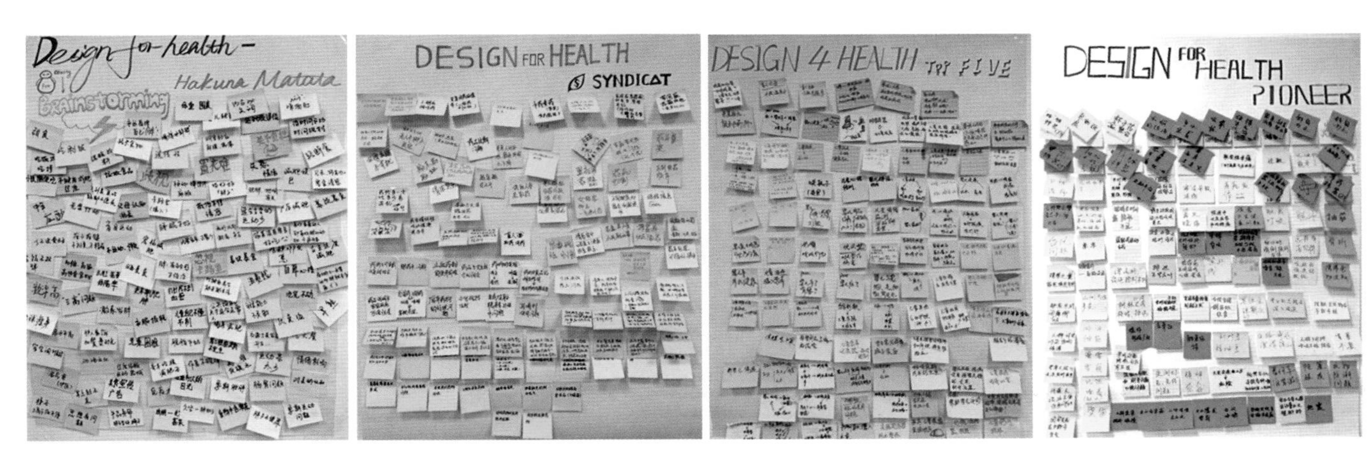

图6-3　“为健康而设计”（Design for health）设计项目头脑风暴创意示意图

想和方案，这些设想既可以是“天马行空”，也可以是“异想天开”，无须考虑实际的可行性等问题。对于具体设计项目的头脑风暴会议，需要采用有效的形式记录每个人的想法和建议，进而将其转化成视觉化的概念。这往往需要配合各种矩阵量表和方便快速记录的便利贴——这被认为是行之有效的方式。尤其是便利贴，已经成了创新思维的重要工具，可以帮助设计师快速捕捉到范围极广的洞察，并通过各种感性或理性的排列组合，促发灵感进而形成指向解决方案的概念。图6-3为针对健康产品研发的头脑风暴会议产生的想法汇总。这在IDEO公司被称作“蝴蝶测试”。IDEO公司针对头脑风暴法应用总结出7条原则：暂缓评论、异想天开、借“题”发挥、多多益善、视觉化（图文并茂）、不要跑题和一次一人发言。简言之，应用此方法时应注意以下原则。

延迟评判：在进行头脑风暴时，每个成员都尽量不考虑实用性、重要性、可行性等诸如此类的因素，尽量不要对不同的想法提出异议或批评。该原则可以确保最后产出大量不可预计的新创意。同时，也能确保每位参与者不会觉得自己受到侵犯或者觉得他们的建议受到了过度的束缚。

自由畅谈：可以提出任何能想到的想法——“内容越广越好”。必须营造一个让参与者感到舒心与安全的氛围，鼓励参与者对他人提出的想法进行补充与改进。尽力以其他参与者的想法为基础，提出更好的想法。设想的数量越多，就可能获得越多有价值的方案。

禁止批评：禁止批评是头脑风暴法应该遵循的一个重要原则，参加头脑风暴会议的每个人都不得对别人的设想提出批评意见，因为批评无疑会对创造性思维产生抑制作用，同时，发言人的自我批评也在禁止之列。提出的设想看起来越荒唐，可能越有价值。

追求数量：头脑风暴的基本前提假设就是“数量成就

质量”。在头脑风暴中，由于参与者以极快的节奏抛出大量的想法，参与者很少有机会挑剔他人的想法。

在头脑风暴过程中，参与者可以暂时忽略设计要求的限制。在此过程中可针对某一个特定的设计要求进行头脑风暴，以获取更广泛、更多元和更超乎常规的创意和概念。事实表明，那些看上去天马行空或异想天开的提案往往会激励团队产生出乎意料的想法或者突破性创新方案。应用头脑风暴法的主要步骤如下。

步骤1： 选定主题，讨论问题，召开小组会议。

步骤2： 主持人向与会者解说必须依从的规则，并鼓励与会者积极参与。

步骤3： 主持人激发及维持团队合作的精神，保证自由、融洽的气氛。

步骤4： 主持会议，引发组员互相讨论。

步骤5： 记录各组员在讨论中所提出来的意见或方案。

步骤6： 共同拟定评估标准，并选取能最有效地解决问题的方案。

2. KJ法

KJ法又称亲和图法、A型图解法，是由日本川喜田二郎（1920—2009）教授于1964年首创的，是日本最流行的一种创新思维方法。KJ是他英文名字（Kawakita Jirou）的首字母。KJ法是指把大量收集到的事实、意见或构思等语言资料，通过系统分析的方法，按其相互亲和性（相近性）归纳整理，使问题明确起来，求得统一认识和协调工作，以利于问题解决的一种方法。亲和图表达分类或阶层性，它可以帮助人们更好地综合分析头脑中的隐性知识或者被淹没在访谈笔记中的研究数据。KJ法可以有效地收集观察结果和观点并将其视觉化呈现出来，进而为设计团队提供参考数据。当面对大量无从下手的数据时，KJ法可以帮助设计者从复杂的数据中整理出思路，抓住实质，找出解决问题的途径。总的来讲，KJ法包括提出设想和整理设想两种功能的方法，主要特点是在比较分类的基础上由综合求创新，其重点是将基础素材卡片化，通过整理、分类、比较，进行联想。图6-4为针对家

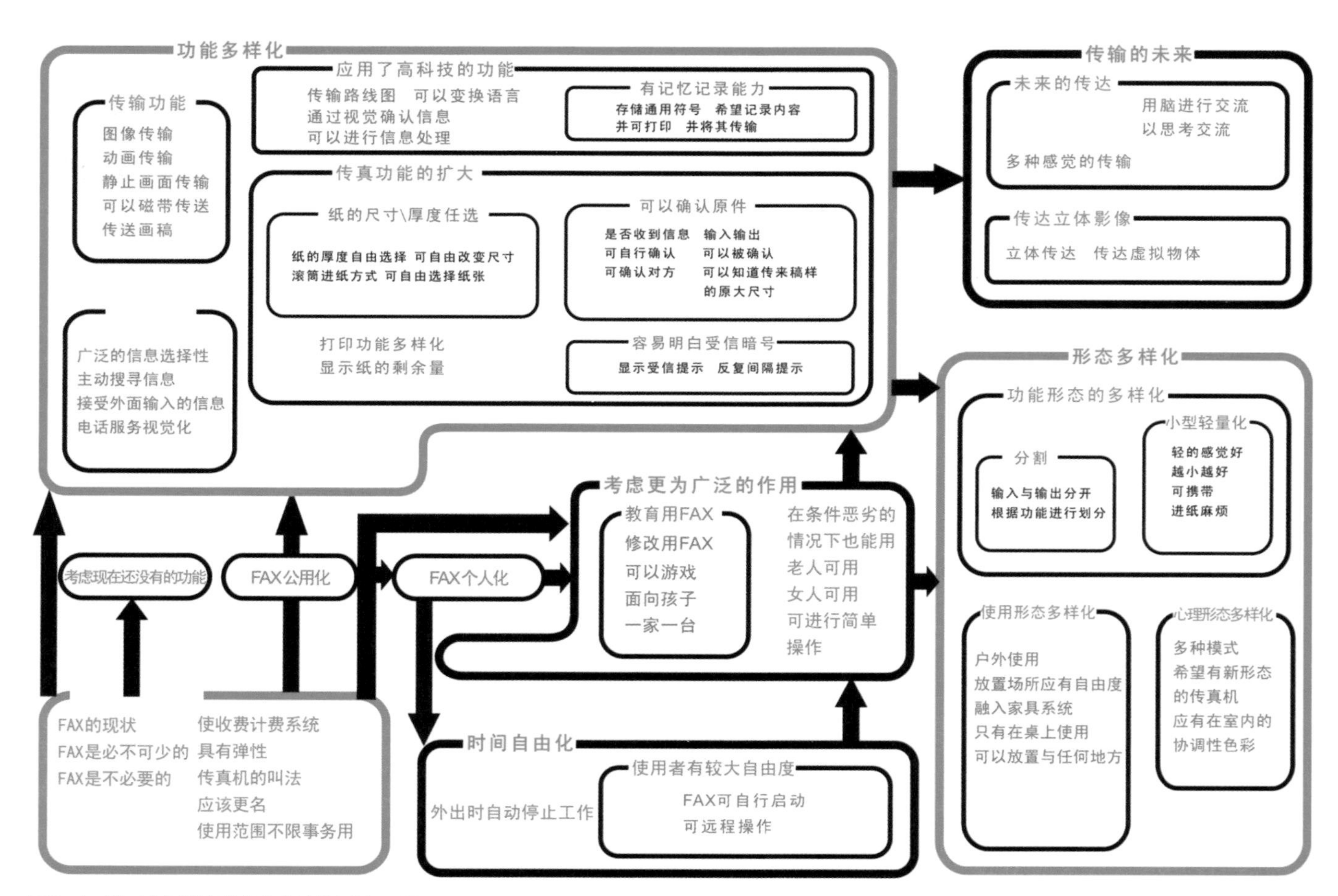

图6-4　针对家用传真机信息交流发展的KJ票

用传真机信息交流发展的KJ票。其执行步骤一般如下。

步骤1：准备。主持人和与会者4～7人。准备好黑板、粉笔、卡片、大张白纸、文具。

步骤2：头脑风暴法会议。主持人请与会者提出30～50条设想，将设想依次写到黑板上。

步骤3：制作基础卡片。主持人同与会者商量，将提出的设想概括为2～3行的短句，写到卡片上。每人写一套。这些卡片为“基础卡片”。

步骤4：分成小组。让与会者按自己的思路各自进行卡片分组，把内容在某点上相同的卡片归在一起，并加一个适当的标题，用绿色笔写在一张卡片上，称之为“小组标题卡”。不能归类的卡片，每张自成一组。

步骤5：并成中组。将每个人所写的小组标题卡和自成一组的卡片都放在一起。经与会者共同讨论，将内容相似的小组卡片归在一起，再给一个适当标题，用黄色笔写在一张卡片上，称之为“中组标题卡”。不能归类的自成一组。

步骤6：归成大组。经讨论再把中组标题卡和自成一组的卡片中内容相似的归纳成大组，加一个适当的标题，用红色笔写在一张卡片上，称之为“大组标题卡”。

步骤7：编排卡片。将所有分门别类的卡片，以其隶属关系，按适当的空间位置贴到事先准备好的大纸上，并用各种简单符号表示出卡片组间的逻辑关系，即将卡片内容图解化、直观化。如编排后发现不了有何联系，可以重新分组和排列，直到找到联系。

步骤8：确定方案。将卡片分类后，就能分别暗示出解决问题的方案或显示出最佳设想。经会上讨论或会后专家评判确定方案或最佳设想。

3. 焦点小组

焦点小组是社会科学研究中常用的质性研究方法。一般由一个经过研究训练的调查者主持，采用半结构方式（即预先设定部分访谈问题的方式），与一组被调查者交谈。小组访谈的主要目的是倾听被调查者对研究问题的看法。被调查者选自研究的总体人群。小组访谈的优点在于，研究者常常可以从自由讨论中得到意想不到的发现，从多样的人口统计学样本中获取用户观点（图6-5）。通过焦点小组，在经验丰富的主持人的指导下，精挑细选出的具有很强代表性的参与者，可为主题、模式和趋势提供深刻的见解。其主要流程一般如下。

优点：

①“轻油烟”模式十分新颖

② 煮火锅或煲汤时不打开升降烟罩，操作简单

缺点：

① 电磁灶突起不够明显

② 收起状态时旋钮有些突兀

优化方向

① 从人机工学角度考虑，优化部件排布

② 产品风格更加符合目标用户审美

③ 不采用依赖“立柱”的升降方式，考虑其他方式

图6-5 基于泛“90后”的烟灶产品设计的焦点小组访谈报告节选

步骤1：准备环节。主要是准备一个焦点小组测试室和征选参与者。

步骤2：选择主持人。焦点小组对主持人的要求是：第一，主持人必须能恰当地组织一个小组；第二，主持人必须具有良好的商务技巧，以便有效地与委托商的员工进行互动。

步骤3：编制讨论指南。编制讨论指南一般采用团队协作法，按一定顺序逐一讨论所有突出的话题概要。

步骤4：编写焦点小组访谈报告。

例如，在基于泛“90后”的烟灶产品设计中，进行迭代方案的评估时，由16位目标用户、1位家电企业专家以及3位设计专业研究生组成了焦点小组，采用线上讨论的方式对方案进行评估。在进行了两轮的焦点小组测试评估后，小组分析了现有方案的优缺点，进行用户评价分析，总结优化方向，形成了最终的设计方案：以岛台式烟灶套装与升降式结构为核心，并搭载交互界面、大容量油杯、隐藏式滤油网，以及带有烟雾浓度传感器的智能油烟系统等。

4. 身体风暴

身体风暴将头脑风暴运用在身体上，源自表演方法（或称为提供信息的表演方法），是利用简单原型进行角色扮演的研究方法。传统角色扮演的主要功能是亲身体验的一种用户行为，而身体风暴则更鼓励涉及人员生成积极的设计理念、概念。角色扮演和模拟活动可以激发灵感，自然地形成可以体验真实场景的原型，帮助人们在模拟环境中亲身体验，了解真实情景并获得真实感受，具有动态、经验性、衍生型。

总的来说，身体风暴是一种将头脑风暴运用在身体上的研究方法，结合角色扮演和模拟活动形成可以体验真实场景的原型。该方法通过搭建试图解决的问题场景和实践构思方案的事件来确定方案的可行性，而不仅仅是对问题进行理论分析。采用身体风暴法，需要先设定相关场景和扮演的角色，可以借助简易的道具或者不使用道具，设计人员或与同行、客户一起在简单配置的模拟环境中亲身体验用户行为，并随空间和场景的变化密切关注参与者做出的决定、交互式体验和情绪反应。具体的操作步骤如下。

步骤1： 即兴捕捉真实世界中的日常。

步骤2： 搭建试图解决的问题场景。

步骤3： 实践构思方案的事件。

步骤4： 确定方案的可行性。

例如，IDEO设计团队利用身体风暴法在飞机上体验睡觉的各种方式，并根据此试验结果产生了各种各样的飞机内部设计概念。以下为设计师采用身体风暴的方法演示一个用移动设备控制每个人声音空间的系统。两位设计师通过身体风暴演示声音空间。其中一位参与者被音乐“唤醒”，而她的“室友”因为没有被声音打扰则在继续睡觉。

IDEO设计团队利用身体风暴在飞机上体验各种睡觉的方式

5. 635法

635法，又称默写式智力激励法，是德国形态分析专家鲁尔巴赫对奥斯本的智力激励法加以改进，提出的一种以书面阐述为主的智力激励法。会议要求6人参加，并在5分钟内完成3个设想，故被称为“635”法。其具体程序一般如下。

步骤1： 主持人宣布议题，解释相关问题，并给每个人发放设想卡，卡片上标有1、2、3号码，号码间留有足够填写方案设想的空间（用横线隔开）。

步骤2： 与会6人根据会议主题分别写出3个方案，要求在5分钟内完成。

步骤3： 5分钟一到，将写好的卡片传给右邻的与会者，再继续填写3个设想。

步骤4： 如此，每隔5分钟交换一次卡片，共传递6次，30分钟为一个循环，可以产生108个设想。

6. 7×7法

7×7法是美国企业管理顾问卡尔·格雷戈里根据奥斯本智力激励法开发的一种创新技法。卡尔·格雷戈里认为，奥斯本的智力激励法所开发的提案只是初步的、抽象的、缺乏具体性的方案。7×7法则是为消除这些缺点而开发的方法。其做法是将智力激励法所提出的方案和设想汇总在7项之内，然后通过与会者的批判与研讨，确定重要程度，再按名次制定具体解决设计方案的措施。具体程序如下。

步骤1： 召开小组会议，提出议题，运用头脑风暴法构思设想和方案，填写卡片。

步骤2： 审视卡片，将记录有类似构想方案的卡片分为7组，用序号标注组名。

步骤3： 通过讨论确定各组的重要程度，将其依次排列，并选出7张代表性的卡片。超过7张的卡片则放弃，如在6张以下则全部保留。

步骤4： 将各组内容进行概括，制作标签。

步骤5： 针对7个标签内容提出具体的解决措施。

二、发散分析

在天马行空的构思过程中，除非经过特殊的思维训练，否则设计者极易被思维的枷锁所束缚（即消极的思维定式）。这些枷锁来源于积累、习得的经验教训和已有的思维规律，限制了思路和视角，使设计者难以提出独辟蹊径的想法。因此，设计者需要掌握从不同角度进行探索、从不同层面进行分析的发散性构想方法，借助已有的思维工具克服头脑中僵化的思维框架，激活人脑创新活动的源泉。

在思维发散过程中，可以通过反向推理与多角度的思考来拓宽思维，在人们司空见惯、见怪不怪的事物中寻找问题、见微知著，并提出标新立异的见解和设想。比如，按照物理学和生活常识，自行车是后轮与地面的摩擦力提供动力带动前轮前进的，将此常规思维反转一下，可以试想前轮驱动行驶会是什么情形。思维导图、鱼骨图和奔驰法是设计团队常用的几种发散分析方法，可以帮助设计者进行系统化构思，推敲出新的构想。

1. 思维导图

思维导图是一种视觉思维工具，是表达发散性思维的有效的图形思维工具。它形象地表达头脑中的信息，使我们可以整合、解释、交流、存储和检索信息。思维导图在本质上是一种视觉化的图表，也是一种强大的记忆工具，可以增进对问题的了解，加深对问题的认识，以线性结构反映某个问题的复杂关系，用于激发灵感，产生观点和概念。

作为一种意义构建方法，思维导图使我们能够识别图中的主题和各部分之间的关系，了解信息之间的重要性。思维导图反映了我们系统思考的能力。图6-6为常用的8种思维导图形式，即圆圈图、气泡图、双重气泡图、树状图、流程图、多重流程图、括号图及桥状图。在设计构思过程中，设计师的思维往往是发散的，并非一种绝对线性的逻辑延展，因此，设计者也会采用多样化形式来呈现或表达头脑中的概念和想法，或者是某个突然或随机出现的灵感（一个词语、一句话或一个图形等），这种图形化的思维导图也有助于设计团队成员之间的快速理解，激发其他成员的视觉联想和思考，从而产生新的灵感和创意。

思维导图制作的一般步骤如下。

步骤1：确定一个焦点问题作为思维导图的主题，在绘制过程中不能偏离主题。在纸张的中央写下这个主题并将其圈起来。

步骤2：以主题为中心向外扩展，并用简单的动名词或名词词组标记确定初级联系，确定了初级联系的阶梯关系之后用线连接初级关系和次级关系，使得每一分支揭示更深层次、更精细的次级关系。

步骤3：在获得所有相关信息之前一直持续这个过程，不断地进行自由联想。为了强化概念之间的联系，观察一段时间后，再确定思维导图是否已经完成。

2. 鱼骨图

鱼骨图是一个结构化工具，是一种透过现象看本质，发现问题“根本原因”的方法。从图上可以直观地理解其逻辑关系，鱼头通常是一个具体问题，主干两侧会有几个大的分支，这些分支是导致问题发生的几大原因，在每个类别中会识别各自的原因。这些原因也是从大到小，分别从一级到二级到三级，逐层展开。其中，问题的特性总会受到一些因素的影响，我们通过头脑风暴的方法找出这些因素，按相互关联性将其整理成层次分明、条理清晰的图形，并标出重要因素，因此鱼骨图也叫“因果图”，从不同维度逐层分解问题，系统识别导致问题发生的可能原因。

圆圈图

中间是主题内容，外圈是关于主题的细节

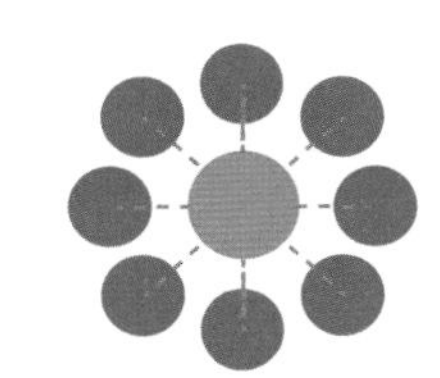

气泡图

中心有一个核心主题，对外发散出多个气泡，可以用来分析事物的性质和特征

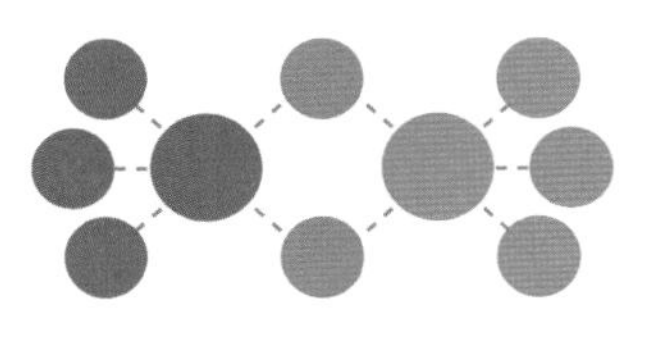

双重气泡图

气泡图中间有一些气泡连在一起。它最大的特点在于能帮助分析相同点和不同点

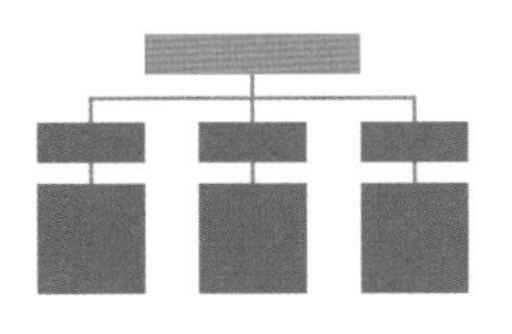

树状图

用于信息分类

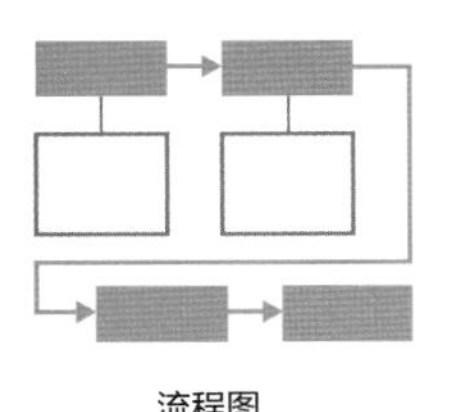

流程图

按顺序连接的矩形，它可以整理事情的步骤和流程

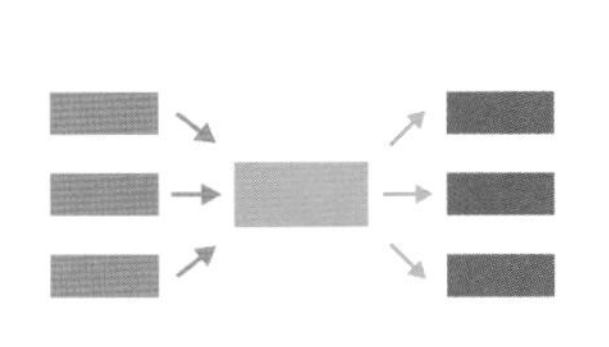

多重流程图

中间是主要事件，左边的矩形里是原因，右边的矩形里是结果。多用于梳理因果关系

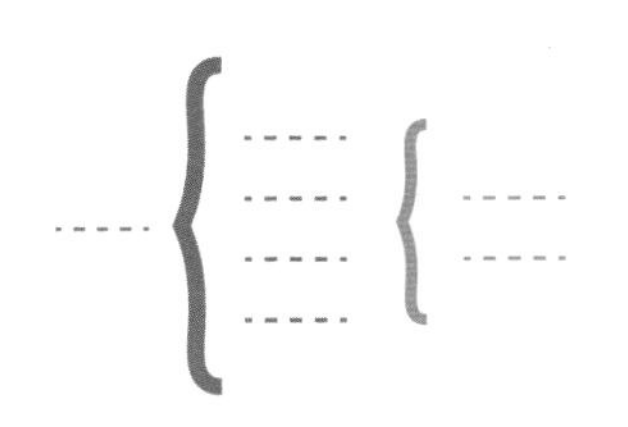

括号图

用于整理局部和整体的关系

桥状图

横线上方和下方写上有相关性的事物，而在“桥”的另一头发散出更多具有同样相关性的内容。适合进行类比推理

图6-6　常用的思维导图形式

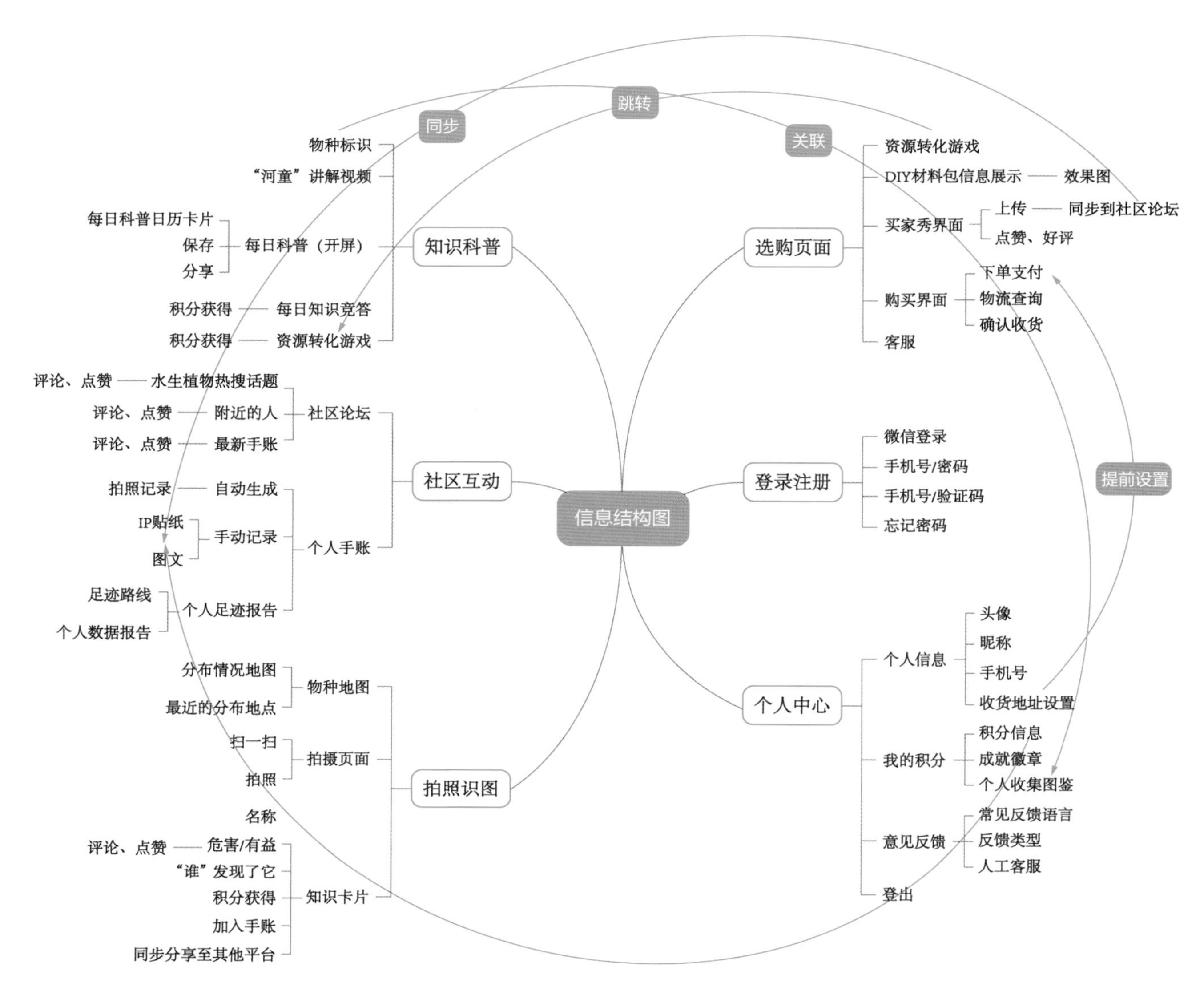

不同类型的思维导图案例示意图（一）

不同类型的思维导图案例

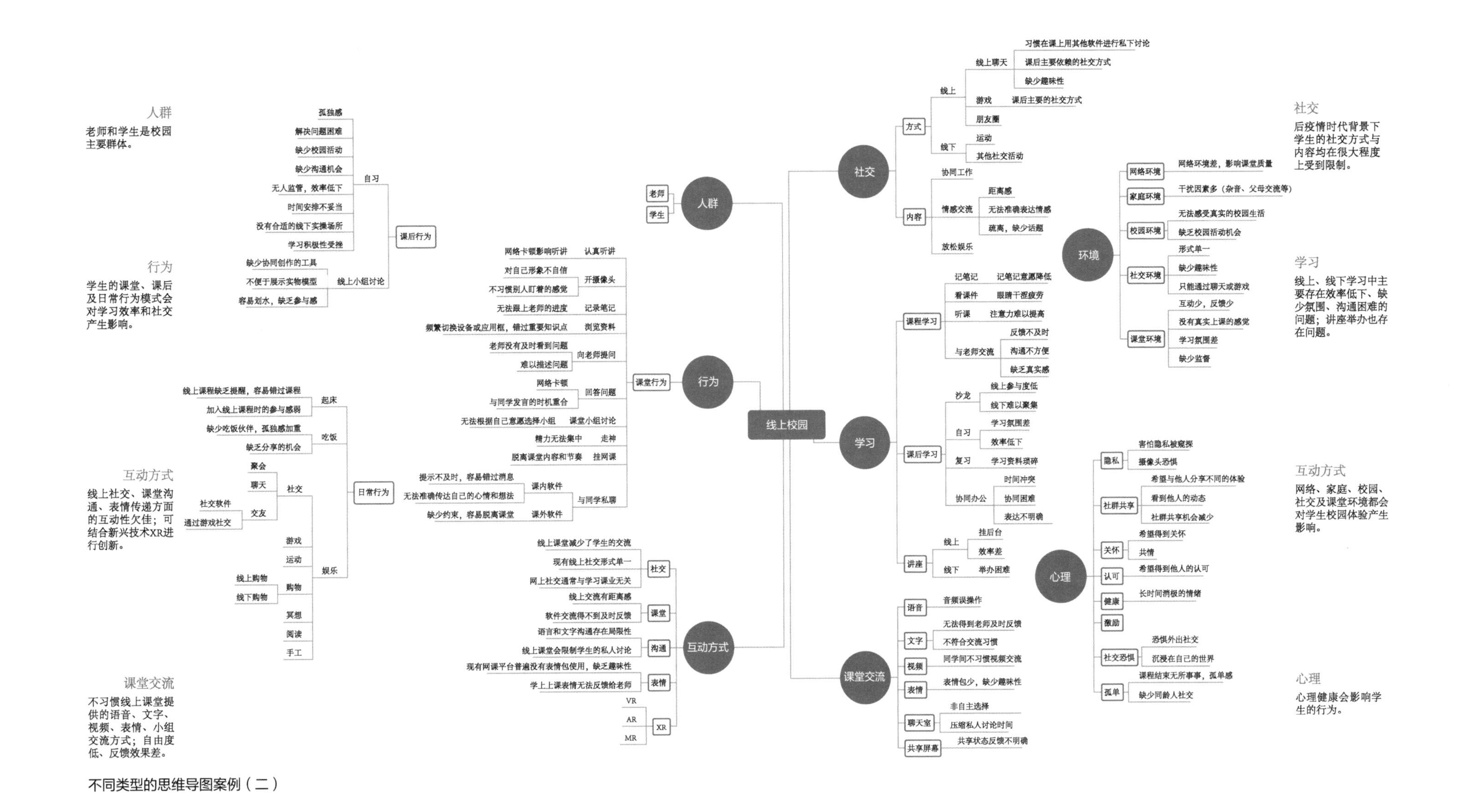

不同类型的思维导图案例（二）

鱼骨图一般分为三种类型：问题型、原因型、对策型。

- **问题型鱼骨图**

各要素与特性之间不存在原因关系，而是结构构成关系。

步骤1：界定问题。

步骤2：利用头脑风暴找出与问题相关的全部碎片。

步骤3：对碎片进行逻辑化梳理。

步骤4：进行分类检视，利用头脑风暴法补充遗漏的类别或碎片。

- **原因型鱼骨图**

步骤1：在中骨处用事实陈述出现的问题。

步骤2：利用5why法进行原因分析。

步骤3：利用橄榄球定律标出最主要的问题（橄榄球定律：很多事物的分布规律呈橄榄球状。其中，A部分：是核心内涵，具有关键影响力，占20%左右；B部分：是对事情有相当影响力的内容，占60%左右；C部分：对事情有一些影响力，但它的作用比较有限，甚至小到几乎可以忽略不计，占20%左右。橄榄球定律提示我们在处理问题时，先解决关键性问题，而不是枝节问题）。

- **对策型鱼骨图**

主要针对根本要因制定对策（图6-7）。

3. 奔驰法

奔驰法（SCAMPER）是常用的思维发散工具之一，是由美国心理学家罗伯特・艾伯尔（Robert Eberle）创作的检核表，常常用在改进现有产品、服务或商业模式中。SCAMPER是七个英文短语的缩写，同时也代表着七个解决问题的方向，这七个方向是：替代（Substitutute）、整合（Combine）、调适（Adapt）、修改（Modify）、另用（Put to other uses）、消除（Eliminate）、重组（Rearrange）。此方法是一种假设条件工具，主要用于产品改造和服务升级环节，可以帮助设计师转移注意力，跳出原来创意发散过程中遇到的阻碍，激活思路，拓宽解决问题的途径。

设计师或团队首先需要围绕现有产品或服务，列出让项目难以推动的问题与障碍，然后根据SCAMPER的七个方向找出合适的定义（图6-8）。

- 替代（S）：寻找当前选项的替代选项。这些替代选项可以是人、材料或方案等一切现有选项的东西，如后备人员、产品的替代功能或材料、流程的替代方案等。此时，我们应该询问自己“何物可被取代”。
- 整合（C）：将当前产品与其他功能、系统或服务进行整理、合并，运用已有的条件、模式推进产品设计进程，多维度思考问题的解决方案。
- 调适（A）：思考可调整的功能或结构等问题，找出所有可以调整的选项。
- 修改（M）：修改现有的所有或部分选项，如色彩、造型、形式、规模等，重新组合创造出新的产品。
- 另用（P）：改变当前意图，跳出常规的执行操作手段，发掘产品的新用途。
- 消除（E）：与极简设计的目标一致，去除不必要的选项和功能，以简洁、易用的方式凸显主要功能。
- 重组（R）：试想可否重组或重新安排原有顺序，通过上下颠倒、逆转等调换形式，探索新的思维方向。

在构想设计方案或寻找问题解决办法时，我们常常在开始时会无所适从、毫无头绪，不知该从何处入手。这时，奔驰法的优势得以体现，它能帮助我们快速构思、列出可行方向，打开脑洞，让灵感信手拈来。在实际运用中，设计者可以将奔驰法用七行四列的表格呈现出来（图6-9）。其中，第一列为标题列，注明奔驰法的七个方向；第二列用于记录思考的大致范围或甲方的要求；第三列则根据第二列的范围填入设计师天马行空的想象和灵感；第四列为“可实现”列表，择选出第三列中可实现的要素和方向填入。这样，在产出更多的创意灵感之后，设计者需要对所有灵感进行分类，逐项讨论、研究，从中获得解决问题的方法和创意设想，最终评估可行方案，并落实到流程或产品改良中。

例如，在进行概念音箱的设计构思时，可以按照以下七个方向进行思考（图6-10）。

替代（S）：音箱的塑料外壳还可以用什么材质替代？什么可以替代倒相孔？可以做成悬浮音箱吗？

整合（C）：如果把音箱和灯具合并会有什么效果？能变成小型歌舞厅吗？如果和滑板合并，是否能让每个滑板变成滑行的音符？

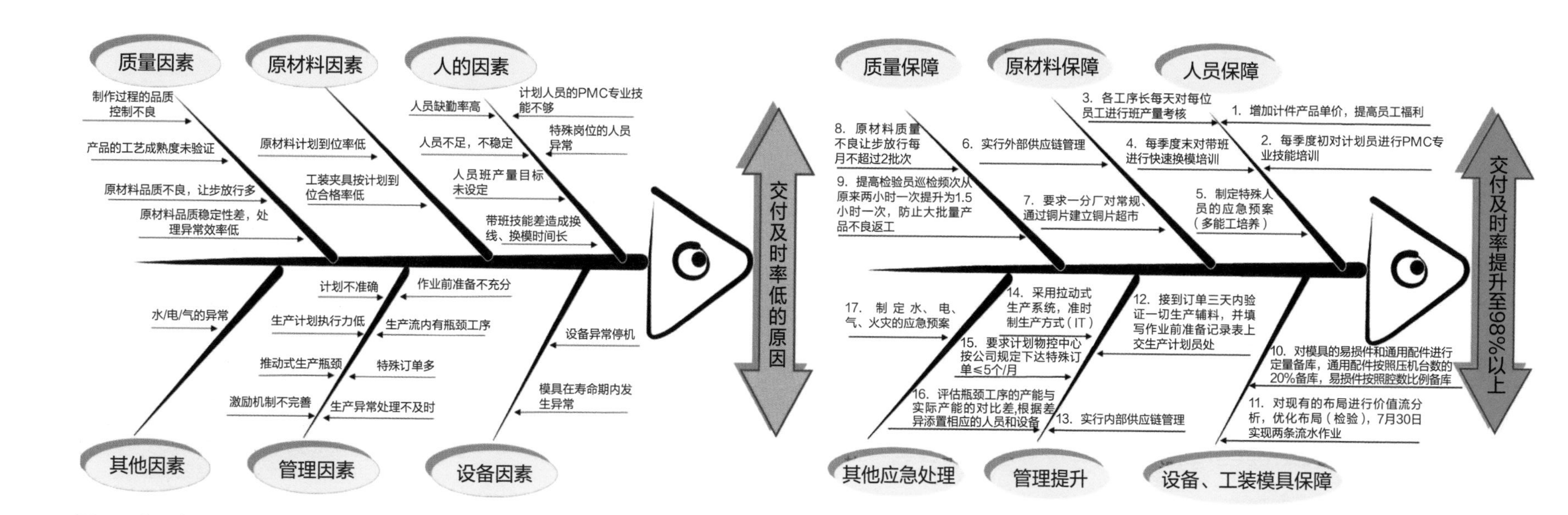

图6-7　运用鱼骨图法分析现象的原因（左）及对策（右）

图6-8 奔驰法步骤图示

	范围/要求	想象/灵感	可实现
Substitute 替代			
Combine 整合			
Adapt 调适			
Modify 修改			
Put to other uses 另用			
Eliminate 消除			
Rearrange 重组			

图6-9 奔驰法的应用框架

调适（A）：如果把形状改造成圆的，音箱会和家里的宠物/孩童产生更多的互动吗？

修改（M）：如果将其做成透明的，放置于家中，会和现有家居景致产生怎样的融合效果？如果做成可折叠式，会有什么造型效果？

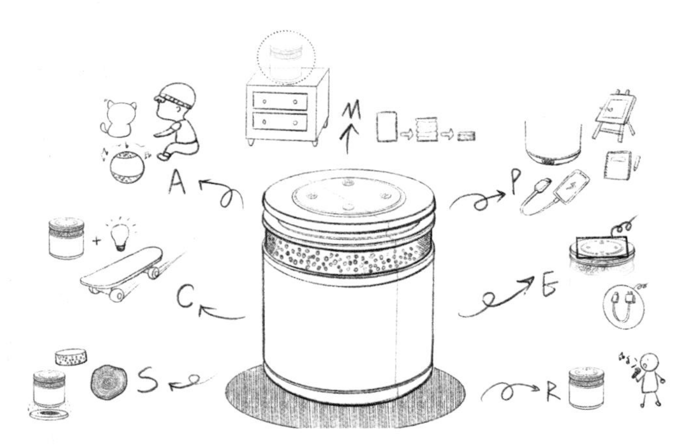

图6-10 奔驰法音箱设计构思草图

另用（P）：可以用来充电吗？可以用来涂鸦或记录手账吗？可以用来做笔架吗？

消除（E）：去掉控制按键会怎样？不用充电器充电会带来什么好处？

重组（R）：如果音箱可以听人唱歌并给出评论，会带来什么使用体验？

奔驰法在产品创新设计中的应用非常广泛，也是设计师最直接和最易于形成创意概念的方法。比如，丝瓜络是我们日常生活中极为熟悉的一种天然材料，但其用途往往限于洗涤和去污方面，很少将其用于其他家居用品或时尚产品。墨西哥设计师费尔南多·拉波塞（Fernando Laposse）则创造性地将丝瓜络特有的天然色调与有机质感融入日常用品当中，设计了花盆、屏风、灯罩等一系列轻便、环保的产品（图6-11）。从中也可以看出奔驰法中的几种方法。

替代（S）：以丝瓜络替代原有家具材料，提供同样功能的同时赋予家具新的质感效果，具有一定的艺术感染力。

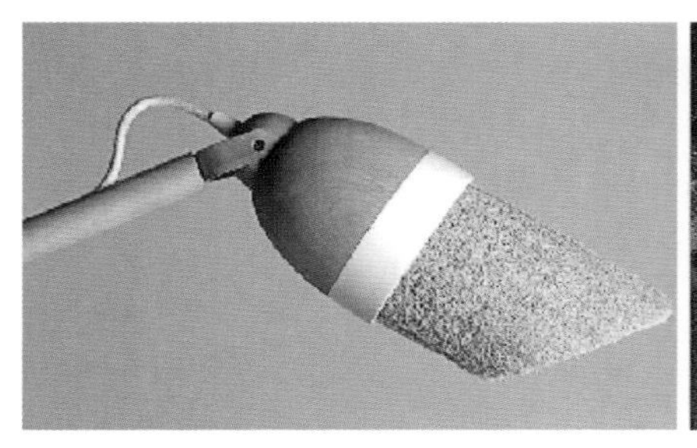

图6-11 费尔南多·拉波塞设计的创意家具

修改（M）：对家具的部分结构进行修改，将丝瓜络作为新结构应用到家具设计中，打破对丝瓜络常规用法的认知，展现独特的个性，引发人们对新的生活方式的思考。

另用（P）：将丝瓜络透气吸水的性能转作他用，结合自然的色泽与肌理来设计花盆外壳和屏风，既满足功能需求，又能够营造自然质朴的氛围。

重组（R）：改变单个丝瓜络的固有形态和结构样式，将丝瓜络的自然“丝络”样式作为基本形式进行重组，创造更多样化和不受单体体量限制的造型。

第三节　创意可视化

一、创意可视化的目的

在设计构思环节中，通过对创意的发散，产出一系列的初步方案，这时的概念、想法在构思者的头脑中往往处于一种无序、抽象、隐晦的状态，需要通过文字、图像、拼贴等方式进行可视化展示，进行整理、推敲，寻找解决问题的办法，这就是创意可视化。简单来说，就是将非视觉的概念创意（观点、概念、结构、流程、感受等）转化为可视化图像（草图、草模、符号、文字）。

设计思维最重要的是用“做”来呈现“想”的内容。当创意可视化之后，原本模糊的想法会更清晰，创新点和设计细节也会逐渐显现。可视化使想法更加具体，并有助于阐释团队的想法。具体来说，创意可视化的意义主要体现在以下方面（图6-12）。

1. 发现本质，高效提取有用信息

通过可视化可以快速而轻易地提取有意义的特征和结果，迅速给人一个概貌，使人以更直观和客观的方式发现隐藏在概念中的本质、结构、规律及复杂关系，加快人们获取和接受感兴趣信息的速度。

2. 丰富信息交流手段

它不再局限于语言和想法，而是直接采用图形、图像、动画等可视信息。它提供了生成和表现信息的方法，提供了视觉交互手段，增加了获得新知识和新理解的可能性。

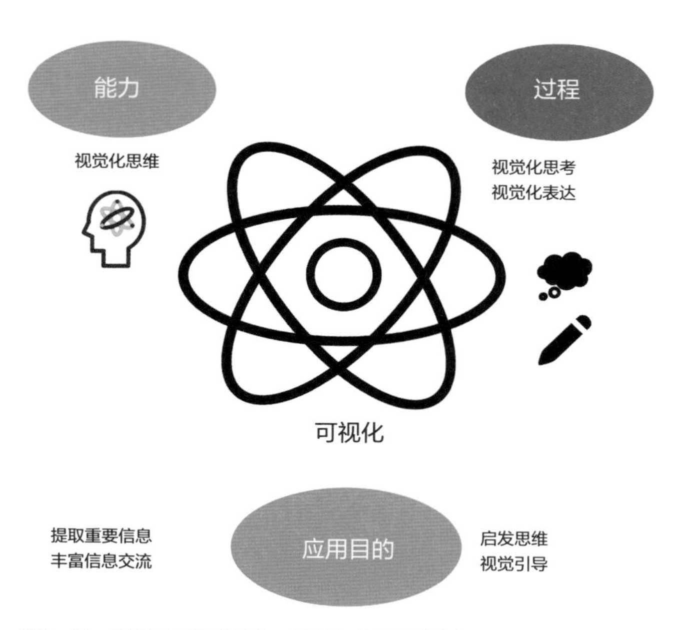

图6-12　创意可视化的能力、过程和应用目的的分析

3. 方便理解、启发思维

可视化将创意转变为直观的、易于理解的、可以进行交互分析的图形、图像的静态、动态效果，能够激发人的形象思维能力，从而使人获得更多的启迪与灵感。

创意可视化的过程可以分为可视化思考和可视化表达两个部分。可视化思考是内核，可视化表达是外延。前者是思考某个目标、概念、问题、情境等能用什么样的视觉形象来表达，后者是用图像、语言、文字、肢体等方式把可视化思考的结果有效呈现出来（图6-13）。

图6-13　可视化过程

二、创意可视化的方法

1. 草图表现概念

草图法即以快速简易的草图来帮助设计构思的方法。在整个构思过程中，最具价值的展现方式是以图表和粗略草图的形式来表达想法和可能的解决方案，而不仅仅是用文字。可视化形式更能激发创意，提供更广阔的思考视角。草图作为一种行之有效的设计工具，可以帮助设计师更充分地探索设计空间，快速记录想法和创造丰富的想法，不需要在一些次要选择上耗费太多精力，同时可以在不用担心可行性的条件下分析和探索更多概念方案（图6-14）。

草图的作用是表现设计者的想法，给观者传递信息，而不是为了欣赏。因此，草图应该尽可能快速与简练，用少量的细节加以描述，以体现想法为主，当图像所能体现的信息有限时，可以辅助以文字进行描述。在运用草图进行创意构思时，可以限定表现的范围与时间，比如在一页纸上设置若干个框架，在规定的时间内快速在框架里面进行绘制，这种压力状态下的快速绘制有利于促进设计者的灵感迸发和提高构思方案的效率（图6-15）。草图中包括了设计形态的推敲、细节部分的考虑、使用过程中的形态变化、操作的方式等，主要目的在于快速表达设计想法（图6-16）。

2. 故事板表达叙事

故事板（storyboard）是一种可视化的沟通与表达方法，最初原型脱胎于动画行业以及影视制作行业的分镜头手稿，用来安排剧情中的重要镜头，展示镜头的关系和故事脉络。在设计构思时，故事板通常是指用来显示产品功能、结构及使用方式、交互行为及创意点的一系列草图或图像板，是对创意概念的图形化表示，其目的是更为清晰和直观地表现创新点。与草图不同，故事

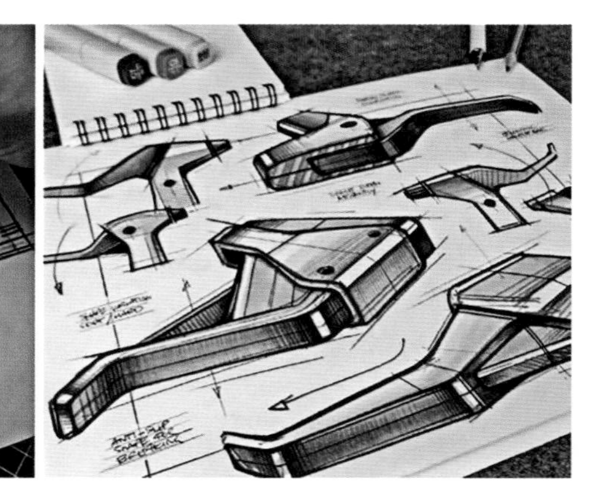

图6-14 手绘草图

图6-15 快速绘制草图效果图示意

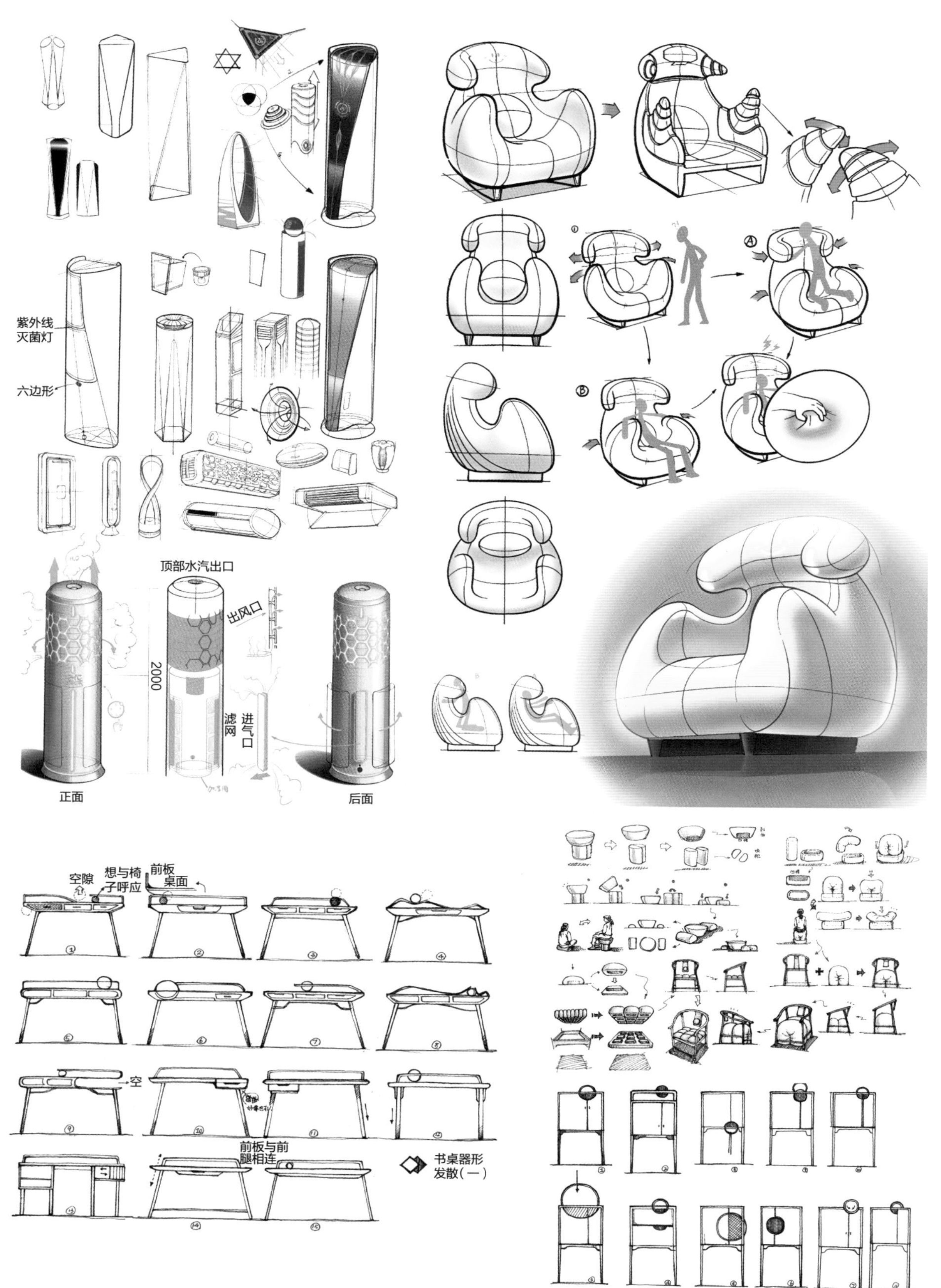

图6-16　草图（李浩然、方天、刘克宇绘制）

板往往是一系列草图（或图像）按照某种序列组成的一个可视化的故事，像连载漫画一样，以此来表达产品的使用过程与方式。故事板往往能够很好地呈现用户在体验中的关键环节、重要操作，以及操作流程，以便于设计团队用旁观者的视角审视其中可以被挖掘或者提升的地方（图6-17~图6-20）。一般故事板的绘制方法如下。

（1）将设计想法或方案的使用步骤和情形整理出来，按照一定的逻辑顺序进行排列。

（2）将整理出来的方案理念和使用方法形成可视的单帧图像，每幅图像都有各自明确的主旨。

（3）将图像按逻辑顺序排列，使之连续起来，能够阐释一个完整的故事，能通过图像直观叙述出方案的使用情境，传达设计理念。

在设计构思过程中，故事板的绘制与应用应注意以下几点问题。

（1）过程真实性。强化用户角色塑造，让用户需求目标与行为方式尽量贴近现实生活，真实准确地呈现产品性能与体验，建立起观众强烈的同理心，形成共鸣。

（2）内容精简化。简化表现方式，突出关键问题，充分表达设计理念和创意点，同时减轻观众阅读和理解的压力。

（3）情感融入性。在故事板中重点传达出角色真实的情感体验，将前期调研的真实问题和难点、构思方案的创意和解决方案突出地呈现在用户面前，让用户情感体验融入其中。

3. 效果图展示方案

在经过概念构想确定初步设计方案后，设计团队需要结合收敛过程中的讨论和评价对创意点或意向方案进行优化和完善，通过细节表现、整体方案推演等对方案进行深入表达。在设计构思过程中，设计团队通常需要以效果图的方式对聚焦后的方案进行重新整理、呈现，将筛选出的可行性较强的方案进行更为严谨的发展和深化，为下一步的原型制作提供产品造型、功能形式等方面的指导。

效果图也称设计预想图、设计方案图等，是设计师根据内容要求，应用特定的绘制工具（手工工具和仪器

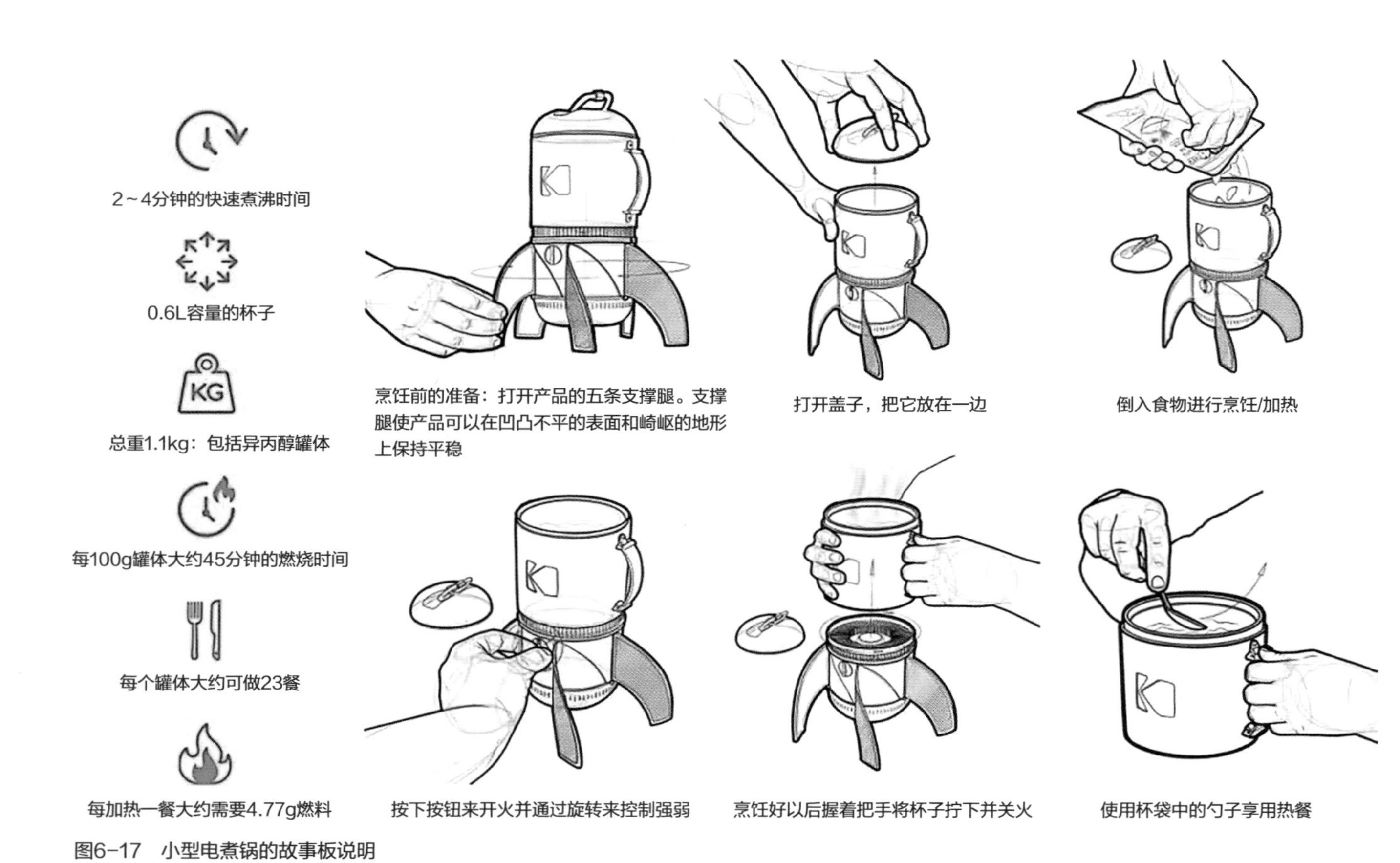

图6-17　小型电煮锅的故事板说明

图6–18　Heartline App的故事板

图6–19　设计师本·科布尔（Ben Coble）的球类运送推车方案的故事板

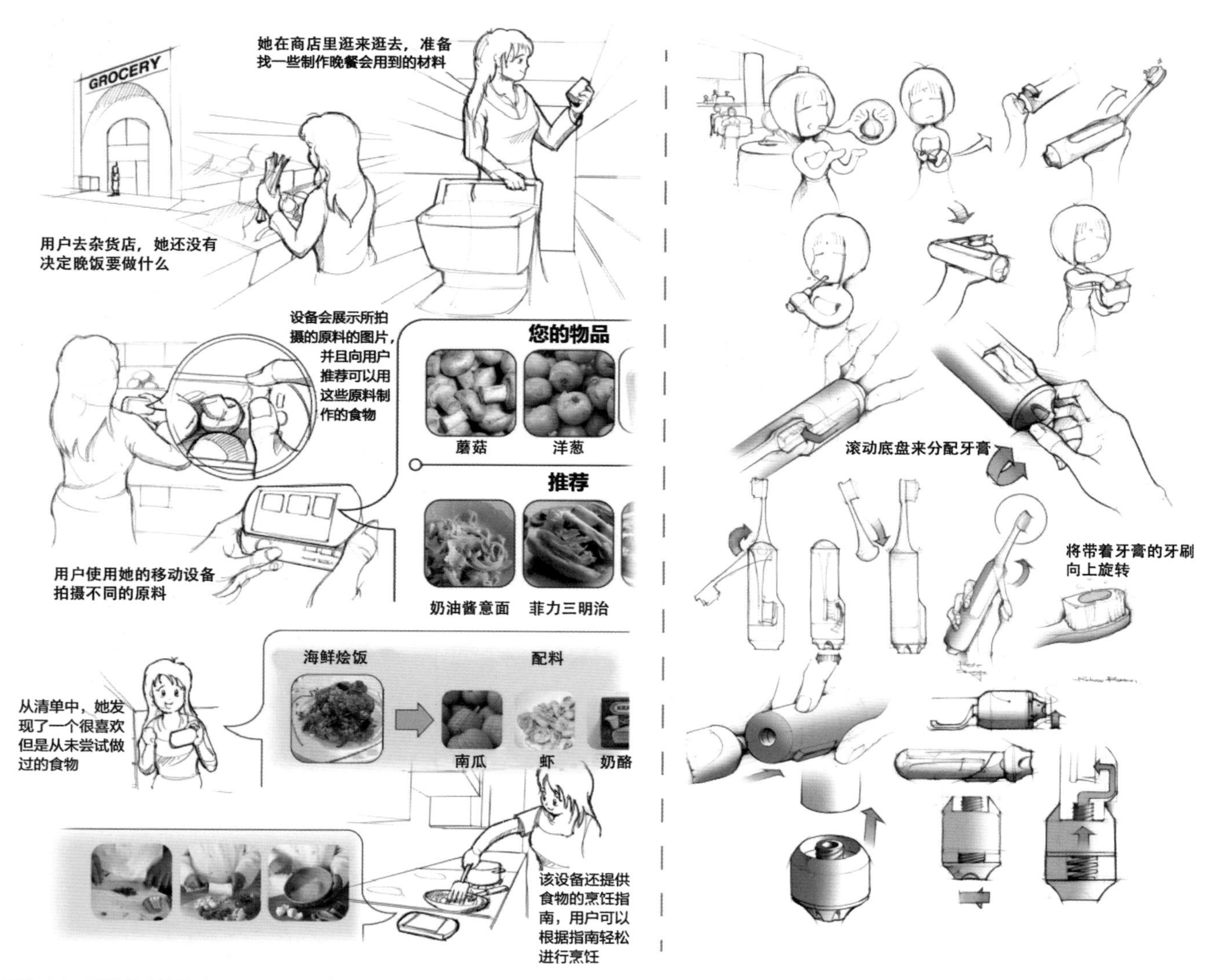

图6-20 设计师金镇勋（Jinhoon Kim）用漫画风格表现的设计故事板

设备），借助艺术绘画和工程制图的方法，将构想的形态遵照可视真实的原则理性地绘制出的一种具有诱人魅力的图画，用艺术性的方式传达科学性的概念。效果图绘制的基本要求是：展现立体感，表现出材料质感，结构关系合理，具备整体美感。

随着设计工具的不断更新，设计效果图的绘制方式也随之增加。根据绘制手法，效果图主要分为手工绘制效果图和电脑制作效果图（图6-21）。依据设计要求和意图，又可分为方案效果图、展示性效果图和三视效果图。其中，方案效果图以启发、诱导设计、研讨方案为目的，适用于构思前期，设计有待进一步推敲斟酌的未成熟阶段（图6-22），而展示效果图和三视效果图往往用以表现较为成熟的预想方案，适用于构思后期。

展示性效果图表现为已较为成熟、完善的产品设计方案，这类效果图要能充分表达出产品的形、色、材、质以及工艺的特点，要强调细节的刻画和主题内容的展示。当前，此类效果图多应用计算机绘图软件制作。众多功能强大的二维和三维软件不仅给设计者提供了更加灵活、快捷的创作方式，也增强了效果图表现的真实感、艺术性和精致感（图6-23）。

三视效果图是直接利用三视图（或者选择其中一两个视图）制作的效果图（图6-24）。这一方法的特点是作图较为简便，不需要另做透视图，立面的视觉效果直接，尺寸、比例不会因为透视产生误差。但三视效果图也有其不

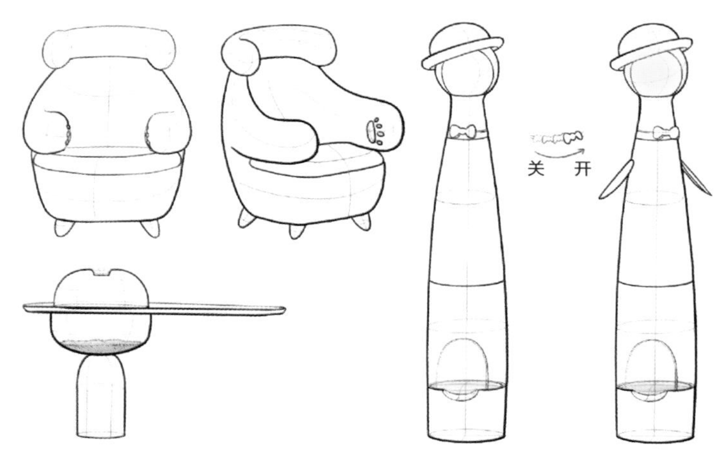

图6-21　手工绘制效果图和电脑制作效果图（夏陈宇制作）

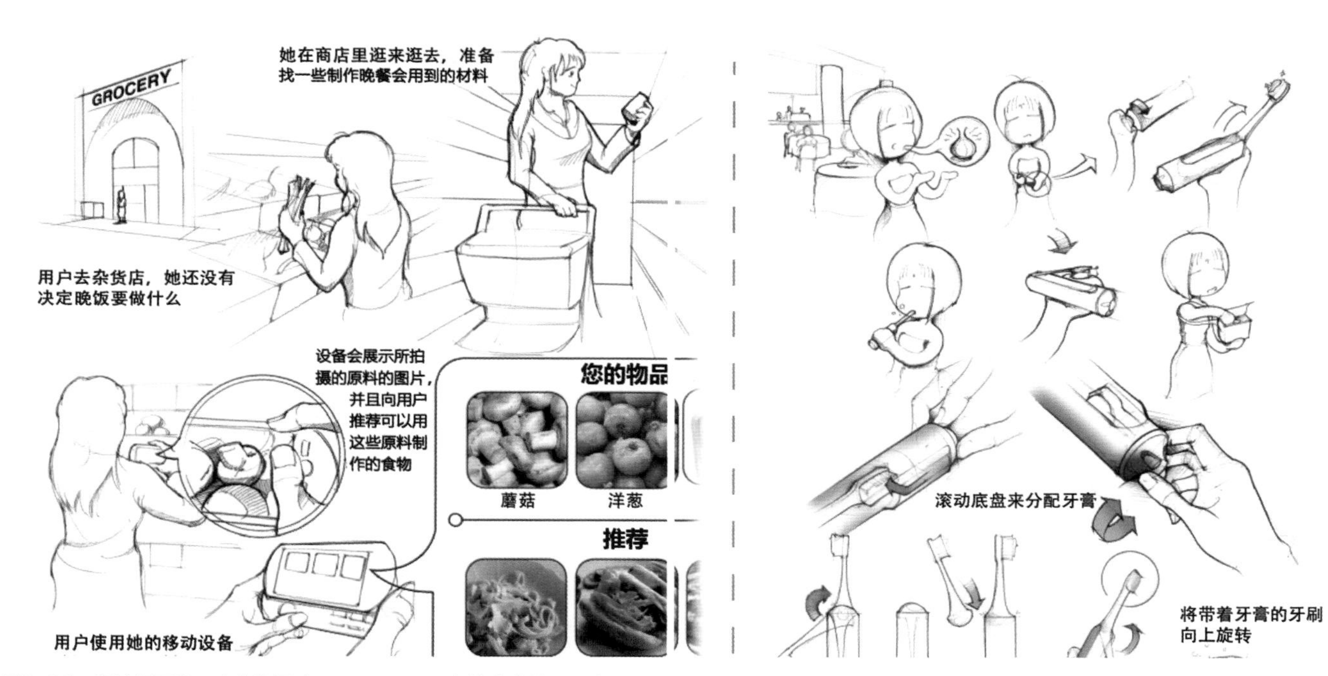

图6-22　设计师亚当·米克洛西（Adam Miklosi）的方案效果示意图

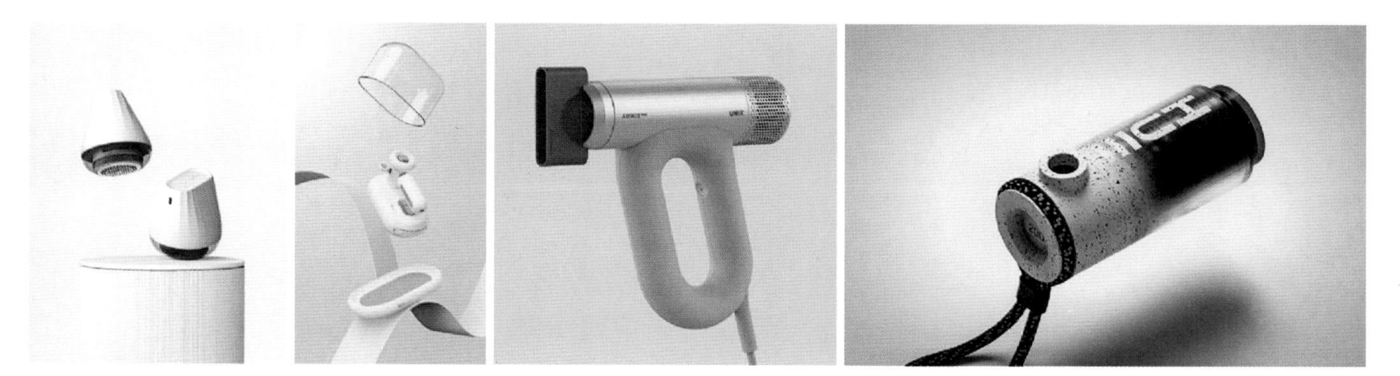

图6-23　展示效果图

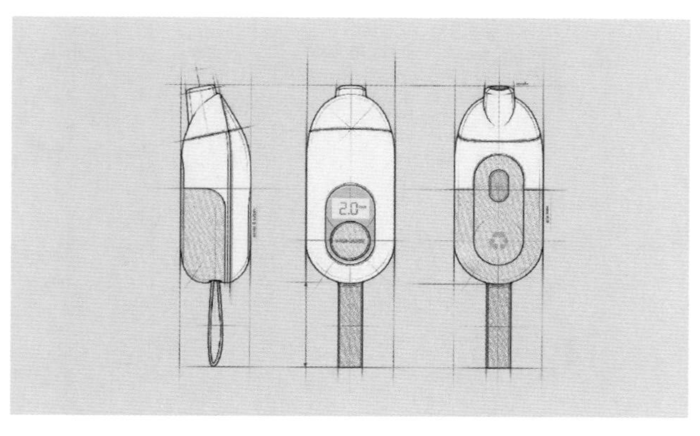

图6-24 三视效果图

可忽视的缺点，即表现面较窄，难以展示实际产品的立体感和空间视觉形态。

效果图形式多种多样，但万变不离其宗，始终应以展示和传达设计理念为目的，需要对产品概念的效果表现更加细致、准确，清晰严谨地表达出产品方案设计的主要信息（外观形态特征、内部结构、加工工艺与材料等），并增加必要的文字说明和提示，客观地表现未来产品的实际面貌，从视觉上为设计者制作原型提供参考。效果图绘制过程中应注意以下几点。

- 透视关系要正确，尽量选择正常的视角，夸张表现要适度。
- 质感力求真实，但要兼顾艺术美感，使效果更具感染力。
- 构图应纯净，主体形象与背景应具层次感，避免喧宾夺主。
- 表现形式可多样化，但应具有相通元素，保持整体感。
- 展示使用方式或过程，应力求简洁、明了。
- 进行细部特写或局部展开，以突出结构关系。
- 增加必要的文字说明和提示。

4. 草模呈现创意

草模法是指将概念中对产品形态、细节的推敲与探讨制作成初步实体形态的方法，这种方法能够在很大程度上满足设计师对产品造型的控制。草模根据制作的细致程度的不同可以分为粗略草模和精细化草模。草模法的优势在于能够检验产品的造型是否符合人机工程学，是否符合安全、舒适、易用等设计原则，从而帮助设计师对产品的形态、比例进行更好的表达。草模的制作通常选用塑料、油泥、石膏等材料，这些材料成本较低、容易获取，而且在制作过程中便于修改，可以只由手工加工完成，不需要额外的设备（图6-25和图6-26）。此外，也可以选择3D打印等自由度更高的方式进行制作（图6-27和图6-28）。

图6-25 油泥草模

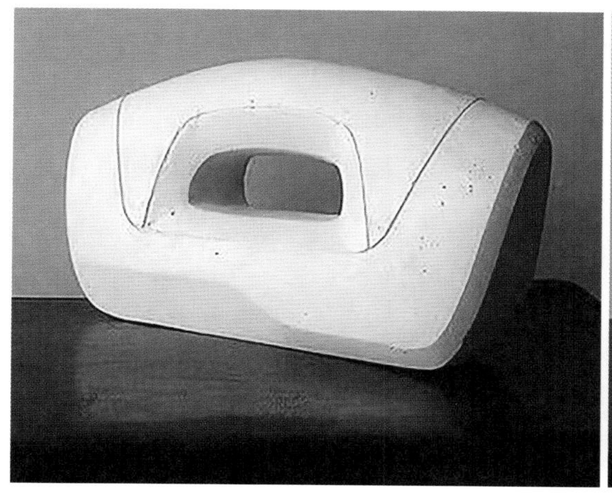

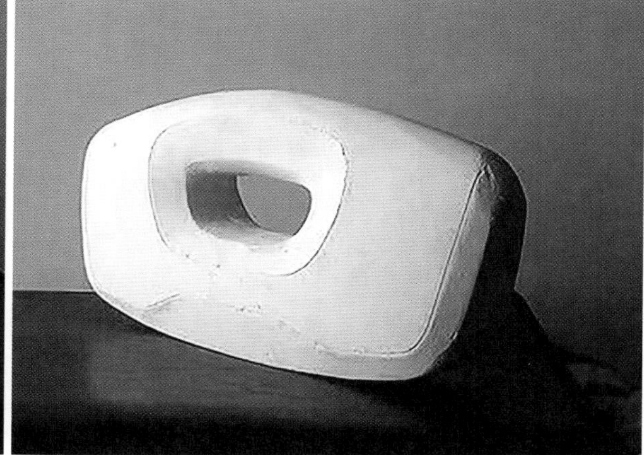

图6-26　石膏草模

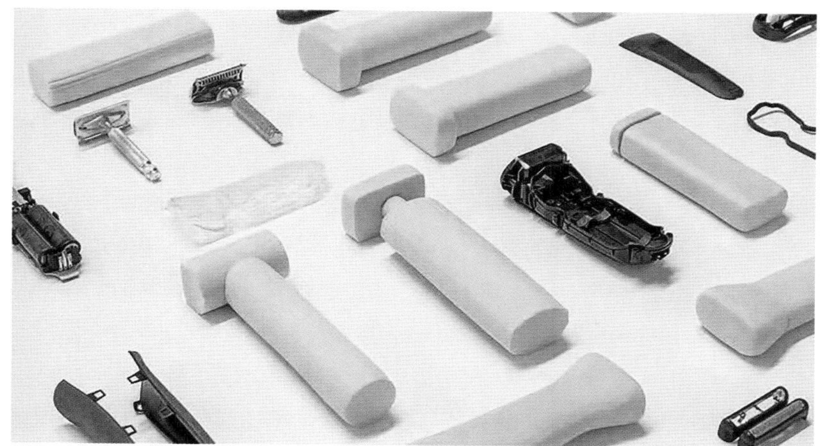

图6-27　剃须刀草模

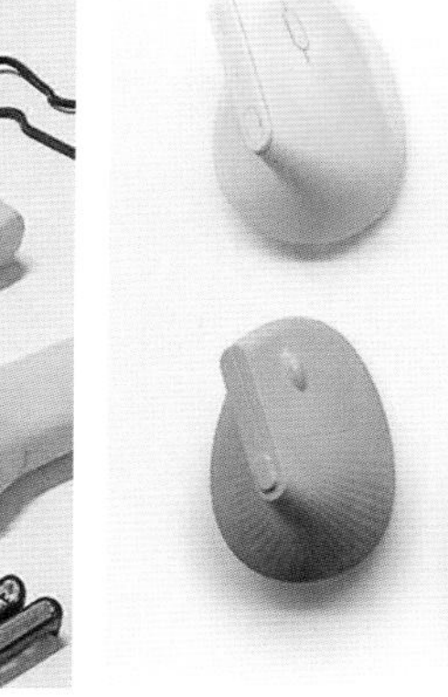

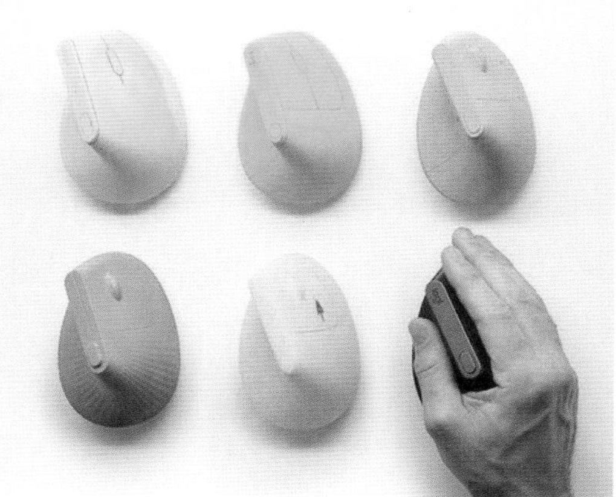

图6-28　鼠标草模

第四节　甄选创意点

当设计团队提出解决方案并将创意点以视觉化形式呈现后，需要对所有创意点进行综合评估与筛选，通过汇总、分类、比较以及权重评价、量化优缺点等方式，分析各个概念方案的可行性，发现不足或缺陷并对其进行优化，以便后期从中甄选出最佳创意点（图6-29）。与最终方案的用户测试与评价不同，创意点甄选是一种过程性评估，重在对所提出方案和创意点的深入考量与分析，明晰优缺点与可行性，将各种限制性条件和要素纳入构思过程，进而对方案和创意点进行优化和完善，以确保获得最具可行性的创意点。

实践表明，甄选创意点的真正价值在于以下几个方面。

图6-29　设计团队成员共同讨论并评估方案草图

- 帮助设计师确认当前设计思路是否能够实现产品目标，是否存在设计思路与产品目标偏离的状况。
- 帮助设计师确认当前设计中哪些部分是非常有效的，哪些部分是有问题的，以及导致问题的原因。
- 来自不同专业角度的反馈可以给设计师提供新的视野，帮助设计师发现更多更优的设计思路。
- 帮助设计师充分了解自己做的设计方案在后续的设计过程还有哪些潜力可以挖掘。

一、甄选创意点的方式和要素

1. 甄选创意点的方式

不同的企业、组织、机构和团队在评价过程中采用的依据和标准并不是完全相同的。根据产品创新实际需求及条件约束，评价要素和侧重点也存在差异。如IBM与APPLE同为电脑生产厂商，但是对产品的评价标准大相径庭，新能源汽车与传统汽车创新点的评选标准也有着明显的差异。在不同产品或方案的甄选过程中，由于甄选主体、甄选对象和甄选目标的不同，甄选创意点的方式也多种多样。

（1）从设计评估的性质区分。

1）定性评估：指对一些非计量性的评估项目，如审美性、舒适性、创造性等进行的评价。在创意点评估中，定性评估的应用相当广泛。但其不足之处在于容易受到评估者的主观因素的影响，从而使评估的结果具有较大的差异乃至错误。

2）定量评估：指对可以计量的评估项目，如成本、技术性能（可用参数表示）等进行的量化评估。

实际的评估中一般都有计量性和非计量性两种评价项目。可以采用不同的方法加以评估，得到两类评估结果，然后再考虑做出判断和决策，也可以采取综合处理的方式对两类问题统一用适宜的方法评价。

（2）从设计评估的过程区分。

1）理性评估：以理性判断和分析为主，如判断方案的价格或成本、技术的可实现性等。

2）感性评估：以感性和直觉判断为主，如判断方案色彩问题、造型美感、表面肌理的视觉效果等。

设计师对创意点的甄选与评价往往会根据个人工作经验与审美主观倾向来判断，因为评估的内容大都是非计量性的，特别是产品外观及造型美感度的评估通常依赖设计者个人审美认知标准以及设计团队的整体审美倾向。为弥补因个人审美倾向或偏见而造成的评估偏差，在评估中一般采用模糊评价的方法，或由多人进行评估，最后再综合，由此得出结论。

2. 甄选创意点的要素

如前所述，创意点甄选目标是对所有构想创意和概念方案的综合评估与考量，进而筛选最佳解决方案。那么，从哪些方面来评估，评估具体要考量哪些要素就至关重要。一般来说，在设计思维过程中，创意点甄选的要素主要包括三个主要方面：用户需求性（满意度）、商业延续性和技术可行性，具体甄选评估要素主要有以下方面。

- 用户满意度：可用性、易用性、安全性、舒适性、可靠性、时代性、体验感、审美性、象征性等。
- 商业延续性：品牌度、企业能力、成本、利润、可行性、加工性、生产周期、销售前景等。
- 技术可行性：加工性、技术上的可行性与先进性、工作性能、宜人性、实用性等。

一般来说，创意点评估要素越广泛、越深入，对最佳解决方案的获得越有利，但事实上，评估要素的增加也会让评估变得异常复杂，既影响评估效率，也会让构思陷入僵局。因此，为了提高评估效率，保障方案遴选和优化，评估要素不宜罗列过多，一般是选择最能反映方案水平和性能的最重要的设计需求作为评估的重点内容，一般选择10项左右评估要素为宜。此外，由于设计对象复杂度和设计目标的差异，评估目标的内容也有所不同，应根据具体问题选择适当的创意点评估依据。一般可以参照以下几点。

- 工学的评价依据：包括零部件的组合情况、结构与功能的实现、材料与工艺的应用合理性等。
- 美学的评价依据：包括美学规律、风格塑造、审美心理、社会接受度等。
- 心理的评价依据：包括影响产品的文化背景、时代性、法规及诚实性等。
- 生理的评价依据：包括产品的使用状况、安全可靠、人机交互等操作问题，以及后期的维护与清理等内容。

- 经济的评价依据：包括产品的成本、效益、功能价值等。

二、甄选创意点的方法

目前国内外已提出数十种创意点甄选方法，概括起来主要分为三大类：经验性评估方法、数学分析类评估方法和试验性评估方法。设计构思过程中，常用的评估方法主要有以下几种。

1. 坐标图法

坐标图是借助坐标体系比较多维数据的研究方法，利用二维坐标对设计相关信息进行综合研究，把两组有对应关系的设计标签或信息列于坐标，通过二维坐标比对或组合，在两组坐标交汇区域会出现新的设计信息和含义，并以此为依据，对产品设计方案进行构思、预测、分析和评价。因其形状似雷达，又称雷达图。借助坐标图，团队可以直观地看到每个选项的相对优劣，围绕审美标准、技术可行性、经济情况和社会价值等方面综合评判产品的优劣，减少个人主观判断的影响，易于做出快速而准确的评价。

坐标图的具体建立方法为：在确定需要分析的产品方案和目的后，围绕分析目的确立评价维度，设立评价维度数字1～N。然后以评价值的最大数值为半径画圆，以圆心为中心点画N条坐标轴，并将评价维度和等距刻度标注于每条坐标轴上，区分明确的等级。最后，将产品方案的测评结果数值标注于相应的坐标轴位置上，再把各轴上的标注点依次连接构成不规则多边形，这一图形面积反映出产品的综合性能，各项围成的面积越大则该方案的综合评定指数越高。以移动端安全类App分析为例，从图6-30中可以看出，360手机卫士和腾讯手机管家总体各项评分均在4分以上，二者总体差异化较低，重合度高。如果想要提升新的同类型App的竞争优势，则需要在用户质量、信息架构、视觉设计上挑战360手机卫士，在功能上超越腾讯手机管家。

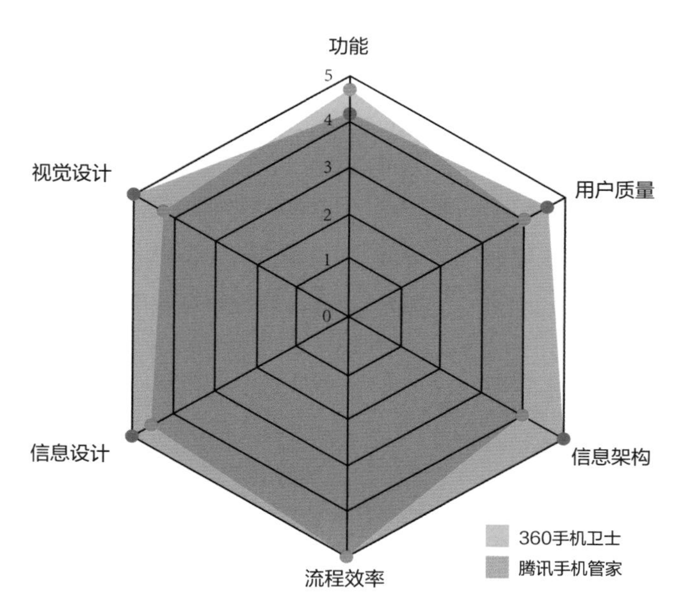

图6-30　移动端两款安全类App的坐标分析情况

同理，我们可以将此分析方法代入相机三脚架设计的评估中（图6-31），承重能力、使用感受、便携性、使用高度、稳定性、强度是评估三脚架优劣的要素。诚然，功能丰富能吸引用户，但稳定性依然是三脚架的设计核心，实现便携性目标的同时可能导致其稳定性降低。构成的各要素之间有时候是相互冲突的，这就要求针对某一类产品的特性及其侧重的方面，做出适当的评估和选择。

2. 点评价法

点评价法也是一种常见的评估方法，借助于某一具体的特定对象（如特点、优缺点等），从逻辑上进行分析并将其本质内容——罗列出来，经过比较手段挖掘创造技法。在实施过程中，通常采用一览表的形式来罗列所列举的内容，这样做一可防止遗漏，二则利于集中思考，使人产生顿悟。

使用该方法时，首先需要列出重要的评价标准，然后将需要比较的方案按评价标准项逐个做出粗略的评价，用特定符号来表示评价情况，例如，“+”代表行，“-”代表不行，“?”代表再研究一下，“!”代表需要重新检查设计，最终根据“+”的数量评选较佳的方案（图6-32）。

3. 名次记分法

名次记分法是由一组专家（或设计团队、项目相关成员）对n个待评价方案进行总评分，每个专家或成员按方案的优劣排出n个方案的名次，名次最高者给n分，名次最低者给1分，依次类推。最后把每个方案的得分数相加，总分高者为最佳。这种方法也可以依评价目标逐项使

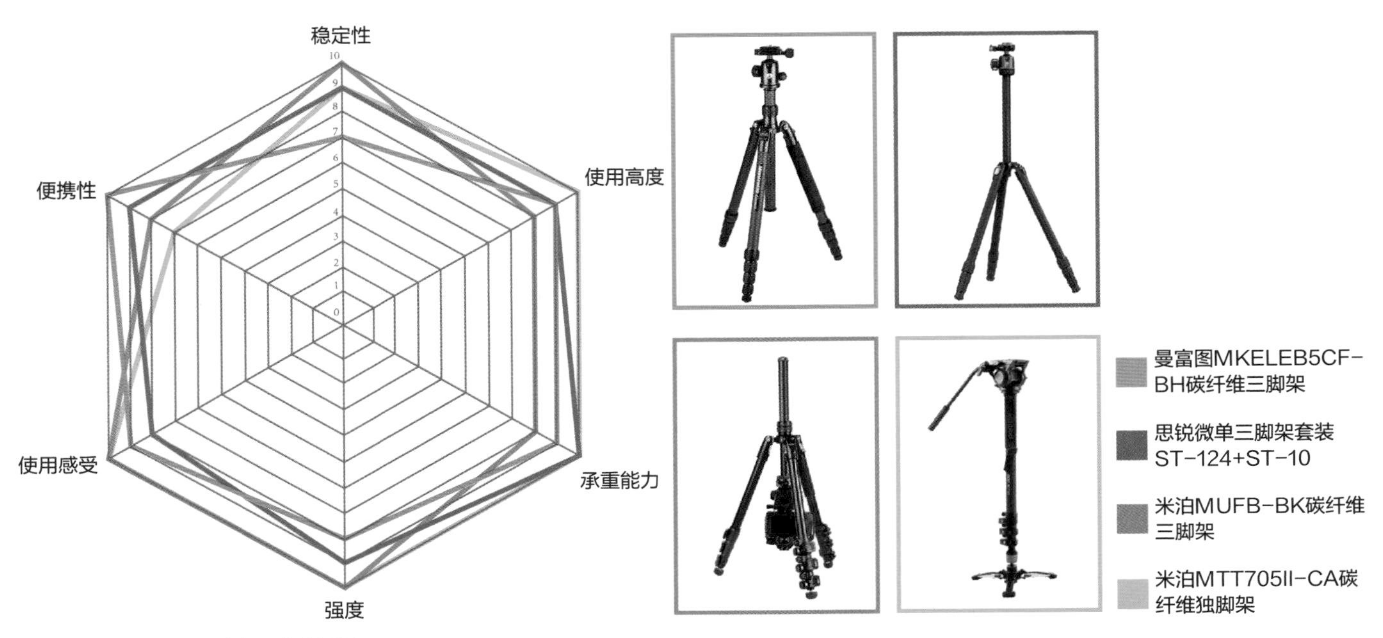

图6-31　四款相机三脚架评估分析图

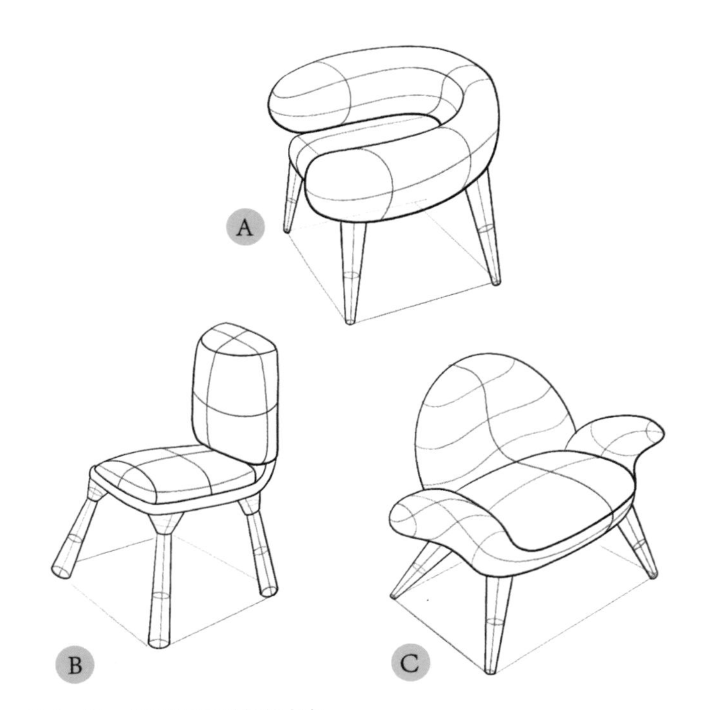

评价 \ 方案	A	B	C
功能符合要求	+	+	+
成本符合要求	+	+	+
加工装配可行	+	+	+
使用维护方便	+	+	+
舒适度	−	?	+
造型美观	+	?	+
对环境无公害	+	+	+
时尚感	+	−	+
总评	7+	?	8+
结论：C方案较佳			

图6-32　点评价法评选较佳方案

用，最后再综合各方案在每个评价目标上的得分，用一定的总分记分方法加以处理，得出更为准确的评价结果。为了提高评价的客观性和准确性，在用名次记分法进行设计评价时，最好采取逐项评价的方式，即使不逐项评价，也应建立评价目标或评价项目，以便评价者有一个基本的评价依据。如表6-1所示的名次记分法实例，其中有6名专家，5个待评价方案。

4. 评分法

评分法是针对评价目标，以直觉判断为主，按一定的打分标准衡量方案优劣的一种定量评价方法。如果评价目标为多项，要分别对各目标评分，然后再经统计处理，求得被评方案在所有目标上的总分。

- 评分标准：评分法中一般常用五分制或十分制对方案进行打分，评分标准的项目请参见表6-2。在使用评分标准对方案打分时，如果方案处于理想状态，评分为10分（或5分），最差时评0分。
- 评分方式：为减少个人主观原因对评分的影响，一般须采用集体评分的方式，由几个评分者以评价目标为序对各方案评分，取平均值或最大、最小值后的平均值作为分值。

通过对所有创意点进行严密的逻辑评估与甄选，淘汰偏离目标、不合常理的选项，设计团队对优选出的设计创意点进一步收敛。在此阶段，团队成员会对各种备选方案进行深度评估、比较、排序、分类甚至抛弃，进而甄选特别出众的创意点来付诸行动。但是，那些未被采纳的创意和概念仍需要保留，它们可能会在将来的构思会议中被证明是有价值的。简言之，我们在这一阶段的目标是从当前的设想中发现潜在的解决方案，或者是最佳设想方案的组合。

表6-1

名次记分法实例

专家代号 / 方案代号	A	B	C	D	E	F	总分 X
01	5	3	5	4	4	5	26
02	4	5	4	3	5	3	24
03	3	4	1	5	3	4	20
04	2	1	3	2	2	1	11
05	1	2	2	1	1	2	9
评价结论：01方案最佳							26

表6-2

评分标准

<table>
<tr><td rowspan="2">十分制</td><td>评分</td><td>0</td><td>1</td><td>2</td><td>3</td><td>4</td><td>5</td><td>6</td><td>7</td><td>8</td><td>9</td><td>10</td></tr>
<tr><td>优劣程度</td><td>不能用</td><td>缺陷多</td><td>较差</td><td>勉强可用</td><td>可用</td><td>基本满意</td><td>良</td><td>好</td><td>很好</td><td>超目标</td><td>理想</td></tr>
<tr><td rowspan="2">五分制</td><td>评分</td><td>0</td><td colspan="2">1</td><td colspan="2">2</td><td colspan="2">3</td><td colspan="2">4</td><td colspan="2">5</td></tr>
<tr><td>优劣程度</td><td>不能用</td><td colspan="2">勉强可用</td><td colspan="2">可用</td><td colspan="2">良好</td><td colspan="2">很好</td><td colspan="2">理想</td></tr>
</table>

本章小结

本章阐述了“构思”的定位及作用，介绍了常用的构思过程及创新思维工具。构思阶段以定义环节界定的问题为研究重心，通过头脑风暴、发散分析等思维方式产出大量创意方案，并将方案概念进行视觉化呈现，经过高效、严密地评估与收敛后，形成完整、可行的解决方案，最终完成从定义问题到解决问题的过渡。构思阶段是思维发散到收敛的过程，设计师先尽可能多地提出创意点并进行可视化的表达与呈现，通过系统、全面的考察将思维聚合至问题解决的中心点，充分吸收各设计方案的优点后，再不断打磨、推敲，达到更高效、精准地找到最佳解决方案的目的。

提问与思考

1. 构思环节的步骤和技巧是什么？
2. 构思环节有哪些有效拓展思维的方式？
3. 效果图绘制的注意事项和基本要求是什么？
4. 如何客观评估方案的合理性？尝试用坐标图法或者名次记分法评估两个或多个同类产品。

第七章

原型

教学内容： 1. 设计思维“原型”的概念及意义

2. 原型的一般类型与表现形式

教学目标： 1. 了解产品原型的分类以及呈现方法

2. 掌握快速迭代的基本原则并针对原型的设计方案进行分析

授课方式： 多媒体教学，案例讲解，课堂研讨

建议学时： 6～8学时

第一节　何谓“原型”

一、原型的概念

“原型”，即快速原型制作，是设计思维六步模型中的第五个阶段。原型是产品或者创意的最初模型，是对设计方案的具体化呈现，用以检测产品质量，可以通过测试的方式来暴露方案的真实情况和不足，可以让用户提前体验产品，供开发团队之间交流设计构想、解决问题的方式。“原型”在牛津词典中的定义是：“某种东西的第一个、典型的或初步的模型，这种东西通常是样机，在此之上开发或复制其他形式”。该词来源于希腊语prirotupos，意思是“第一个例子”。从设计思维流程来讲，原型是对最具备可行性或者最具有价值的解决方案的继续推进，因此，设计思维中的“原型”指的是：将想法转化为可传达给其他人或者与用户一起测试的形式，并且有随着时间推移改进该想法的意图。

这个广泛的定义可以让设计师思考如何为生活中的任何一种想法提供原型。同时，IDEO的原型设计师克里斯・米恩（Chris Milne）将原型阶段称为和用户交流想法的过程。其中，设计师想法的实现方式必须让人感到印象深刻，或者原型的功能必须在与用户交互时给用户留下深刻的印象。通过原型设计，设计师可以让目标用户在安全的环境下与产品进行互动。不管用户是否喜欢原型，设计师都可以从中获得反馈并且改进方案，进而为用户设计一个更好的方案再次进行访谈。这种广泛的观点使他们有动力改善产品设计、界面和交互给人的感受，以便获得更贴合用户需求的设计方案。

原型设计不是设计师在完成项目的过程中一次就能完成的复选框。这是一种思维方式，需要用它来自如地测试和检验未完成的想法，从而达成最佳的结果。它能帮助设计师检验想法的可行性或者未知的产品，持续并及早测试想法。对于原型设计而言，一开始展示粗糙的实体效果，但是它是能快速实现设计概念的，或者检测核心功能在实际中是否可行。

二、原型分类

原型用于快速执行所构想的设计方案，且更方便沟通。因此，设计师也会根据设计方案的差别或者设计阶段的需求制作不同类型的原型。根据制作方式、呈现方式以及原型服务领域的差异，将原型分为物理原型、服务原型和数字化原型三类。

1. 物理原型

在设计原型中，原型的模型会不断更新、调整、修改，因此在产品、建筑等实物设计中，设计师会用简单、低成本的材料如锡箔、亚克力、乐高等，快速搭建三维模型，以最简单、最低成本而又快捷的方式将设计方案呈现

出来。而正是因为物理原型中所使用的材料均简洁、低成本，这也使得设计师在之后的迭代之中能够无所顾虑地进行升级改造。

案例分析1：在产品设计中，设计师一般会用低成本且简单易得的材料，花费很短的时间，将设计概念进行一个简单、快速的呈现。以IDEO为佳乐设计牙科仪器的原型为例，设计师用办公室常见的马克笔、塑料夹和胶带等材料，快速将构想的设计方案进行模拟，以便观察设计的外形是否存在较大的缺陷或者尺寸是否合理（图7-1）。

案例分析2：在建筑及室内设计中，物理原型也是常用的设计表现形式，常见的模型大多采用木材、塑料泡沫、ABS板等材料制作而成，设计师通常会利用木条或者积木以及塑料板来搭建缩小版的建筑结构，以此来验证整体的建筑结构是否牢固，同时也会通过搭建简易的外形来考虑流线布局是否合理，整体建筑外立面是否美观。例如著名建筑设计公司比亚克·因格尔斯设计团队（B.I.G）为乐高公司设计的总部大楼（LEGO House），在初期阶段就利用与主题相符合的乐高积木模块的堆叠进行建筑原型的构造，根据不同空间的功能属性，以颜色划分不同的建筑区块（图7-2）。

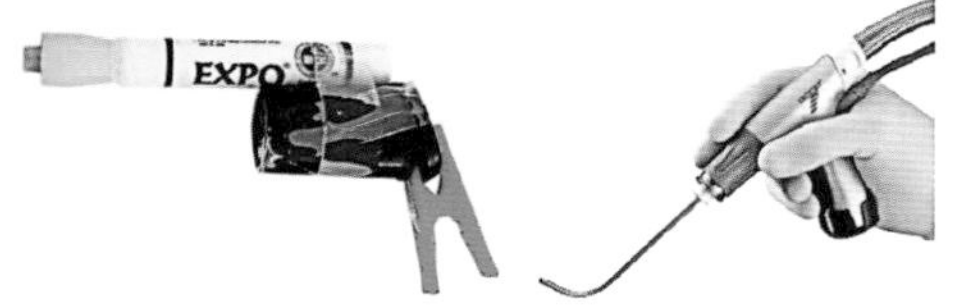

图7-1　佳乐牙科仪器原型

2. 服务原型

由于服务设计通常以虚拟的形式展现，因此设计师会以最简单的方式来模拟设计产品所能够提供给用户的情感感受，通过用户及时的反馈，来迅速调整用户体验。因此设计师通常会利用角色扮演，代入使用情景之中，模拟使用场景，站在用户的角度提出问题。在服务设计中，设计师会采用手绘或者简易的拼贴方式来表达相关设计，并将设计尽可能便捷地投入测试阶段，经过测试，通过迭代的方式将设计成品根据用户体验后的建议一步步完善，在所有的模式细节都达到最佳状态之后，再形成最终的设计成果（图7-3）。

3. 数字化原型

在数字化设计中，通常设计是建立在系统化的逻辑之下进行的，因此在UI设计等数字化设计中，设计原型最初会使用思维导图的模式，将整体系统设计的逻辑梳理清楚，此后会通过拼贴或者手绘的方式对页面进行排版设计，将初步的设计原型敲定。也可以用视频、可点击的演示文稿或是登录界面来创建。之后再通过相关的UI设计软件将设计原型一步步完善形成最终设计成品。所以在数字化设计的原型中，设计师会使用大量的卡片或者连环画一样的卡片，来模拟一步步的数字化系统的操作流程，通过多次的测试与迭代来验证逻辑上的合理性，在逻辑合理之后再进一步进行相关的具体化的深入设计过程（图7-4）。

图7-2　比亚克·因格尔斯设计团队为乐高公司设计的总部大楼

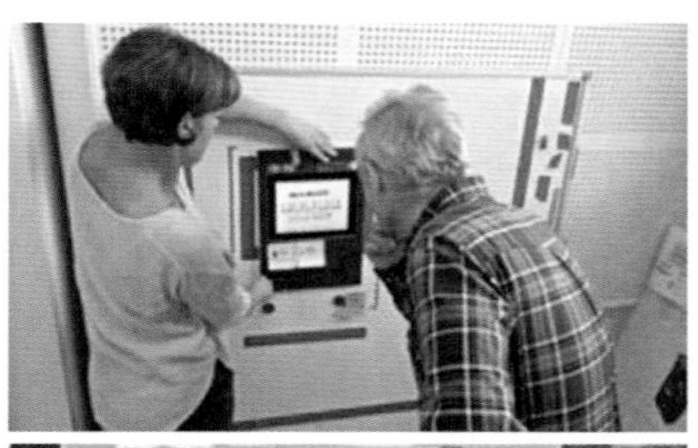

图7-3　设计师在服务设计中的测试原型过程

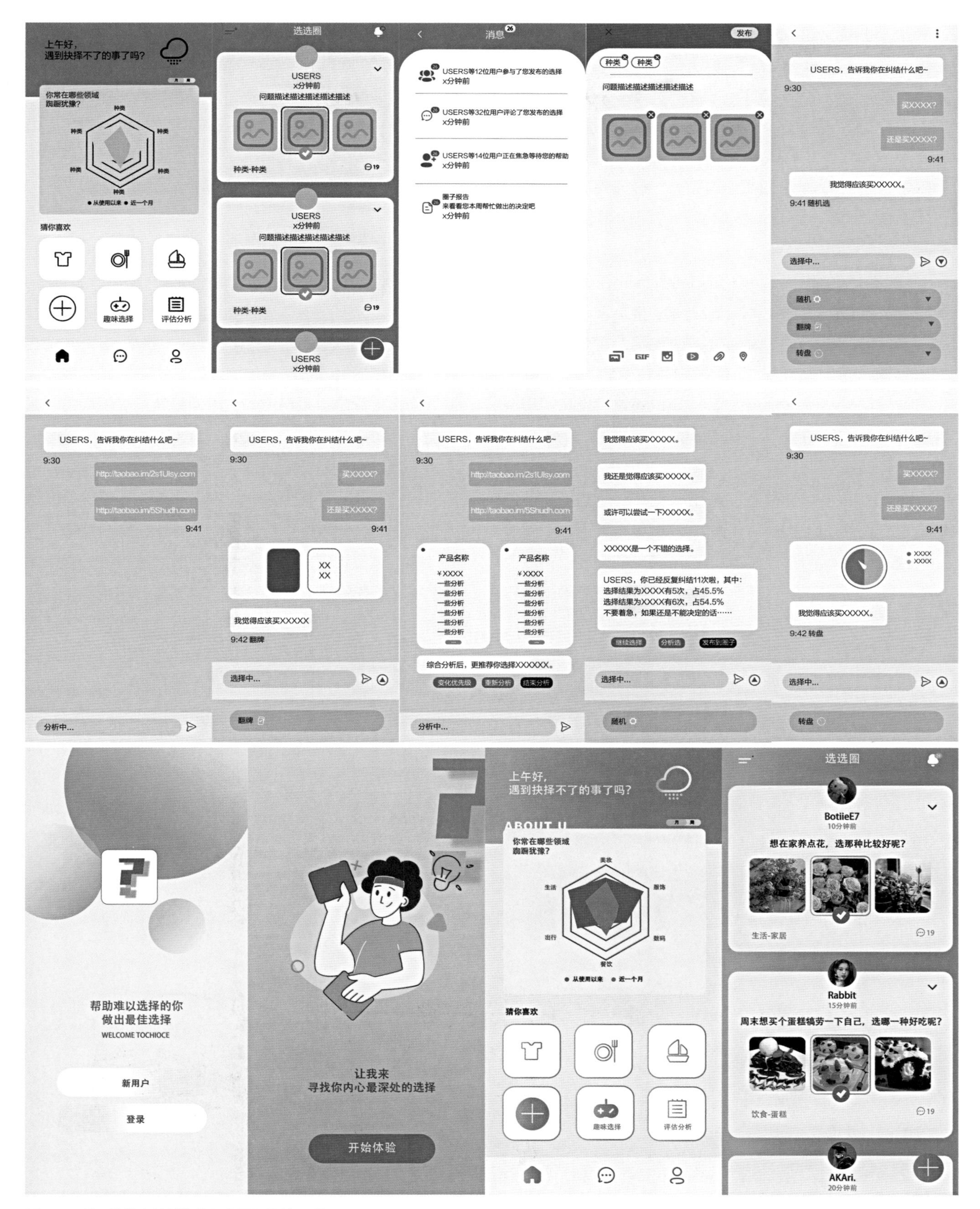

图7-4　利用简单卡片制作的用户界面设计原型

三、快速原型创建步骤

步骤1：列出要测试的核心假设。在前期构想阶段，对于要解决的问题，设计师通常会得到大量的假设。这些假设已经对问题陈述有深入且固定的理解，并对应了不同的解决方案。——验证假想费时费力，设计师可从想要验证的假设中提炼出最核心的假设，快速动手制作一个原型，以便用于测试。

步骤2：拆解出具体可以测试的部分。在上一步中，设计师已经选择出最想要验证的假设，接下来让团队成员仔细考虑产品具备哪些功能对用户来说是绝对重要的，哪些功能是他们想要整合进解决方案并在真实世界中测试的。设计师在找到核心假设之后，可以通过找出其中最容易实现且成本低廉的部分，去低成本快速制造一个原型，然后投入测试。

步骤3：将制作出来的原型用于测试。通过将原型在其他几个小组或者挑选用户组成的测试组进行模拟使用演示，使设计师获得用户对该原型使用情况的反馈。获取反馈的一个方法是通过“红色”或“绿色”反馈。给予对方反馈的形式“喜欢这个原型的地方是……”（绿色反馈），或者给予“希望这个原型改进的地方是……”（红色反馈），这样，就可以得到最直接有效的测试结果，以便于修改调整原型（图7-5）。

案例分析：汤姆（Tom Chi）是谷歌（Google X）实验室团队的创始人，他们在为谷歌未来规划设计时，曾提出一种新的假想，希望用户能够摆脱电脑、手机等外在媒介的限制，立即取得资讯，随时随地运用谷歌去搜寻。在想法产生之后，他们并没有花费大量的时间去辩证设想的可能性，而是花费不到一天的时间打造了一个粗略的原型去检验他们的想法。他们仅仅使用衣架、亚克力板、小笔电和微型投影机，就制作出谷歌眼镜的原型，模拟了产品想要带来的体验，即通过手势去操控屏幕。通过原型的创建，可以极少的时间和成本找到产品适合的市场和改进调整的方向（图7-6）。

四、产品快速原型设计方法

在设计师为物理产品设计新的形态和外观时，他们会考量设计是否符合人体工程学且易于使用，还要测试设计的形态是否可以被制造出来，所以快速原型设计方法往往通过草图和模型制作两个步骤进行（图7-7）。初期阶段，设计师会根据前期对用户的需求调研结果进行相关的概念发散和推演。这个阶段对想法和创意可不加任何限制，尽量探索所有的设计可能性，同时概念和想法也是多多益善，因此该阶段往往也会产生很多个版本的设计草图，等待进入下一个阶段逐步筛选完善。

接下来设计师就会进入探索性原型的阶段。通常设计师会将上一阶段的设计草图进一步完善，利用简单的塑料或者泡沫等材料制作简易的结构原型，并将各个设计版本的原型逐一进行测试。通过测试的相关结果，设计师会返回到原型草图阶段，将草图进一步优化整合，形成最终的原型草图。在原型草图确定之后再利用简易的材料将草图制作成模型，完成最终的设计快速原型制作。以如图7-8所示的智能手表设计为例，设计师初步勾画出手表的形态以及零件组合的草图，然后运用木材、橡胶皮带等物理材料，按草图制作出相应部件，最后组装成预期的效果，以待后期测试并修改其中的不足之处。

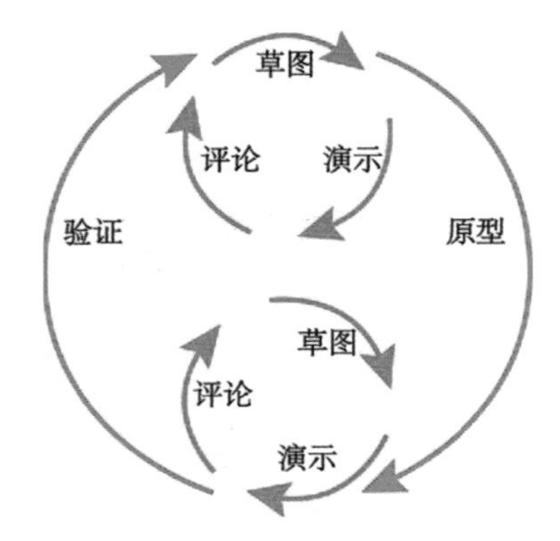

图7-5　原型设计程序

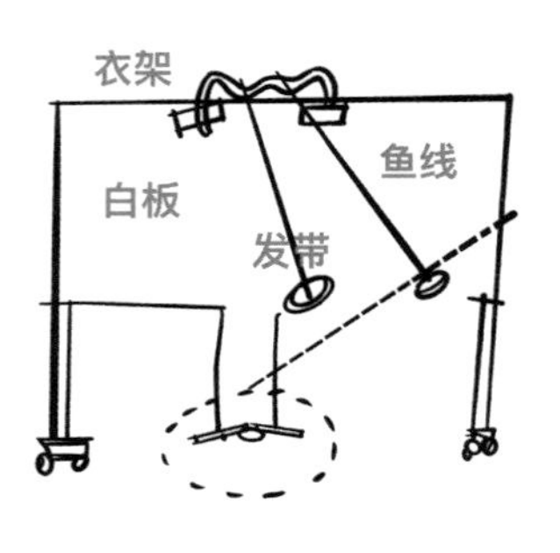

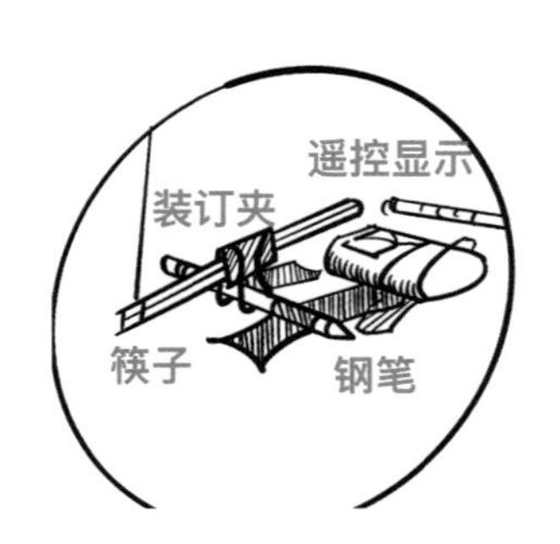

图7-6　谷歌眼镜原型设计示意图

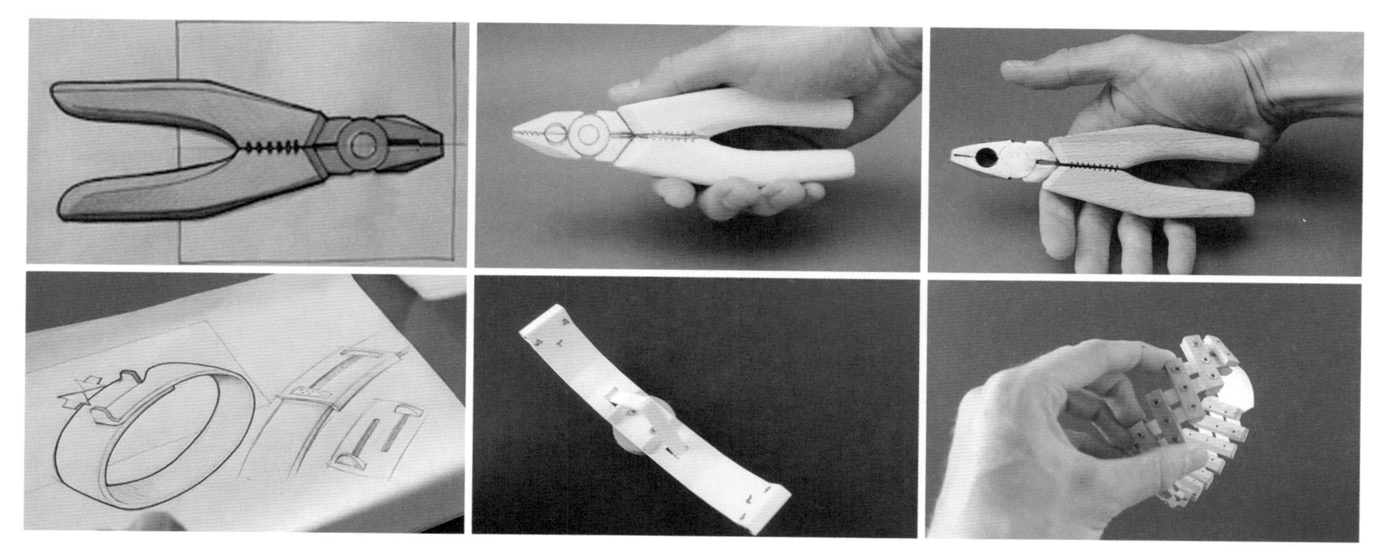

图7-7　利用泡沫、木片或纸条制作的产品设计原型，以测试部分功能

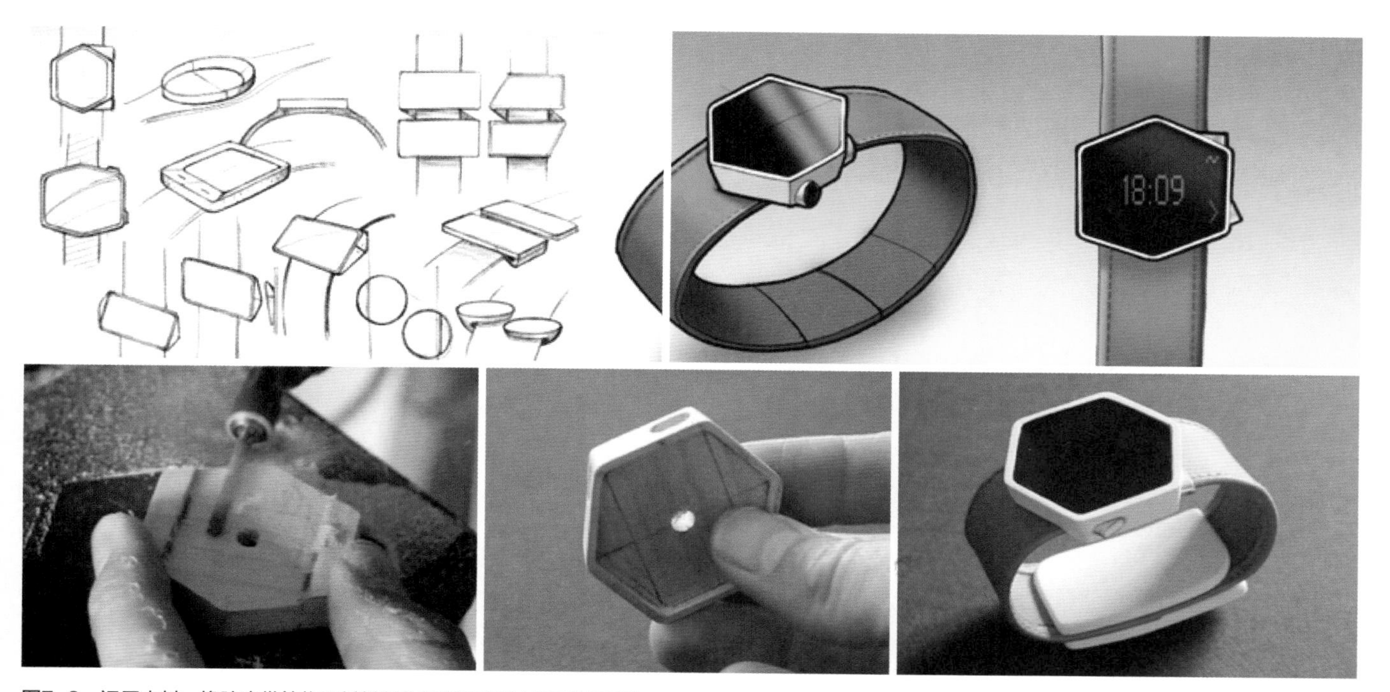

图7-8　运用木材、橡胶皮带等物理材料制作智能手表的外观设计原型

1. 实物模型方法

设计师在制作产品原型时，往往通过用各种易切割、易加工的廉价材料制作模型，来探讨、沟通或修改产品设计方案。常见材料主要有塑料泡沫、黏土、硬纸板等，也有专业草模材料，如PU发泡材料、EK板、油泥以及中密度保丽龙等，甚至会使用生活中随处可见的物品来呈现设计创意。因此，根据制作材料的不同，大致可以分为塑料模型、木制模型和石膏模型等。不同材料的模型各有优缺点，在实际应用中，设计师可根据实际产品对模型精细程度的要求和成本预算来选择合适的材料来制作产品原型。

- **塑料模型**　塑料质轻、强度高、耐化学腐蚀性好，具有很好的可塑性，具有很强的形态表现能力。因此，塑料模型广泛应用于家用电器和电子产品模型的制作（图7-9）。

- **木制模型** 木材质感优良，其天然的纹理和色泽具有美学价值，但制作工艺复杂，费时，所以一般用于呈现接近样机的产品原型，或是为了检验设计对象外观效果（图7-10）。木制模型在当下高校教学中占比较重，原因在于一是可以重复利用资源，二是锻炼学生的动手能力。
- **石膏模型** 石膏粉分为模型石膏和建筑石膏，前者颜色较白、光滑细腻，后者硬度较高。石膏模型的成本较低，适用于简单产品的制作开发和教学中学生作业的制作（图7-11）。

2. 数字模型方法

随着科学技术的日新月异，人们对软件的依赖大大增加。设计师也纷纷借助Pro/E、Alias、UG、Maya、Rhinoceros、3ds Max等计算机软件辅助制图。在德国奔驰公司设计部，设计师在创建原型时，已经远离了油泥模型制作、样车打造和风洞试验等耗费人力与物力的传统设计手段，转而借助各种数字化的虚拟现实设备。在设计过程的不同阶段，会选用不同的软件来完成相应的任务。

- **绘制二维草图：** 应用二维绘图软件和手绘板等直接绘制构思草图或者效果图。其表现效果与手工绘制的效果图近似或更佳，但过程相对简洁且形态细节准确。

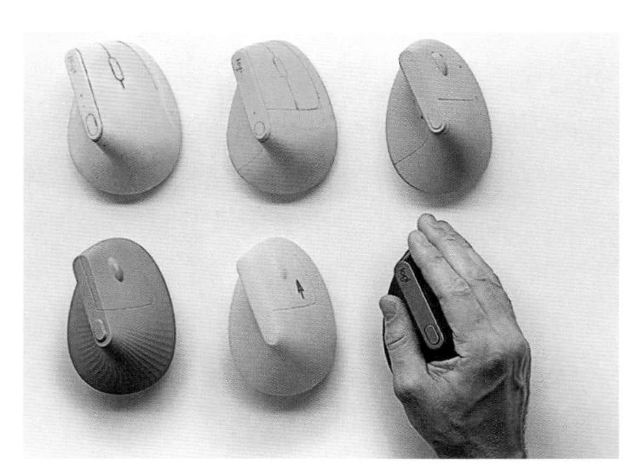

图7-9 罗技鼠标塑料模型

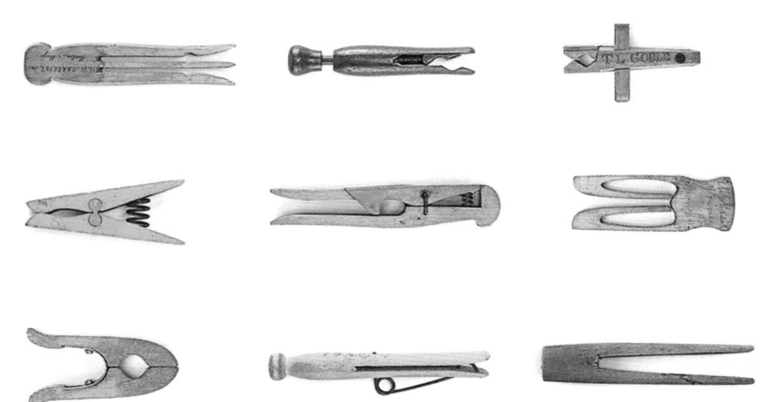

图7-10 木制衣夹模型

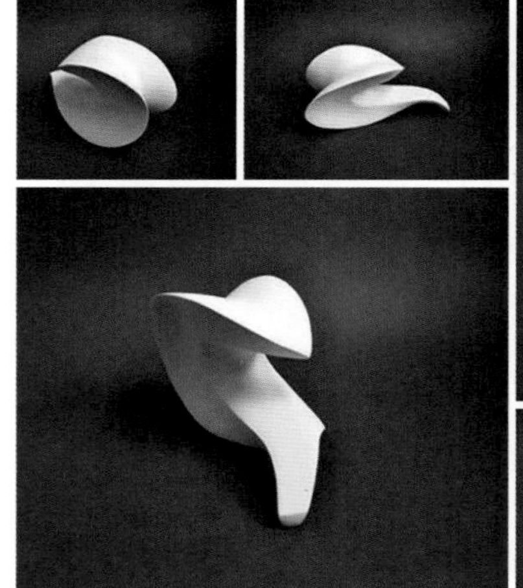

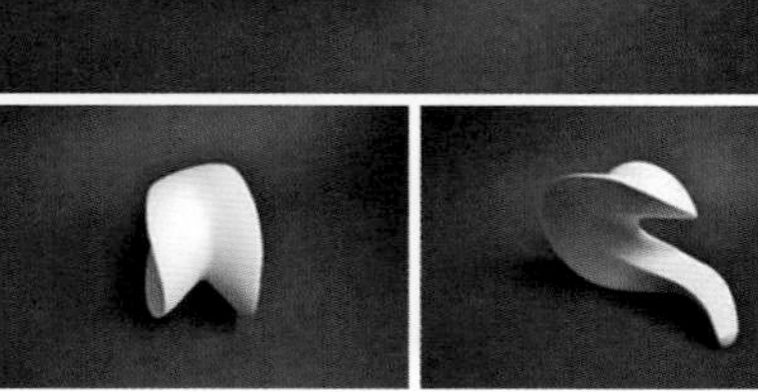

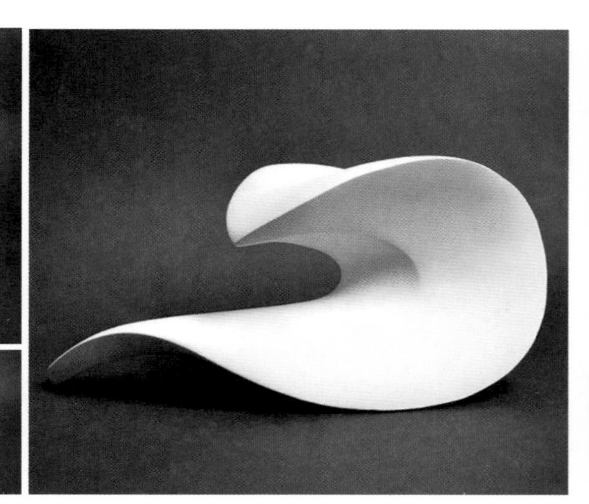

图7-11 石膏模型

- **构建三维模型：**以点、线、面或参数建立完整的实体模型。电脑能够准确地记录每一次操作中包含的位置、长度、面积、角度等信息，经自动运算交换坐标系统，便可轻易地平移、转动、分解、结合，同时，也可以切换观察视图，对实体进行细致的观察和修正（图7-12）。
- **虚拟仿真模型：**通过赋予实体模型以色彩、材质和贴图，对建立的产品模型进行虚拟现实渲染，可使模型更具真实感。设计师通常会选用适当的软件使渲染效果逼真而准确，同时，为了增强表现效果也会采用艺术化的处理方式（图7-13）。

综上而言，用以实现产品原型设计的模型与其说是方案表达的结果，不如说是设计思维的催化剂，原因在于它能生动实在地表达产品的三维空间关系，使许多原本抽象、晦涩、难以想象的问题得到直观简洁地呈现，使设计师能快速发现设想存在的问题，激发创造力。模型是设计师在产品原型设计时用来自我检视或者是为内部成员讨论产品的外形、功能、交互时采取的手段，检测产品实物与设计师的初步预设是否存在差异。因此，创建产品原型时，并没有明确的法则，只要能够启发设计师进一步思考与反思就算实现主要目标了。与此同时，在制作模型时，要快速、准确，充分利用各种材料表达设计对象的特征、概念与特点，为考察其可行性、合理性提供判断依据。

五、建筑空间原型设计方法

在建筑以及室内设计之中，快速原型多使用于建筑室内一些结构的节点，通过快速原型设计的方法来验证建筑节点的结构是否稳固合理，在反复测试可行性之后可进一步进行实体建造。在一些复杂结构中，会以简单的木条或者木块搭建所设计的结构，并测试其稳定性，如果整体符合要求，再进一步加以建造。同样，在建筑以及室内设计之中也会利用简单的体块来代替实际建筑体，以此探讨空间布局是否合理，在确定整体的布局流线之后，再进一步深化建筑的形态和建筑外形（图7-14）。

建筑领域中原型的使用，也可以帮助建筑师在不同阶段与客户沟通设计决策，以获得批准；并将最终规范传达给承包商和工程师，供他们在现场操作。例如在王澍的中国美术学院象山校区的建筑设计之中，设计师王澍就利用木棍反复实验木型建筑结构的设计想法，通过多次的测试之后，才确定好木条与木条之间最合适的结构角度、位置等，并最终将结构使用在了建筑作品之中。同样的方法在

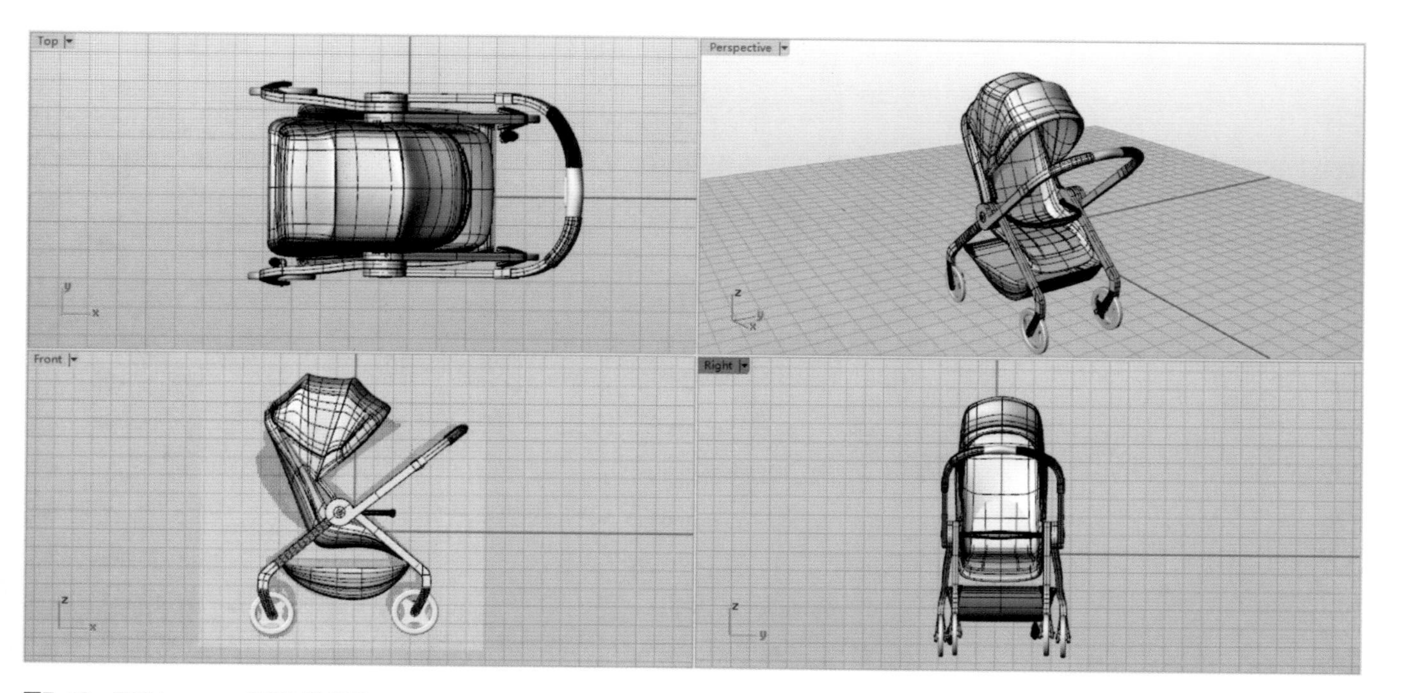

图7-12　用Rhinoceros构建三维模型

图7-13　虚拟仿真模型

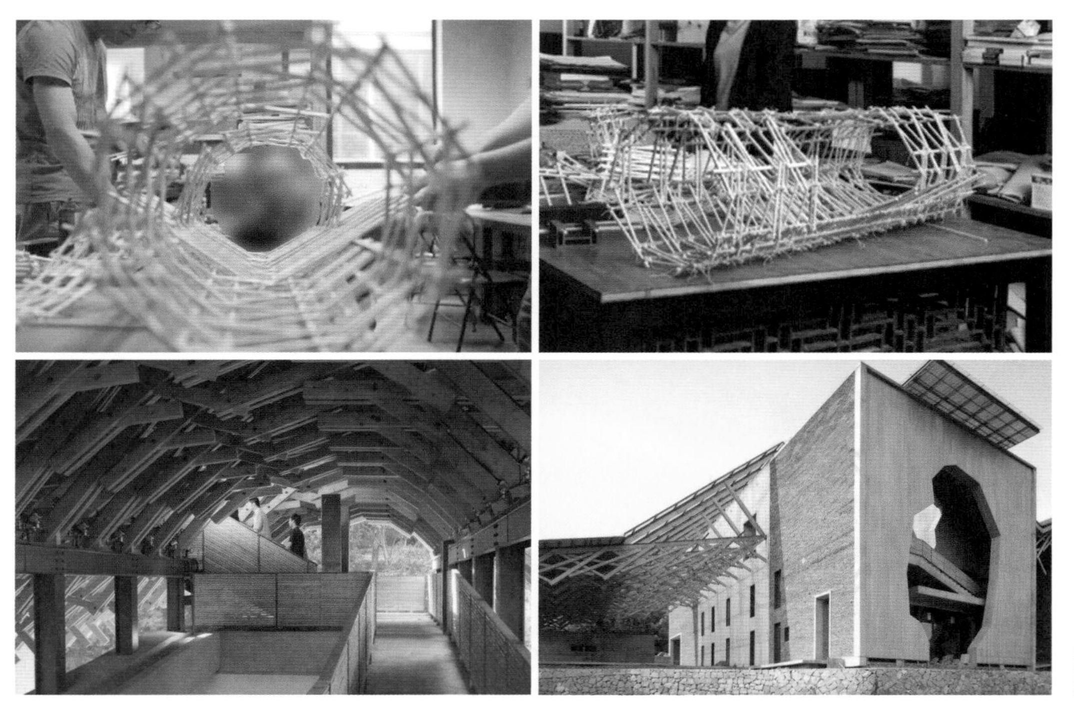

图7-14　王澍利用木条搭建中国美术学院建筑屋顶结构模型

威尼斯双年展利用“瓦爿”堆造的“瓦园”上也有运用，他也是通过快速原型设计，通过小面积的试建实验确认可行性之后，再进一步建造最终的建筑实体。

在建筑空间的设计过程中，虽然整体的设计迭代过程不会像其他设计一样频繁，但在整体的设计过程中也会贯彻原型与迭代的设计方法，从简单的体块原型逐步向最终复杂的设计方案推进，在一次次细节和结构的优化迭代中，形成最终的方案（图7-15）。

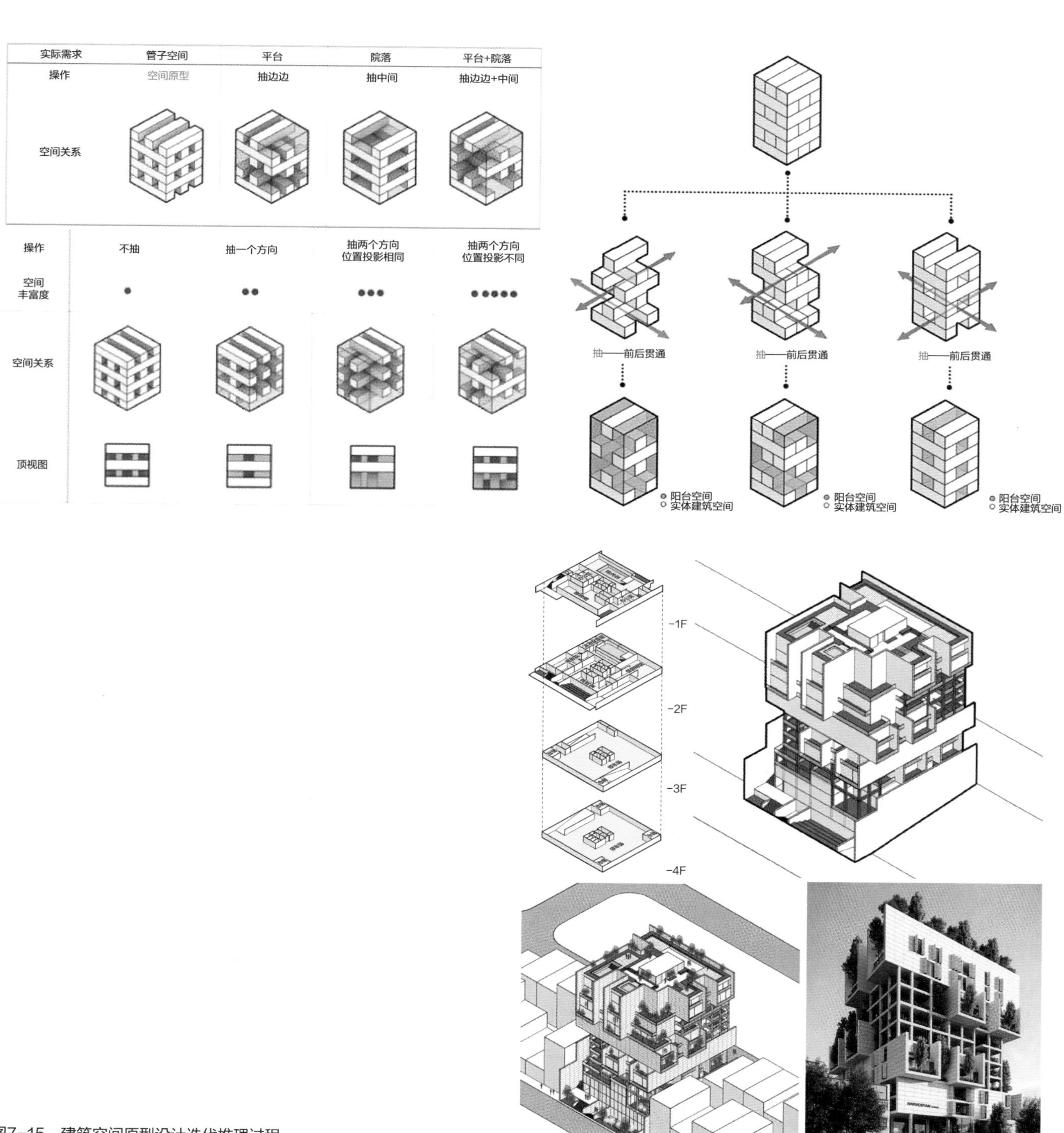

图7-15　建筑空间原型设计迭代推理过程

六、交互设计快速原型设计方法

1. 线框图

交互设计快速原型的成果是线框图，展示了设计师思考问题的过程，线框内是问题的解决方案。通过起草原型，获取反馈，多次迭代设计，解决方案就会浮出水面。快速原型设计有助于展示设计思维，快速测试设计效用，并做出改进，真正着手解决问题（图7-16）。

- 根据前期确定的产品理念、设计逻辑和注意事项，通过线框进行简单分割，初步规划好线框图。
- 通过团队不断深入讨论和细化，不断扩充线框图的细节，明确各个模块的功能和点击频次。
- 最终形成完整的线框图原型（图7-17）。

设计者在进行一款针对橄榄球运动应用软件的交互线框原型设计时，在页面“最喜欢的球队”的首页有一个浮动按钮，可以轻松查看球队列表。它是通过一个滚动区组件来设置列表，然后在滚动区域上方添加按钮实现的，呈现了这些主动式交互以及完整的交互过程，体现了全部的设计思考和产品架构。

“橄榄球”App的线框图绘制

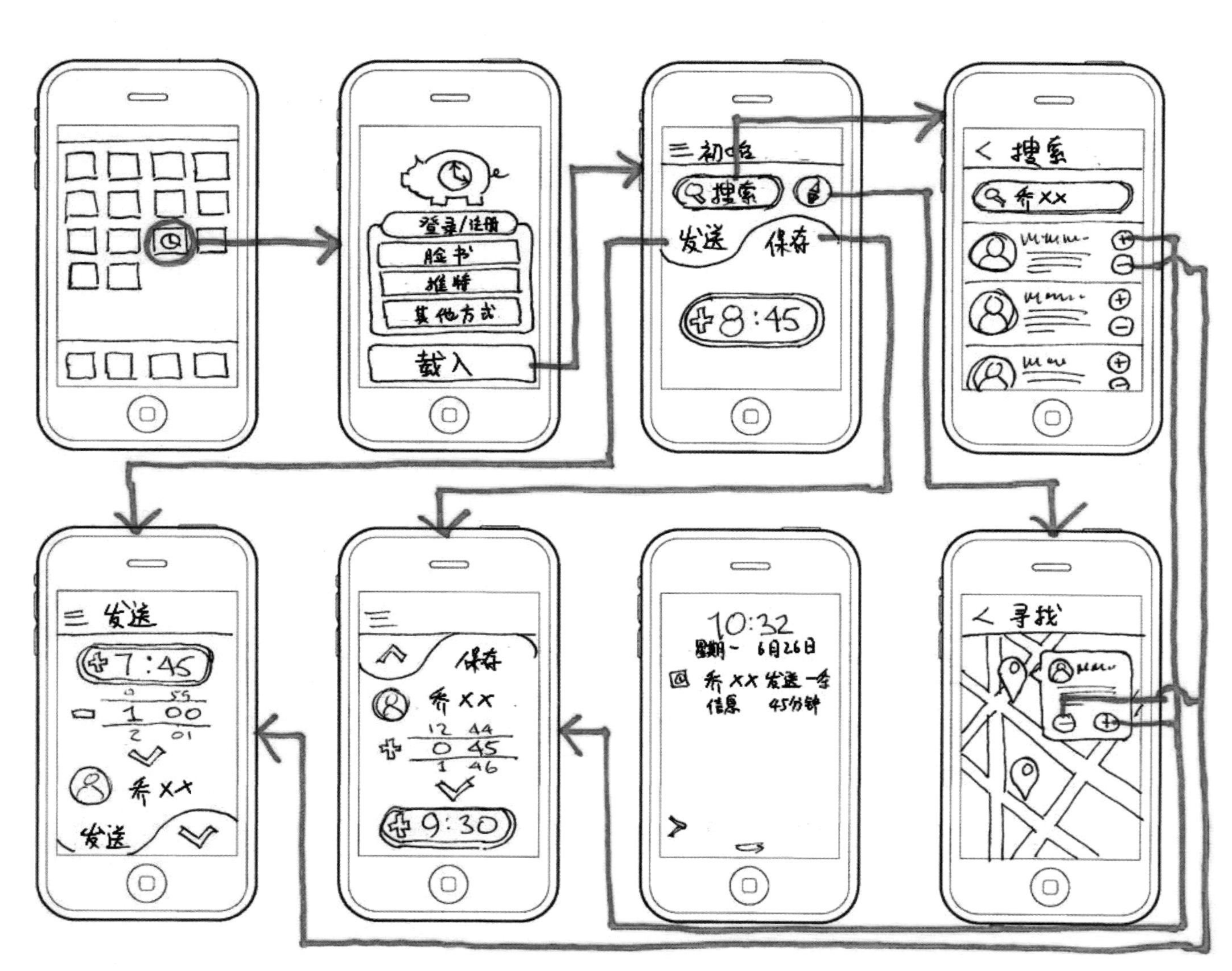

图7-16　手机界面设计线框图示意

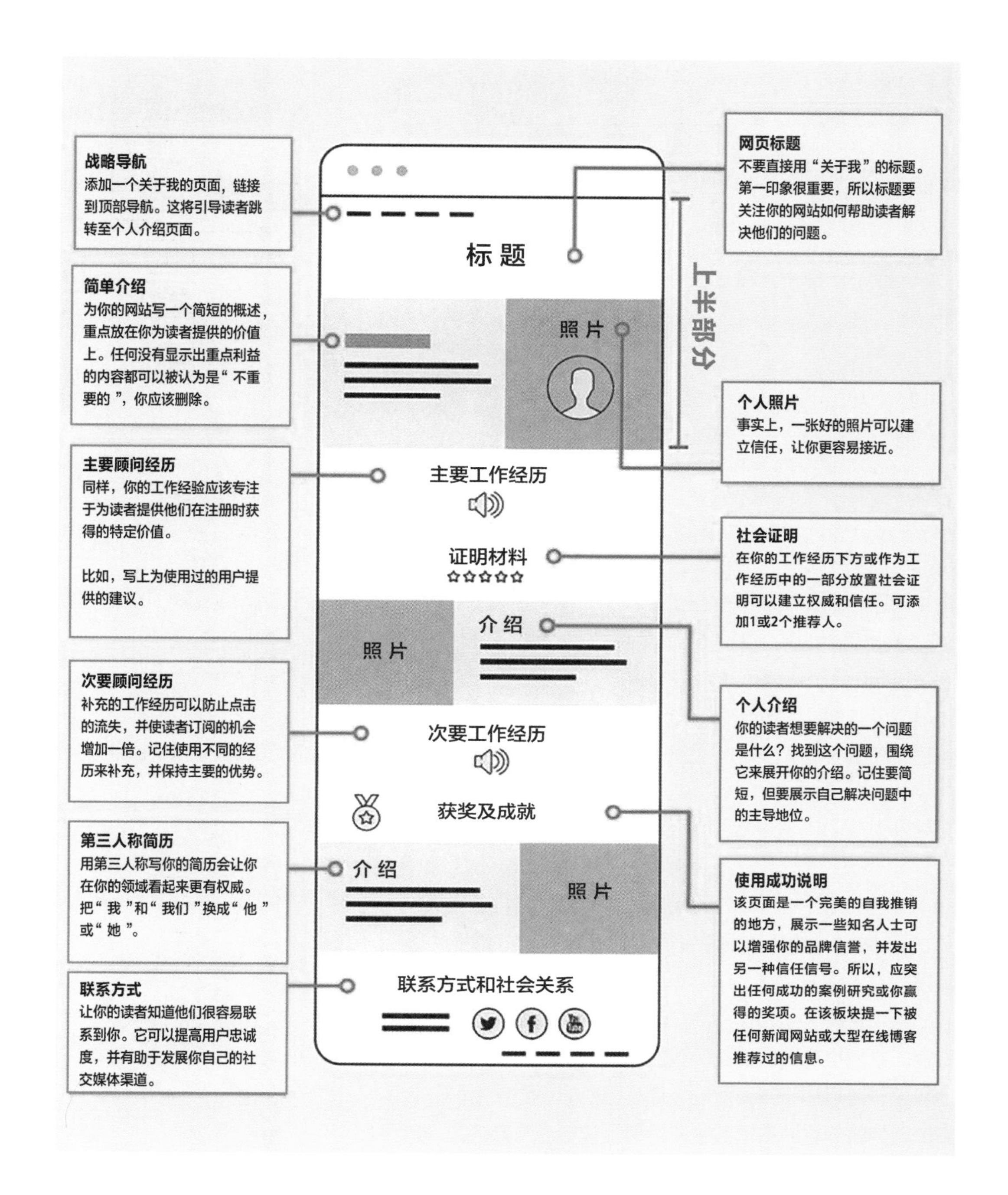

图7-17　线框图绘制过程

2. 分岔路线图

分岔路线图是一种可以长期使用的原型思维，可以探究解决方案的多种构建方式，通过不断的短期抉择来奠定长期解决方案的基础。通过分岔路线图可以列出事件自主发展的多种可能性，并分裂成多个不同的但可以同时进行的方案，明确哪些解决方案更适合短期实施，哪些方案最终能够通向较优的结果，哪些方案可以更为长期地不断发展下去（图7-18）。

- 绘制一个初步的时间轴。
- 在道路的初始点写上设计目标，沿时间轴延伸，记录下解决问题所要进行的必要活动，进而延伸出需要的所有活动步骤，以树状图的形式绘制一幅分岔路线图。
- 团队讨论。描述不同的解决方案之间的关系类型，整理任务逻辑，确定哪些方案将被择优选取，并描述这些分支为设计主干创造的价值。

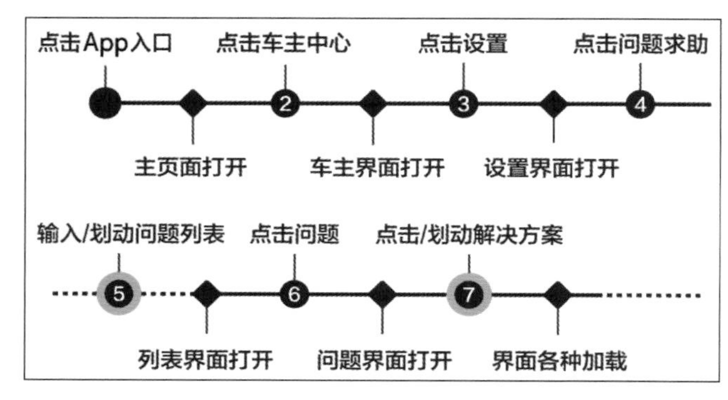

图7-18 分岔路线图示意

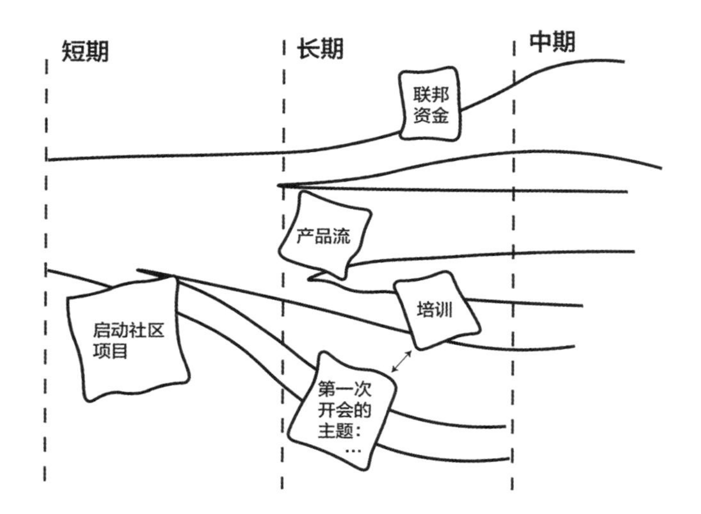

图7-19 路线图绘制过程

- 将分岔路线原型与客户共享，讨论实施细节（图7-19）。

“e·出行”App是一款实时公交产品，主要分为四个板块，分别是首页、路线、我的和福利社，为了App更好地发展，还添加了商城部分，提高用户使用的黏性。分叉路线图的绘制有助于回顾设计过程，整理设计思路，快速决定设计策略（图7-20）。

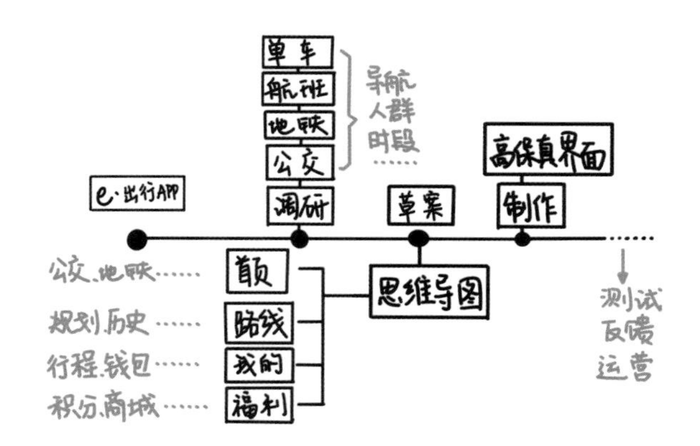

图7-20 “e·出行”App分岔路线图

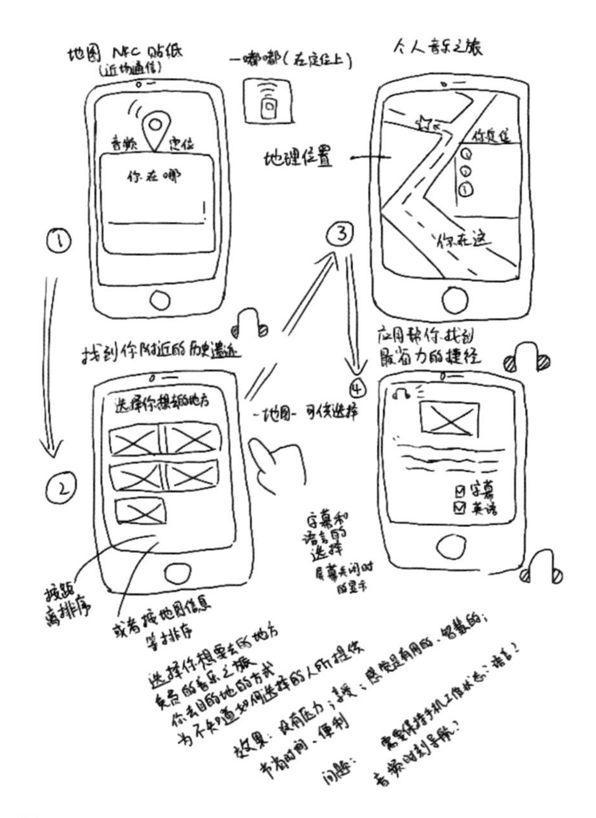

图7-21 8-6-4-2原型设计流程

3. 8-6-4-2原型设计法

分别完成时长为8分钟、6分钟、4分钟、2分钟的快速原型设计，每段中间穿插2分钟的反馈时间。这样做有助于根据反馈改进方案，加强对设计的把控，不至于盲目完成设计工作，并且加速了设计方案可视化进程（图7-21）。

- 随机准备十几个词汇，从中任选2～3个词。
- 根据这些词语，先用8分钟进行构思并勾画大致原型草图，然后请团队成员进行两分钟的反馈。
- 再根据反馈内容在6分钟内确定页面布局并做进一步的深入思考，在下一轮反馈过后用4分钟细化，最后花2分钟调整，争取30分钟内完成原型设计。

案例分析：在准备的词语中选择历史景点、NFC贴纸、地理位置三个词语设计一款App。

首先，在景区的不同位置贴上NFC贴纸（NFC：近距离无线通信技术）。其次，当你的手机位于贴纸附近时，“语音导游”App就会自动打开。进入景区后，用户

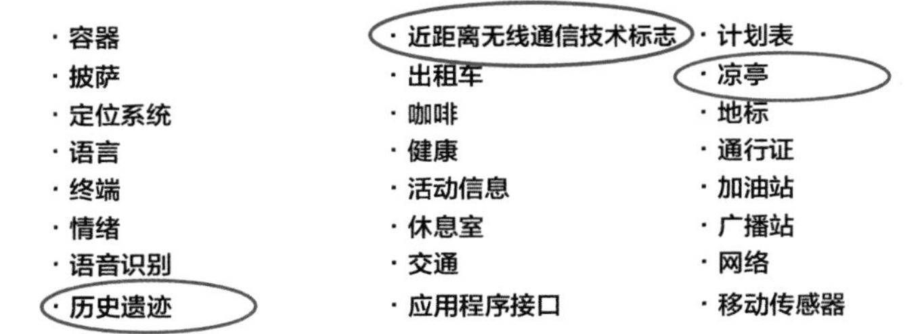

图7-22　App关键词导览

打开App，就可以获得该景区的“语音导游”服务。最后是App的定位功能，可以让你轻松找到目标景区，生成相应的语音服务反馈：建议添加按距离筛选景点的功能，包括景点简介和游客点评（图7-22）。

4. 服务蓝图

利用服务流程构建的服务蓝图是指有针对性地为每一个受众群体绘制一幅尽可能真实的产品或服务图景。服务蓝图可将设计过程转化为文本和图像，以便用户更直观地理解，通过共情、隐喻、模拟和信息可视化，将待沟通内容分为信息、目标群体、传达信息的媒介三个方面，将不同的沟通过程加工为结构化、模块化、直观化的内容（图7-23）。

- 首先对设计过程中的重要步骤进行筛选，选出想要和客户交流的重要内容。
- 研究客户类型，确定客户种类，添加与其交流过程中需要的其他针对性信息。
- 根据不同目标群体制定相应的沟通方法，通过绘图、故事板、隐喻等方法的组合，形成创新的、完整的、最佳的沟通总结页面。
- 与既定客户进行沟通，并记录反馈内容，为产品的最终实施提供正面意见。

巴西库里蒂巴的老年医院（Hospital do Idoso Zilda Arns）有一系列的问题，这些问题对病人的满意度产生了负面影响，但医院负责人并不清楚。他们不知道问题出在哪里，也不知道该从哪里着手改善服务。为了解决这种情况并支持决策，这个项目确定并描绘了服务的所有弱

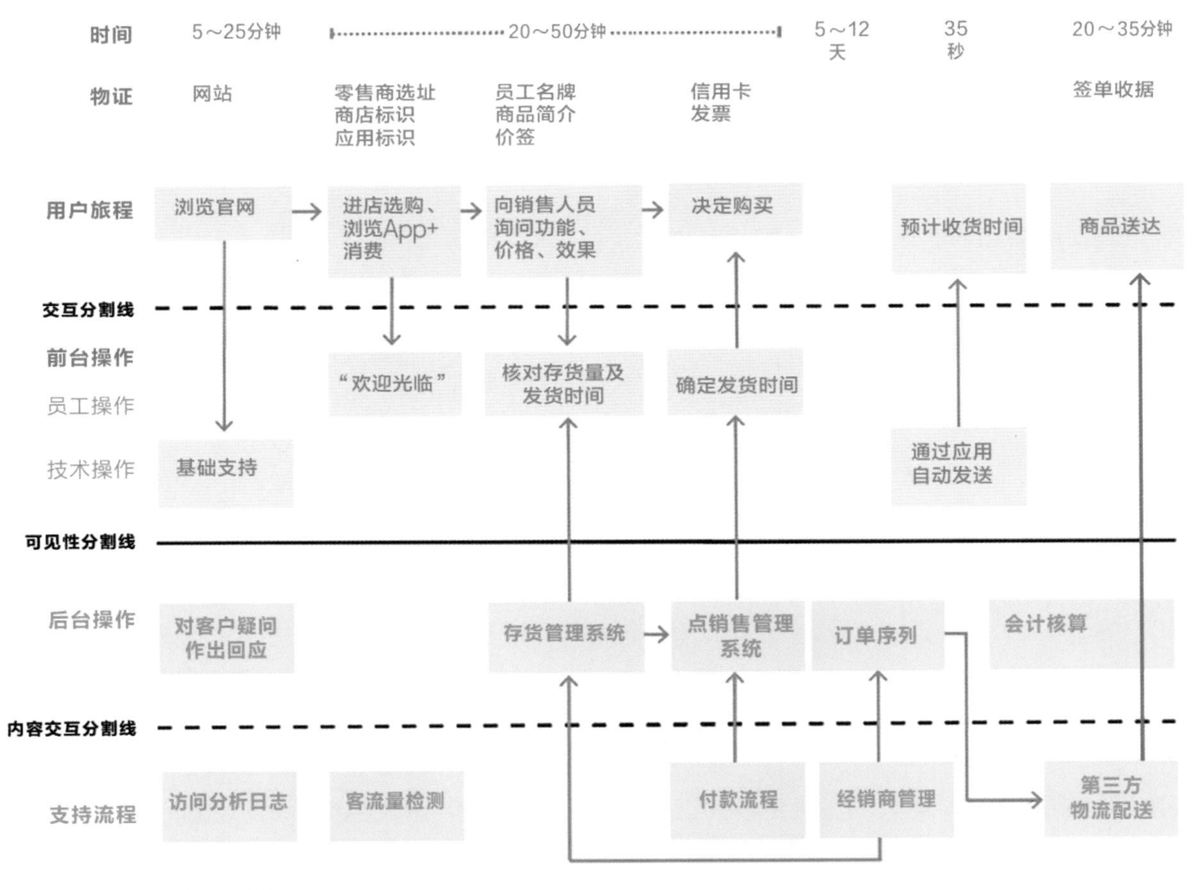

图7-23　服务蓝图（标准模板）

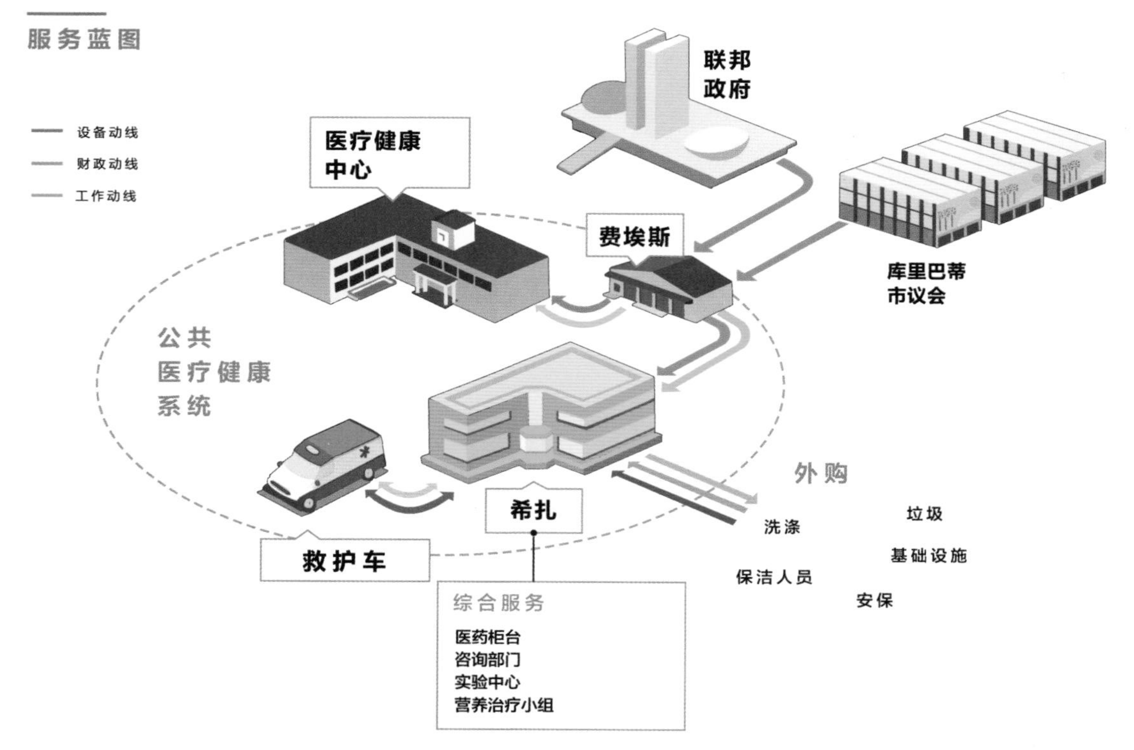

图7-24 老年医院服务蓝图

点，并为每个弱点提供了共同创造的解决方案。这个由卡罗莱纳·皮扎托·吉拉尔迪（Carolina Pizatto Girardi）设计的项目入围了2017年服务设计奖项。该设计不仅巧妙地结合了定性研究方法，也结合了定量研究方法。探索性的方法有助于了解老人在医院环境中面临的主要困难，而描述性的方法则能够从频率的角度量化哪些问题是需要优先考虑的，即哪些问题应该首先解决。在服务蓝图中，行动计划不仅显示了解决方案，而且还帮助确定哪些是应该首先完成的，这一特点填补了服务设计相当普遍的空白（图7-24）。

第二节　快速迭代原型

快速迭代产品可以通过建立原型体系的方法来实现，通过快速迭代原型从产品的“外在”和“内在”中的秩序中寻找联系。一般来说，人们通过视觉、触觉等感官系统可以感受到的物质部分就是产品的“外在秩序”。其中视觉对“外在秩序”的传达最快，因此，一系列产品对用户的第一感官来说，“视觉形象”占据了主导地位。而产品的“内在秩序”主要是指它的品质性能、功能技艺等的延续。这些“内在秩序”无法简单通过视觉来辨认，而是要通过亲身使用、品味和体验才能感受到，这就是产品体系潜在的品质形象。因此，快速迭代原型可以在初代产品原型上进行一些常见的变形，如放大、缩小，增加、减少。

产品原型快速迭代原则如下。

（1）因地制宜。因地制宜就是根据不同的地域情况有所区别。文化的多样性与自然的多样性同等重要，是社会与大自然和谐发展的基本条件。当世界变得越来越一致时，地方的艺术、文化氛围、风土人情等本土资源成为重要的差异所在。地域文化的差异性成为攻占全球市场的重要策略。对于企业的产品原型体系的建构，因地制宜是非常有必要的。

（2）因人制宜。在产品的原型体系的建构中，因人制宜也是其适宜原则的一个重要体现。这里的因人制宜主要是指根据产品的定位消费群进行恰当的原型体系建构。如定位于高级白领的家具设计与定位于学生使用的家具就肯定会不一样。对于其他产品来说也是一样，不同的消费人群，其产品的定位会有很大区别。

（3）特色原则。特色是一个产品区别于其他产品的重要标志。首先是该产品具有独特的外观形象，使该产品在同类产品中具有较好的外形且明显区别于其他产品。其次是产品在功能上要有其自己的特点。再次是在产品的内涵上要有自己特色。

（4）相似原则。企业的产品不是因为单一外形方面的相似而形成一个原型体系，而且是因为该产品在外观、功能、质感、使用感觉，甚至声音方面都有着强烈的家族感。

在1981年，施乐之星8010个人电脑随机附送了一款鼠标，这是世界上首款商业鼠标。一直在图形处理软件探索的罗技意识到，鼠标是操作图形处理软件最好的工具，而未来的个人电脑也一定是图形化操作外观。刚好罗技得知瑞士联邦理工学院正在进行一项鼠标的研发项目，罗技立即联系项目的负责人，并与联邦理工学院达成紧密合作，于1982年成功将研发成果从实验室推向市场，这就是罗技发售的第一款鼠标，罗技P4。随后，根据不同时代的用户需求和设计风格趋势，罗技鼠标逐渐迭代出具有时代特征的各代鼠标，罗技在鼠标行业的地位一直因创新和紧跟时代用户需求而处于前列地位。罗技一步步走来，诞生了第一款类人体工学鼠标，第一款无线鼠标，第一款蓝牙鼠标，第一款激光传感器鼠标，第一款可更换侧键鼠标，第一款可加减配重鼠标，第一款超低延迟无线鼠标等（图7-25）。

同样的设计原型迭代更新在球鞋设计方面也十分常见，并且这样的更新迭代也基本保持着以年为周期的更新速度。例如在球鞋设计中，就需要经过初期阶段的低保真原型设计，设计师结合球员身体数据进行相关草图的绘

图7-25　罗技鼠标迭代图

制，该阶段的原型多以草图、3D打印、石膏等技术来辅助原型的制作，最终由制模人员进行原始的球鞋模具的制作。

此后，在原始初代鞋模的基础上，根据不同的材料使用，相关功能配件的调整，制作出不同版本的鞋样。最终，将各个版本的鞋样交由专业球员进行相关测试，根据不同使用人群的试穿反馈，进行相关细节的调整修改，形成最终发售给消费者的市售版本。而在一定周期内，也会在保留一定的设计语言的基础之上，推出全新一代的鞋款，并继续迭代更新推出各个不同的版本。

由于鞋履产品的特殊性，为了最大化满足使用群体的需求，设计师需要将普适度尽可能地达到最大化，同时要保证相关设计符合人机工学等基本要求。设计师在设计过程中往往需要进行多次修改，将原始的设计原型不断地迭代更新，以满足市场和消费者人群的需求，因此也就会有同一款球鞋出现多个升级版本的情况。例如李宁公司就针对欧美人和亚洲人不同的脚型，分别推出了不同鞋楦宽度版本的球鞋在不同地区发售，同时也针对残疾人等不同的特殊使用人群进行了特殊版本的球鞋设计，以便残疾人能够更方便快捷地穿脱运动鞋，这也正是设计师在鞋款设计中不断迭代更新的体现（图7-26）。

戴森还找到快速以 MVP（最小可行性产品）形式构建原型的方法——层层递进式迭代，平面原型—CAD原型（2D）—3D原型打印。等虚拟原型迭代完成后，团队才会输出物理原型，以最大限度降低产品创新的研发成本。当纸面原型被初步检验后，团队会借助计算机精细制图并使用仿真软件Ansys来快速地对每个组件进行详细的结构分析和改进，在一天内就能对设计原型评估和优化至少10次。虚拟原型迭代完成后，团队才会利用3D打印技术在一周内输出物理原型进行真实场景的测试。

在3D原型制作阶段，团队依然遵循“最简成本验证不确定性”的原则，不会直接输出具备全部功能的产品原型，而是先制作足以验证某个功能的单功能原型。例如，戴森的DC39球形真空吸尘器在降噪、涡轮吸头、气旋功率等方面都进行了技术改进或创新。团队制作了从球形内部降噪到气流旋转速度的多个单功能原型，以在测试阶段分别验证某个功能，完成验证后才最终形成完整原型。

图7-26　李宁公司808系列篮球鞋的设计草图与迭代过程

第三节　用于测试的原型

原型设计不是最终的产品，它是一个真实反馈机制下的设计样品，可以认为是工业产品设计中的“打样”阶段，所以要设计出能够用于测试的原型，且它应最接近最终产品。

一、三维模型

三维模型是一个表现产品创意的实体，它运用手工打造的模型展示产品方案。在设计流程中，三维模型通常用于从视觉和材料上共同表达产品创意和设计概念。

在产品设计实践过程中，经常以三维模型作为用于测试的原型，它在产品研发过程中有着举足轻重的作用。设计的过程不应该是在设计师的脑海中呈现，还应该在设计师的手中进行。在工业环境里，产品原型常用于测试产品各方面的特征、改变产品结构和细节，有时还用来帮助公司就某款产品的形态最终达成一致的想法。在量产的产品中，功能原型常用于测试产品的功能和人机特征。因为如果在设定好生产线之后再进行改动，所花费的成本会非常高耗费的时间也会非常多。因此，三维模型作为最终的设计原型，可以辅助准备生产流程和制定生产计划。对于产品生产过程来说，这些三维模型是用于测试生产流程的产品原型，出现于生产流程的第一个阶段，该原型组也被称为“样机”。以奥秀（OXO）公司设计的旋转削皮刀（Good Grips Swivel Peeler）为例，如图7-27所示为该产品上市之前的“样机”图。设计师通过这些三维模型去测试并验证他们设想的方案是否可行，且测试其使用感受是否能到达到人机工程学的标准。

1. 使用方法

步骤1：在制作三维模型之前明确自己的目的。

步骤2：在选材、计划和制作模型之前决定该模型的精细程度。

步骤3：运用身边触手可及的材料制作创意生成的早期所用到的设计草模，但功能原型和展示模型需要花精力详细计划制作方案。

2. 三维模型按设计需求的分类

（1）样板模型（Dummy Mock-up）。

样板模型用于设计团队交流创意和设计概念。该原型仅具备创意概念中产品的外在特征，而不具备具体的技术工作原理。通常情况下，在创意概念产生的末期，设计师会制作1：1的样板模型以便呈现和展示最终的设计概念（图7-28）。

（2）细化模型（Refined Model）。

在之后的概念发展阶段，需要用到一个更精细的模

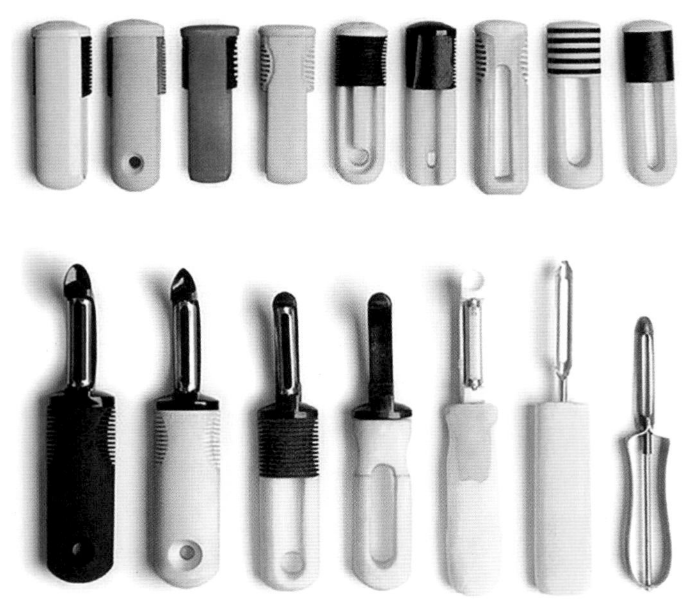

图7-27　奥秀公司设计的旋转削皮刀样机模型

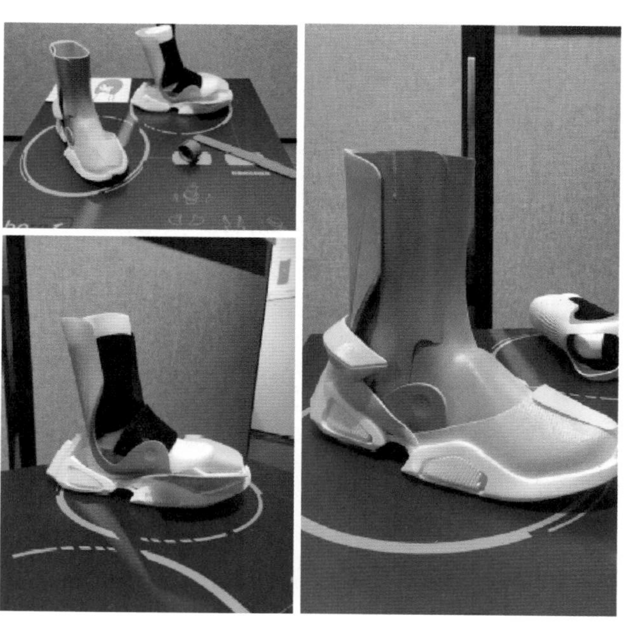

图7-28　骨性结构损伤护具样板模型

型，用于展示概念的细节。该模型相较样板模型而言，二者都是1：1大小的模型且主要展示设计产品的外在特征。但细化模型包含简单的技术工作原理。它通常由木头、金属或塑料加工而成，其表面分布有产品设计的大致操作界面布局，这个三维模型是一个具备高质量视觉效果的外观视觉模型，且兼备最主要的工作技术原理（图7-29）。

（3）功能模型（Functional Model）。

功能模型主要用于测试并验证创意、设计概念和解决方案，测试产品的特定技术原理在实际中是否可行。这类模型通常是简化过的模型，仅具备工作原理和基本的外形，在此类模型中，外形是否完整并不重要，可省去了大量的外观细节（图7-30）。

以理查德·克拉森（Richard Clarkson）制作云团灯（cloud）原型的流程为例，来看三维模型在原型设计中不同阶段所起到的作用。在开发过程中，设计师创建了几个不同阶段的原型，每个原型只测试产品的一个部分。该产品设计之初的目标，是想要结合当下“云端”热点话题设计一款独特的灯具（图7-31）。

设计者首先制作的原型是用于测试创意是否成立，使用棉花、Led灯泡和喇叭等简单材料制作成初步模型，来探讨设想中的闪烁模式，并调节出预设音量。通过这个原型，找出目前方案存在的问题，进而提出解决措施，以最小成本来获取合适的亮度和音量（图7-32）。

第二个原型的目标是寻找合适的形式和材质。设计者在第一个原型的基础上，进行功能叠加，使用少量的时间和成本，设计出了另一种内部结构，该制作过程采用比原先更大的泡沫，将其雕刻成云状，并在内部安装电子设备和扬声器。同时，设计者在云的不同部分选择了更小且更稳定的组件，用以组合“云”之间不同的灯光，达到在空间中创造出雷暴的效果（图7-33）。

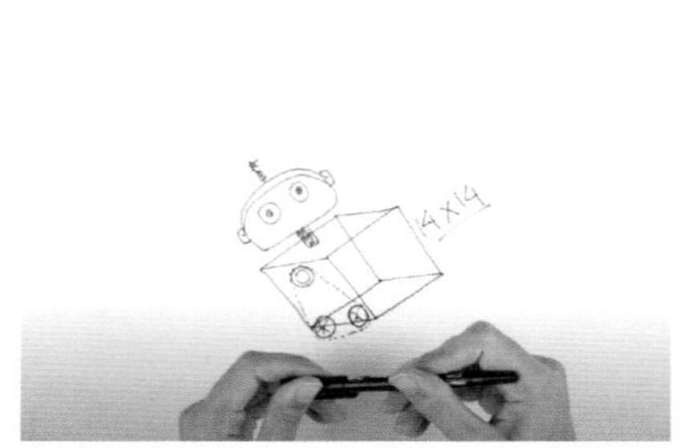

图7-29 简易纸盒机器人细化模型

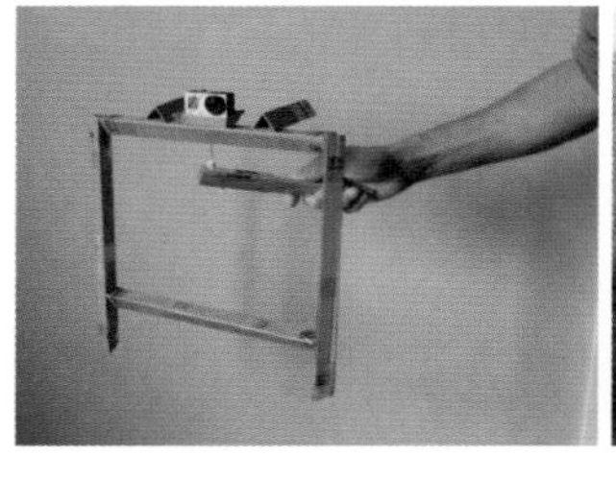

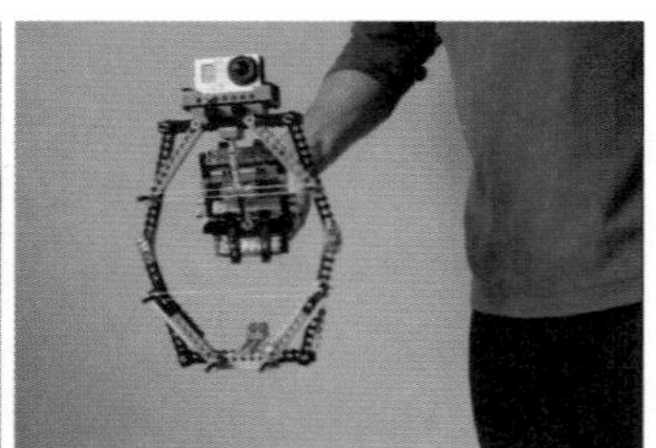

图7-30 相机稳定器功能模型

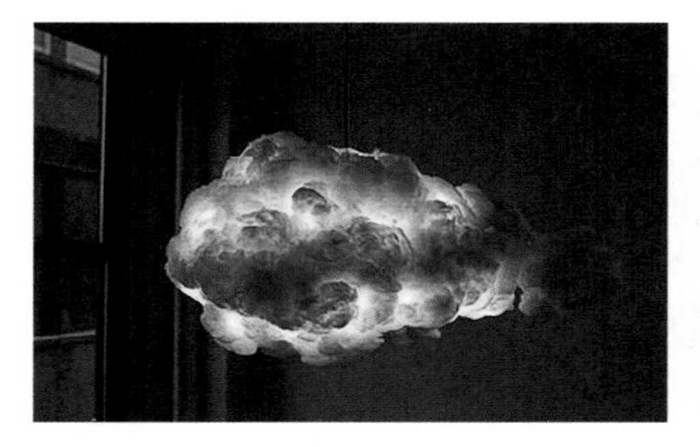

图7-31 云团灯

图7-32 用棉花、Led灯泡和喇叭等制作的快速原型

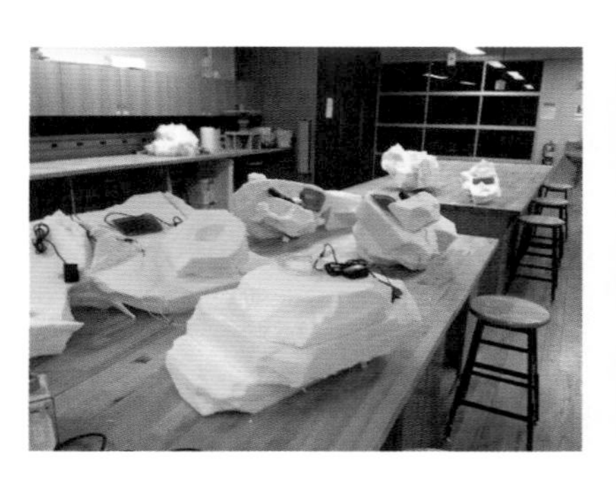

图7-33 用泡沫、电子设备和扬声器制作的样板模型

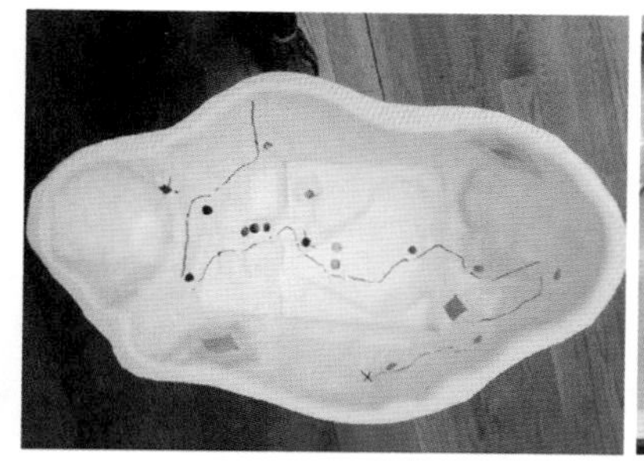

图7-34　外壳模板与led和扬声器制作的模型

图7-35　用于实际测试的样机原型

设计师制作的下一个原型将于纽约市的创客大会上展示，因此，他决定制作更加稳定的内部结构，并改良了扬声器系统。通过上一个原型的反复试验，明白产品需要更加坚固的泡沫外观。同时，他利用额外的空间，增加了其他组件。与此同时，还在微控制器上增加了远程接收器，以便更好地控制灯光和功能（图7-34）。

通过在大会上展出的原型，设计师收集到了来自用户的不同意见，并根据灯具在长期放置后的外观情况，选用了低致敏聚酯纤维，制作了一个更耐用的外观，且不会脱落绒毛或失去形状。同时，设计师运用了更加稳定的红外遥控器来控制云，这样整个原型从外观和触感两方面使用体验更佳（图7-35）。

最终的原型是最接近最终产品的，该原型是将前面原型收集的反馈与最终选定材料、功能整合起来。该模型的目标是让用户在较长的一段时间内使用和体验各个功能，并与之交互。于是在制作时，设计师使用了较为稳定的组件和适宜的材质，有了这个模型，用户可以进行长期使用的测试（图7-36）。

从这个案例中可了解到每一阶段的模型都以独特的方式改进了产品，它们相辅相成地去验证原始的用例并发现新的用例，使产品逐渐变得功能齐全且符合人体工程学。如果缺失迭代的、以用户为中心的流程，就无法从0到1制作最终的原型，也就没有办法使设计方案落地。

二、虚拟原型

虚拟原型通常存在于交互界面设计中，通过计算机软件建立原型，如Rhinoceros、Arduino、Axure RP、Adobe Director、Flash、Lab VIEW、CAD等，利用软件建模直观地展示产品的形式结构、功能、色彩、材料等方面，且精度高，成本低，便于调整与修改，最终通过3D打印等技术将模型快速转变为实体草模。

步骤1：下载安装与产品对应的软件后，根据前期绘制的多种视图建立模型。

步骤2：初步建立模型后，在建模的过程中发现设计的不合理之处，一边建模一边修改。

步骤3：建模完成后，团队对产品的功能、材质、造型等方面进行讨论，提出进一步的修改意见，在模型上反馈，并通过相应的技术手段将软件模型制作成实体草模。

图7-37是设计师俊浩（Joon Ho）用三维成型软件

图7-36　最接近实际产品的原型

图7-37　“涡流”清洁无人机虚拟原型

（shaper 3D）制作的“涡流”（VORTEX）清洁无人机虚拟模型。该产品的目标是吸收海底存在的微塑料和小型垃圾，代替人类清扫海底或者暗礁等危险且易储存垃圾的区域，同时，可以通过内置摄像头观测海洋情况，解决海洋目前存在的卫生和安全问题，并且对塑料再收集，以便今后重复利用。通过对该海洋清洁无人机开发的探讨分析，也能够为难以实际检测的智能化产品开发提供实践参考。

本章小结

“原型”是设计思维流程中的重要环节，能够帮助设计师快速检验方案的可行性。设计师也能通过最低的成本和最少的时间呈现设计方案雏形，然后用于检测，以便获得方案需要改进的地方，事实上，产品开发周期的所有方面都可以从原型设计中受益。

设计者在开发原型时，需要注意四个关键因素：人员、对象、位置和交互。这些因素将影响原型的工作方式，以及在测试过程中应该观察的内容。考虑到这些因素，设计师可以基于本章提到原型制作方法中的任何一种来构建原型，而对于原型呈现方式的选择，则可以根据实际情况，选择实体原型或者虚拟原型。原型选择的范围是广泛和明确的，但设计师要尽早锁定合适的原型，从而朝着最终实现方案迈出一大步，以一种有用的、用户友好的设计的形式。

原型的作用主要集中在学习、沟通和集成三个方面。设计师可以通过原型制作、测试来了解现有方案与目标产品之间的差距，也可以了解到它目前满足消费者的程度，得到想要获取的核心信息后，用以不断优化方案。其次，设计师可通过原型向制造商快速传达设计决策。原型还能加强开发团队与高层管理者、供应商、消费者及投资者间的沟通。最后，在核心假设都验证之后制作的原型，则起到集成的作用，用以确保产品的子系统及组件能按预期协同作用。综上所述，有效的原型设计关乎多个因素，但其中大多数都源于一种观念，即创建的原型应具备解决问题的能力。

提问与思考

1. 试结合实例探讨原型的制作过程。
2. 依据实际案例提出原型迭代设想。
3. 请根据实际的方案快速制作一个产品原型。

第八章

测试

教学内容： 1. 设计思维“测试”的目的和意义
2. 设计思维“测试”的实施步骤和结果分析
3. 设计思维“测试”的方法和技巧

教学目标： 1. 了解设计思维“测试”的内容和价值
2. 掌握设计思维“测试”的具体方法与技巧

授课方式： 多媒体教学，实验讲解，方案评估会

建议学时： 4～8学时

第一节 何谓“测试”

一、概念简述

测试阶段就是从原型中找出什么是可行的，什么是不可行的，根据反馈对原型进行修改，然后反复迭代的过程。在设计思维六步模型中，测试的定义是：首先由产品设计测试专业人员对产品设计的各个阶段进行初步的概念化和战略化的概念测试，经过对存在问题的逐步修正和完善，使其符合基本测试标准，再与合适的特定目标消费者小组一起对新产品的原型进行深入全面的、细分化的综合测试。

值得强调的是，在实践中，测试阶段以灵活和非线性的方式贯穿于设计思维过程中。测试虽作为设计思维流程的最后环节且通常与原型设计阶段同时进行，但它通常可以进入设计思维过程的大多数阶段：它可能会带来深刻的见解，改变定义问题陈述的方式；它可以促发设计者在构思阶段产生新的想法；它能让人感同身受，更好地理解用户；最后，它可能会导致原型的迭代。

设计思维中的测试涉及生成与原型开发相关的用户反馈，以及获得对用户更深层次的理解，最重要的是它可以提供许多学习机会来帮助设计者更多地了解用户，以及提供改进原型甚至问题陈述的机会。

二、测试的步骤

一旦我们有了解决方案，便可以快速创建一个简单快捷的原型；一旦原型制作完成，我们便可以初步自行尝试原型测试，检查一下涉及的流程是否完整，操作是否能顺利执行。完整合理的测试可以帮助团队获得无价的用户反馈，重新审视潜在的解决方案和策略列表，以便创建新方法来解决新发现的问题。

为确保测试答案的准确性，遵循一套科学详细的测试步骤十分有必要。这才能让前期的设计工作得到精准详尽的科学反馈，设计产品才能够更加吸引用户的注意力，也才能够真正地帮助到设计者做好产品的优化与提升。测试的具体步骤如下（图8-1）。

步骤1： 测试准备

由于测试步骤贯穿设计思维多环节，因此针对不同环节的测试首先应有清晰的定位，以检验设计定位是否符合问题架构，或检验快速原型是否符合设计构思。其次，明确测试目的与测试目标，测试什么？谁来测试？如何测试？在哪里测试？这是要着重思考的几个问题。

步骤2： 测试执行

作为测试阶段的核心步骤，测试执行的主体内容包括测试团队、测试类型、测试形式、测试方法。由于产品的

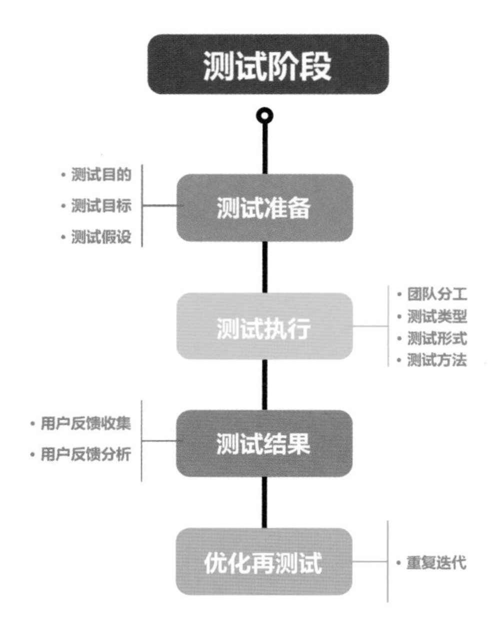

图8-1 测试阶段的步骤

复杂度不同，测试中涉及的用户体验、人机工程、加工制造等相关要点也有所差异，因此针对不同产品应甄选不同的测试执行方法对产品核心功能进行测试。

步骤3：测试结果

测试结果管理是获取最终测试信息的步骤，可以从用户测试反馈的收集数据中进一步分析测试结果，这将为接下来所要进行的优化措施提供参照。

步骤4：优化再测试

当经过一次测试优化之后，为了达到产品的稳定性，这个时候再次进行优化测试，也是非常关键的，通过一次次的迭代测试才能够更好地帮助产品提升价值。

与设计思维过程中的每个阶段一样，测试应该帮助设计师获得新的见解，理解、定义或重新定义用户可能面临的各种问题。因此，必须尽可能寻求反馈，与真实的人进行测试，并分析结果，以确定哪些方法有效，哪些漏洞会导致问题。并且牢记：要始终抱着改错的态度去测试，如果根本没有试错的准备，那么你将永远不会有独创的东西。

第二节　测试准备

实践证明，一个好的设计是在设计开发者的不断测试和迭代修正中完善形成的，一个追求成功的现代化企业必须持续不断地推进开发符合市场需求的新产品和服务。在正式测试开始之前，明确测试目的和测试对象是两个基本点。

一、测试的目的

测试的目的是精练和改善解决方案，将方案置于真实操作环境中，通过参数度量方案的优劣，从而可以通过反复的测试将不成熟的原型与用户的使用行为和实际需求联系起来以得出更好的方案。

总体归纳起来，测试的目的有以下几点：

（1）纠错：发现产品原型的缺点；

（2）评估：评价产品方案的商业价值；

（3）对比：评估其他产品方案；

（4）推广：获得营销计划的创意元素。

二、明确定义测试的目标与假设

在设计测试的阶段，必须首先制定明确的目标与目的。定位到产品设计过程中，对上一阶段初步形成的原型进行测试和评估是必不可少的步骤。为保证测试过程的准确性和产品开发的成功率，设计领域中的测试一般要考虑下列目标：测试什么？谁来测试？如何测试？在哪里测试？

我们以重庆大学学生对汽车内饰材质测试的一项研究为例，对汽车内饰设计效果图中各内饰件的材质进行用户视触觉体验测评，找出用户体验最优的一组内饰件材质组合，给设计师提供设计参考，试图解决批量生产产品设计效果图与实物产品表面材质差异导致目标用户群不接受的难题，从而提高汽车内饰设计整体的用户体验。

1. 测试什么

以汽车内饰产品材质表达的视觉、触觉感官体验为切入点，建立可供用户进行视触觉体验评价的指标体系，为设计师进行产品材质设计提供依据，确保所设计出来的产品满足用户视触觉体验。

测试中，参照汽车内饰设计效果图，分别对汽车内饰中的座椅织物坐垫、座椅PU蒙皮、转向盘、座间储物箱、门饰板上体、中控台支板、嵌饰板、仪表板8件内饰件材质进行视触觉感官体验测试（表8-1）。

表8-1 汽车内饰件材质样本方案

内饰件		属性					
座椅织物坐垫	编号	N_1-A_1	N_1-A_2	N_1-A_3	N_1-A_4	N_1-A_5	N_1-A_6
	材料	织物					
	供应商	青岛福基纺织	青岛福基纺织	上海瑞安李尔	江苏艾文德悦达	武汉博奇	武汉博奇
	样本照片						
座椅PU蒙皮	编号	N_2-A_1	N_2-A_2	N_2-A_3	N_2-A_4	N_2-A_5	
	材料	聚氨酯材料（Polyrethane，PU）					
	供应商	重庆长江	福州宝林	福州宝林	上海瑞安李尔	上海瑞安李尔	
	样本照片						
转向盘	编号	N_3-A_1	N_3-A_2	N_3-A_3	N_3-A_4	N_3-A_5	
	材料	丙烯晴-丁二烯-苯乙烯共聚物（Acrylonitrile-butadiene-styrene copolymer，ABS）					
	供应商	上海瑞安李尔	上海瑞安李尔	艾文德悦达	艾文德悦达	艾文德悦达	
	样本照片						
座间储物箱	编号	N_4-A_1	N_4-A_2	N_4-A_3	N_4-A_4	N_4-A_5	
	材料	木质					
	供应商	伟世通	伟世通	安通林	安通林	金兴汽车内饰	
	样本照片						
门饰板上体	编号	N_5-A_1	N_5-A_2	N_5-A_3	N_5-A_4		
	材料	聚丙烯（Polypropyoene，PP）					
	供应商	伟世通	上海瑞安李尔	上海瑞安李尔	艾文德悦达		
	样本照片						
中控台支板	编号	N_6-A_1	N_6-A_2	N_6-A_3	N_6-A_4		
	材料	ABS					
	供应商	宁波竹源	伟世通	宁波明佳	常州新泉		
	样本照片						
嵌饰板	编号	N_7-A_1	N_7-A_2	N_7-A_3	N_7-A_4	N_7-A_5	
	材料	PP					
	供应商	常州新泉	常州新泉	宁波明佳	广州提爱思	广州提爱思	
	样本照片						
仪表板	编号	N_8-A_1	N_8-A_2	N_8-A_3	N_8-A_4		
	材料	ABS					
	供应商	宁波明佳	伟世通	金兴汽车内饰	金兴汽车内饰		
	样本照片						

2. 谁来测试

参与汽车内饰材质视触觉体验测试的人员包含两部分：测试专员与测试用户。测试专员负责统筹测试全程，着重规划此项测试执行过程以及对后续测试反馈信息的收集与分析；测试用户邀请了对汽车有购买欲望的20名被试者，男女比例为1：1，年龄控制在22～35岁，且都拥有驾驶执照。

3. 如何测试

紧扣测试目的，使测试执行步骤围绕视觉与触觉进

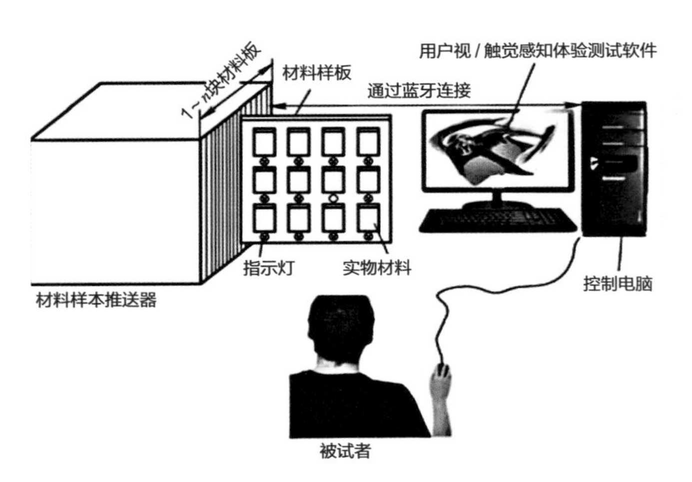

图8-2 汽车内饰设计材质用户视触觉体验测评装置设计

图8-3 搭建安静舒适测试环境

行。建立用户视触觉体验感知测试软件，测试者观看汽车内饰设计效果图，点击电脑所显示的内饰件所在的区域，系统弹出可供体验的内饰件材质列表，用户选择其中一个材质，材质样本推送器推出对应的材质样本，结合手对材料表面的触摸对该材质进行体验（图8-2）。

4. 在哪里测试

测试环境是人们容易忽略的一点，实则测试结果的准确性得建立在测试环境的良好性之上，一般我们会建议在安静的办公区域开展。在汽车内饰材质的视触觉感官测试中，为测试者提供不被外部环境打扰的适宜空间进行此次材料遴选体验测试，会让其放松身心，为测试的科学性提供保证（图8-3）。

第三节　测试实施

在测试执行阶段，最重要的是要与产品用户发生近距离接触，这就要求测试团队深入产品使用的真实环境中去测评。参照对同一产品进行概念测试的不同结果，团队制作出多种可供选择的实验产品或原型，交由目标消费者小组（用户代表）使用。值得注意的是，在这一场景下测试多个创意点或一个创意点的多个原型时，测试效果是最好的。因为这样反馈更加多元化，当用户经历几个不同的测试内容时，他就可以在不同内容之间比较和评估。如果只测试一个创意点，用户对创意点的想法就会比较单一和模糊。

执行测试时，可以从以下几点综合考量。

一、团队测试分工

测试团队的任务是深度模拟产品的真实使用状况，这就对参与测试的人员提出要求：一部分是没有参与创建原型的人员，另一部分是对产品原型运作细节十分熟悉的设计人员。这两部分可被概括为用户测评和专家测评，两者分别承担着深入体验感知运作的任务和数据分析、完善提升的任务（图8-4）。

设计师：测试能力和经验比较丰富的一部分人，在项目的敏捷转型过程中这部分人的比率相对较少，所以我们才期望通过组建一个测试专家的团队来支撑项目整体的敏捷转型。专家评估参与人员的主体应该是设计师。他

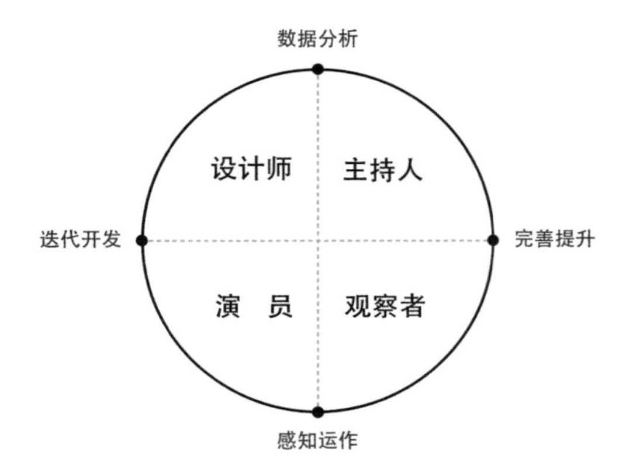

图8-4 团队测试分工

们中间包括工业设计师、结构工程师、生产制造工程师等，他们对设计项目的细节了如指掌，对项目中需要测评的目标和内容十分明确，内容包括对设计操作、成本、美学和人机工程学等方面是否达到预定设计目标进行综合评价。

主持人：引导用户从现实转换进入原型的情形。主持人是连接设计项目与用户的纽带，他负责向用户解释设计背景，并针对用户体验向用户提出相应问题。

演员：参与产品体验的用户。测评过程为他们创造出恰当的原型体验，使其在场景中扮演特定的角色。要求演员没有参与设计项目，只有对项目本身不了解才能根据自己实际的体验情况给出真实有效的建议。

观察者：关注用户在场景中做的所有事情，最好用录像录下一切。

二、测试类型

我们知道，每一件产品从灵感构思、设计开发到制成成品，都需要经过多个阶段的发展。设计原型只有被证明确实具备了市场推广的条件和价值才可以进行规模化生产，产品在经过成百上千的迭代测试后以完美形式落入用户手中。

（1）诊断性测试。这类测试是诊断性的，确定产品的原始模型外观并对其进行测试。直接目的是消除产品的严重问题，粗略了解该产品与竞争产品相比所拥有的优势，此外还可以使公司发现产品的实际和潜在的使用情况，以便改换目标市场。

（2）形成性测试。这一阶段的测试是在设计过程中为改进和完善原型而进行的对设计过程及时有效的评价，测试过程中可模拟各类产品使用实际情景，让产品开发组以及社会成员参与其中，并及时做出清晰反馈。

（3）总结性测试。将完整产品推向市场前，还需对其再次测试，目的是精益求精地寻求产品中的不足之处，赶在产品上市之前完善小的细节（图8-5）。

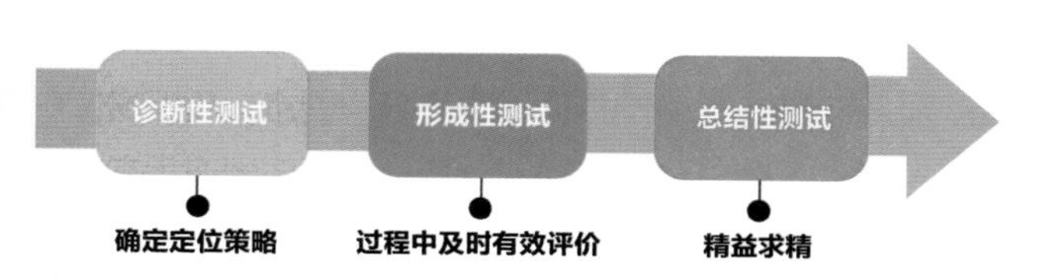

图8-5　产品测试类型

合格的开发团队应该充分了解产品的测试评估黄金阶段，也会根据产品的类型选择适合的测试类型。“做出人们想要的东西”，这是每一个团队开发产品时的愿景，但面对发布产品的紧张时间排期，团队很容易错过一个向用户获取反馈的关键机会——验证产品方案。也就是说设计项目的每一步都有可能需要返回上一步，甚至从头开始。

戴森作为一家高端家电消费品牌，凭着公司对产品从设计形态到用户体验的精益求精与持续迭代，在全球家电销售行业长期占有一席之地。设计过程的迭代性意味着一个新的产品想法需要在“构建-验证-学习”这三个阶段进行多次重复。因此，戴森团队会在项目中设置里程碑以保持项目进度的推进。

产品开发的成功来自更早地产生有价值的信息，每往后一步，产品迭代成本就会指数级上升。戴森十分强调MVP（最小可行性产品）验证，以最小成本来验证未确定的产品方案。因此，在设计实验环节，产品原型的迭代就已经开始了。通过精简的草图，戴森工程师们不仅可以快速沟通复杂的产品想法，也能够很快地对草图进行若干次迭代。

戴森的工程团队通过在短时间内制作原型，提前验证产品方案并对原型进行迭代完善。

不同于软件产品，技术公司的产品原型通常需要投入更长的开发时间。但戴森还是找到快速以MVP（最小可行性产品）形式构建原型的方法，层层递进式迭代，历经“虚拟原型-CAD-3D打印”阶段。

在3D原型制作阶段，团队依然遵循“最小成本验证不确定性”的原则，不会直接输出具备全部功能的产品原型，而是先制作足以验证某个功能的单功能原型。比如，戴森的DC39球形真空吸尘器在降噪、涡轮吸头、气旋功率等方面都进行了技术改进或创新。团队制作了从球形内部降噪到气流旋转速度的多个单功能原型，以在测试阶段分别验证某个功能，完成验证后才最终形成上图的完整原型（图8-6）。

三、测试形式

在设计项目中，测试阶段离不开用户与市场调研，但它绝不等同于单纯意义上市场调查部分，后者只是一个测试计划的辅助手段，使我们可以更完善地了解产品设计中的应用效果。因此，产品设计人员在规划产品测试时，可

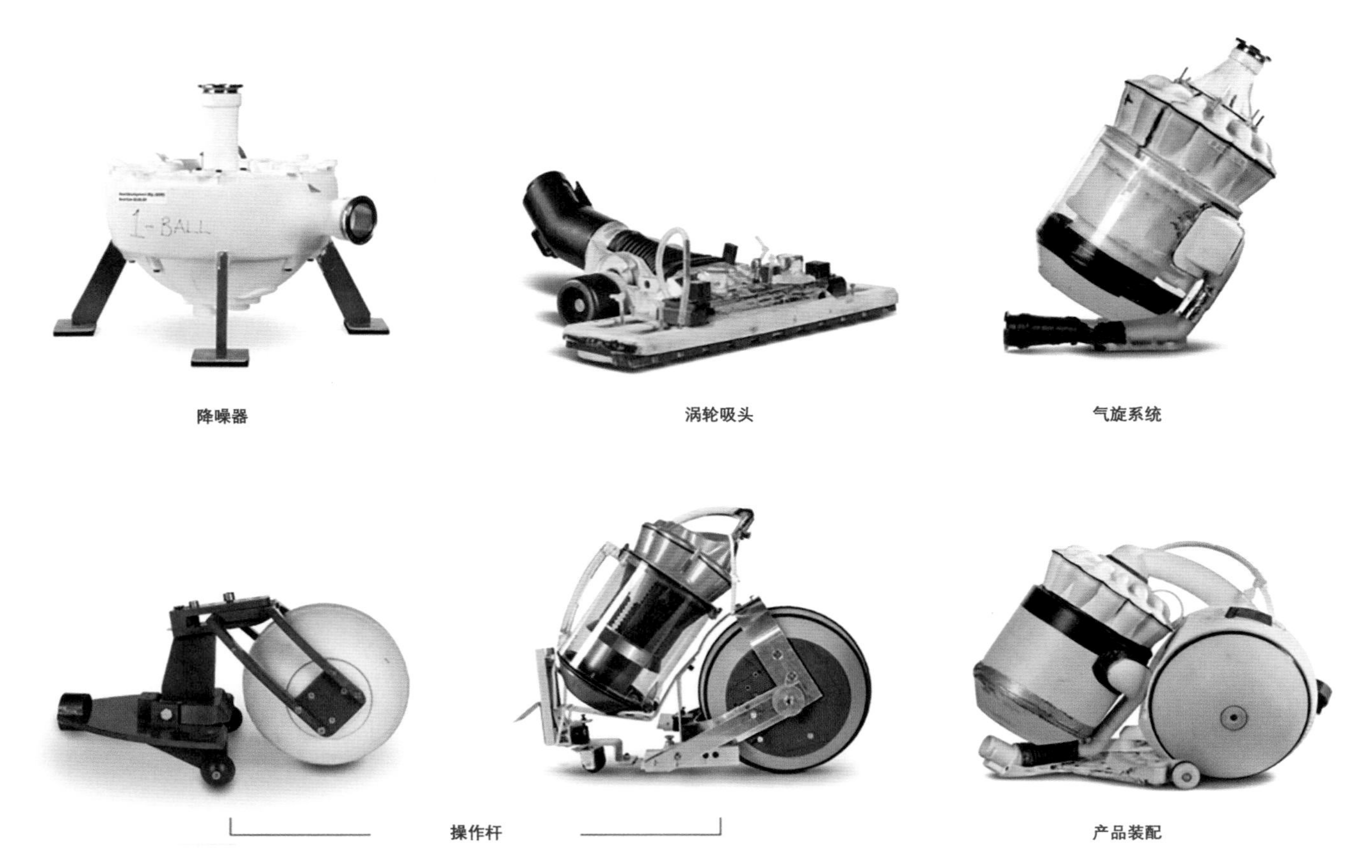

图8-6 戴森DC39球形真空吸尘器原型与迭代

以从其他领域的市场调研手段中汲取经验，将其运用到从最初的产品设计样本到成品落地测试全程。以下列出几项可供参考的测试形式。

1. 深度访谈

利用问卷调查用户的使用感受和心理期待是对产品进行初期测试最常用的方式，它是用户研究工作中一种常用的数据收集方法，能够突破时空的限制，在广阔的范围内对众多调查对象同时进行调查，调查结果便于进行定量研究，具有节省人力、时间和经费等优点。

设计项目的用户使用度调研具有灵活度，这就要求测试本身的形式更具弹性，将深度访谈的方法融入问卷测试中会更具参考性。深度访谈又称作无结构访谈或自由访谈，它与结构式访谈相反，并不依据事先设计的问卷和固定的程序，而是只有一个访谈的主题或范围，由访谈员与被访者围绕这个主题或范围进行比较自由的交谈。在访问过程中，由掌握访谈技巧和设计项目细节的调查员对调查对象进行深入的访问，以探测性的调查轨迹对其进行深入访谈，从而揭示用户在使用产品时的潜在动机、态度和情感。

2. A/B测试

“设计者要以批判的态度对待任何设计过程的理论或模型”（黑格曼，2008）。就好比一个刚刚研制成功的药品，不经过临床实验就被直接推入市场，去治疗病人，那风险是非常高的。因为这样不仅可能无法治愈病人，甚至还可能会产生严重的副作用。大数据时代，每个公司都在追求数据驱动产品和业务的快速迭代。抖音、Facebook等现象级产品公司都非常重视用A/B测试来加速产品迭代，这一测试环节已经渗透进辅助产品开发决策流程中。A/B测试可以解决设计项目中的什么业务问题呢？表8-2列出了一些常见的问题。

表8-2　　A/B测试解决的常见业务问题

产品迭代	算法优化	市场营销
如何改变用户的交互界面来提升用户体验?	如何通过提高推荐系统算法的准确度来提升用户黏性?	如何确定最优的营销内容?
如何优化新用户的注册流程来提高转化率?	如何通过提高搜索排名算法的准确度来提升结果的点击率?	如何确定最优的营销时间?
如何确定产品优惠券的最高价值?	如何通过提高广告显示算法的精准度来提升广告的点击率?	如何确定最精准的受众群体?
如何增加产品功能来提升用户留存?		如何衡量市场营销的效果?

A/B测试，其核心是“确定两个元素或版本（A和B）哪个版本更好”，这需要同时测试两个版本，最终选择最好的版本使用。网络上的A/B测试，比如设计的页面有两个版本（A和B），A为现行的设计，B是新的设计，比较这两个版本之间测试者所关心的数据，最后选择效果最好的版本。

总体来说，A/B测试试验的创建主要包含下面5个步骤。

（1）第一步，收集数据，从数据中发现存在的问题和机会。

（2）第二步，基于要解决的问题设立试验目标，如提升注册转化率或者新用户留存率。

（3）第三步，找到目标后，设计解决方式，提升试验的假设。

（4）第四步，进行A/B测试试验部署。

（5）第五步，实验开启后定期观察数据，通过显著性的统计结果来判断试验结果，从而做出科学有效的决策。

在互联网大背景下，无论是浏览页面，还是使用原生的App，所有人都一定都碰到过弹窗广告，从用户体验设计的经验看，这种缺少用户预期的广告形式，可能会打断原有的操作和认知，对体验的流畅有一定的负面影响，但从内容的推广角度看，弹窗广告可以在短时间内将广告内容强制展现给用户，在一定程度上迫使用户阅读和点击，以达到更强的传播效果。

常见的“全屏式”与“半屏式”弹窗广告

考虑引流的主要目的，大家都倾向于弹窗广告这种形式，但同时，对于弹窗广告的具体设计，也存在两种观点。一种观点是，比较常规的全屏式弹窗广告的引流能力虽然好，但是这种形式在一定程度上强迫用户阅读和点击，这对于广告本身的转化以及首页本身的转化上可能会有负面影响；另一种观点是，弹窗广告只是短暂出现的，并且会在用户没有操作后自动关闭，不会对原有页面的转化有影响，而且因为全屏的插入广告感官更强，转化效果也会更强一些。

基于这两种观点，我们可以使用A/B测试的方式，对两种类型的弹窗广告进行定量测试。主要测试三个方面：广告本身的分流能力，引入流量的转化，对原有页面用户转化的影响。以下是两种形式的弹窗广告测试方案（图8-7）。

A方案是较为常规的全屏式的弹窗广告，它在页面加载之后，以全屏浮层的形式展现在原有页面之上，在用户没有主动关闭或跳转的情况下，停留一段时间后自动关闭，A方案的特点是对用户原有浏览和操作的干扰较大，但是展示效果较强。

B方案是将常见的“全屏式”变为“半屏式”，在页面加载之后，它会出现在原有页面的头部，占半屏的页面展示空间，除了等待时间结束或主动关闭，用户浏览页面的“上滑动作”同样可以关闭广告，相比A方案，它的特点是对用户原有的浏览和操作干扰较小，但是在展示效果上没有A方案那么强烈。

测试运行一段时间后，得到以下数据分析结果。

测试点1：不同类型的分流能力

在两种类型对页面流量的分流能力上，毫无疑问是“全屏式”的方案分流能力更强，这也与之前的预期相符。具体的结果显示，全屏方案在采用更强的展示效果和更大的展示空间（大概是半屏的2倍）后，其分流能力是“半屏”方案的1.5倍左右，而具体在整个页面流量中的占比，是由广告本身内容的吸引力决定的（图8-8）。

测试点2：不同类型的转化能力

对比两种类型的转化能力（广告成交笔数／广告点击次数），半屏方案的转化能力要比全屏的方案高6%左右。这可能是因为，全屏方案强制用户浏览和点击的作用较

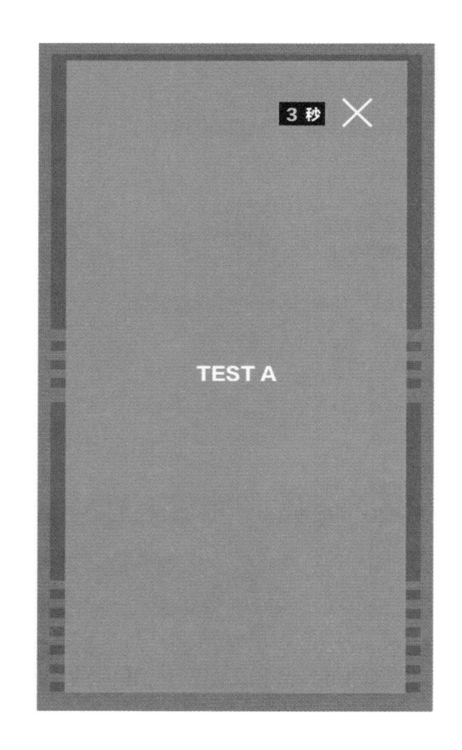

图8-7　对照组、实验组A与实验组B

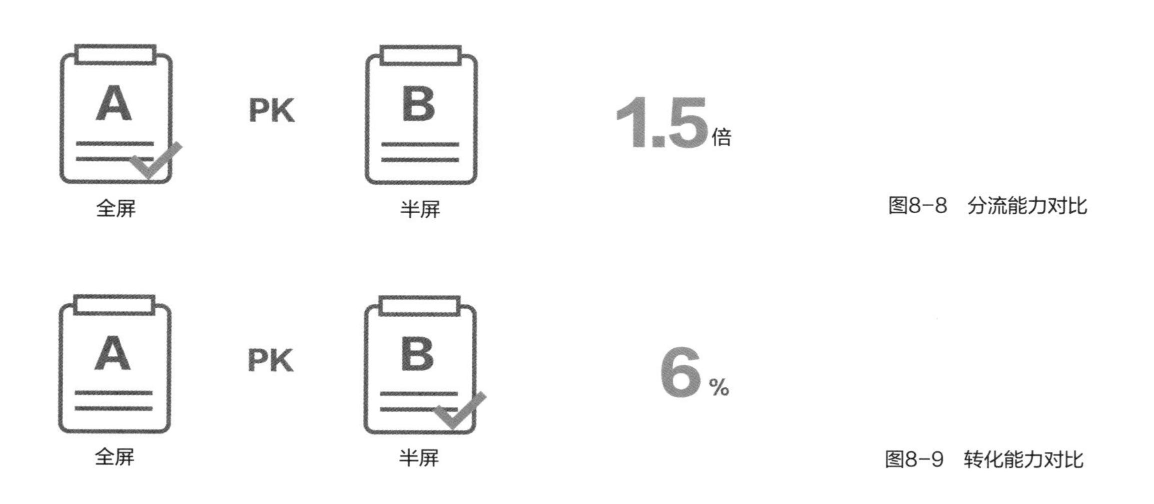

图8-8　分流能力对比

图8-9　转化能力对比

强，有较多的用户虽然对广告本身没有太大兴趣，但经由误操作或者在一定程度上被迫使点击了广告，这部分流量的进入，使得全屏方案的流量质量略低。反观B方案，由于其对用户干扰度较低，造成误操作的概率也较低，更多的是用户在真的对广告内容感兴趣的情况下才会进入，相比之下，流量的转化能力也要好一些（图8-9）。

测试点3：对原有页面的用户点击转化的影响

在对原有页面用户跳失率的比较上，我们发现并没有像预期的干扰度较高的全屏方案对原有页面造成更多的用户跳失，而是两种方案在用户跳失率上几乎没有差别。之后再对比"对照组"之后发现，加入两种样式弹窗广告的页面跳失率，与没有加入广告的纯净版的页面相比，跳失率也没有明显的变化。这可能是因为，两个实验组在用户没有任何操作的情况下，都会经过"读秒"后自动关闭，用户同样可以看到原有页面，这种交互形式还在用户对干扰的可接受范围之内，所以内容本身不会对原有的页面跳失率有负面的影响（图8-10）。

爱彼迎（Airbnb）是一家提供民宿的平台，创立于

图8-10 用户点击转化能力对比

2007年，现在已经估值约300亿美元。在2011年初，爱彼迎团队通过查阅数据寻找房源预订量比较低的地区。他们发现纽约市的房源预订量竟然不达标。纽约可是热门的旅行地区，为什么房源预订量低呢?在观察这个地区的房源照片时发现，这些照片都是手机拍的，拍得既不清晰也不美观。如果房东发布的房源信息里有拍摄效果更加专业的照片，房东是不是会更容易租出自己的房子呢?

为了验证这个假设，爱彼迎团队先挑选了一部分房东作为实验组，免费为他们提供专业的摄影服务。然后，将实验组的平均住宅预订量和纽约其他公寓的平均预订量进行对比，数据显示，如果房源信息里有专业拍摄的住宅照片，房源预订量高于爱彼迎平均房源预订量的2～3倍。也就是说，照片质量会影响预订量，说明前面的假设是成立的。

根据这个A/B测试结论，爱彼迎推出一个摄影计划，聘用了20名摄影师，专门为房东提供专业的拍照服务，这使得爱彼迎房源预订量实现了快速增长。爱彼迎团队进一步决定向所有房东推广这一服务，这极大地提升了房源预订量。

爱彼迎房源展示图

四、测试方法

按测试产品的数量、每个被访者试用产品的个数，产品测试一般可分为三种方法：单一产品测试、配对比较产品测试和重复配对产品测试（图8-11）。

1. 单一产品测试

在单一产品测试中，受访者体验一种产品，然后对这种产品做出评价。数据收集变量通常包括购买兴趣、对属性的评价等级等。如果被测试产品多于一种，先将受访者分组，然后尝试每种产品，再相互比较。

单一测试适用于：①产品初期阶段。因为目标是获得有关产品吸引力的基础数据（例如，你喜欢还是讨厌这种产品）。②当市场上没有直接竞争对手的时候。原因是单一测试只是提供相对受访者的判断信息。

2. 配对比较产品测试

在配对比较产品测试中，受访者按顺序体验两种产品。体验后，对每种产品进行评价并说出更喜欢哪种产品。因为在受访者尝试完两种产品后才开始问问题，所以对产品的评价通常是建立在两种产品的比较基础之上的。

配对比较测试适用于：①测试目标在于宣称“获胜者”（例如，在同一产品的多种不同类型中进行选择），因为被测试的产品多于一种，而受访者只有一组，产品之间的不同之处易于被扩大，由此容易被察觉。②需要获得有关竞争对手方面的信息。

3. 重复配对产品测试

将多个候选产品展示给被访者，被访者根据自己的喜好选出最喜欢、其次喜欢、最不喜欢等维度的产品进行top/bottem排序。这种设计可以在配对测试中获得对每种产品的偏好程度，同时对目标市场中真正的“无区别”顾客的数量有清楚的估测。“无区别”顾客是指那些不能真正区别可选择产品之间的差异的顾客，或者那些对哪个产品都无强烈的偏好而犹豫不决的顾客。重复配对技术同时重视直接的产品偏好和产品诊断。最终结果是最大限度地

A

单一产品测试

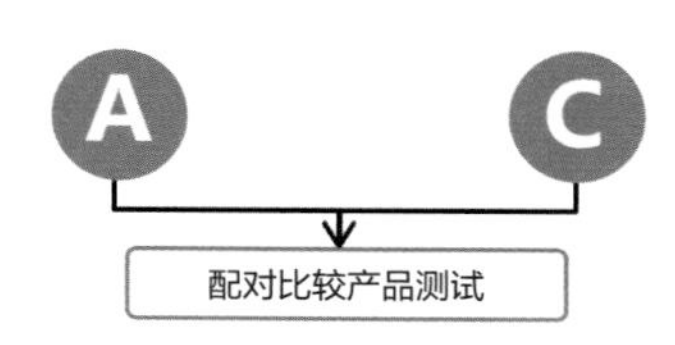

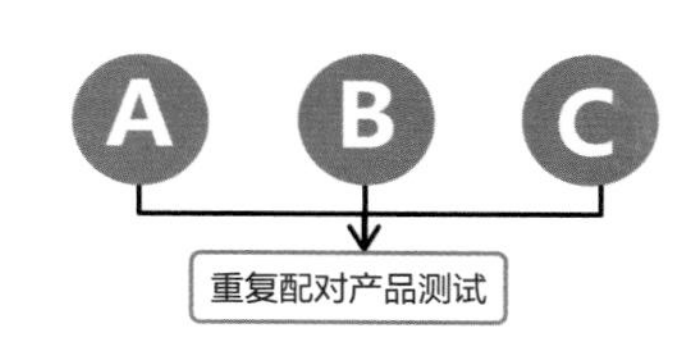

图8-11 产品测试三种方法

回答“更喜欢哪个产品”和“为什么”的问题。

GALOIS激光VR扫描仪为达到使用产品时平衡性能与便携两者的关系，经过了多次配对产品测试。设计团队尝试了近10种不同方向的产品架构测试，其中有些是为了最小化体积，有些是为了最大化传感器FOV，有些为了方便握持，有些则是为了新颖美观的造型。然而经过思考，这个项目最终服务的还是网上浏览房源的买家或租客，核心需求是高清真实的全景照片、高精度的3D模型。因此，产品性能不能妥协。其次是实际使用产品的摄影师，因此在保证性能的前提下，重量和体积应该尽量做到最小。而由于这个产品主要是在三脚架上使用，只需要短时间握持即可。最后，由于这是专业设备，本身并不直接面向一般消费者，外观应该是在满足上面的要求后，再做到最优，不应该为了外观的要求而在性能和便携性方面妥协。每一个细节设计，都充分考虑到了实际使用的需求，以最大化产品体验（图8-12）。

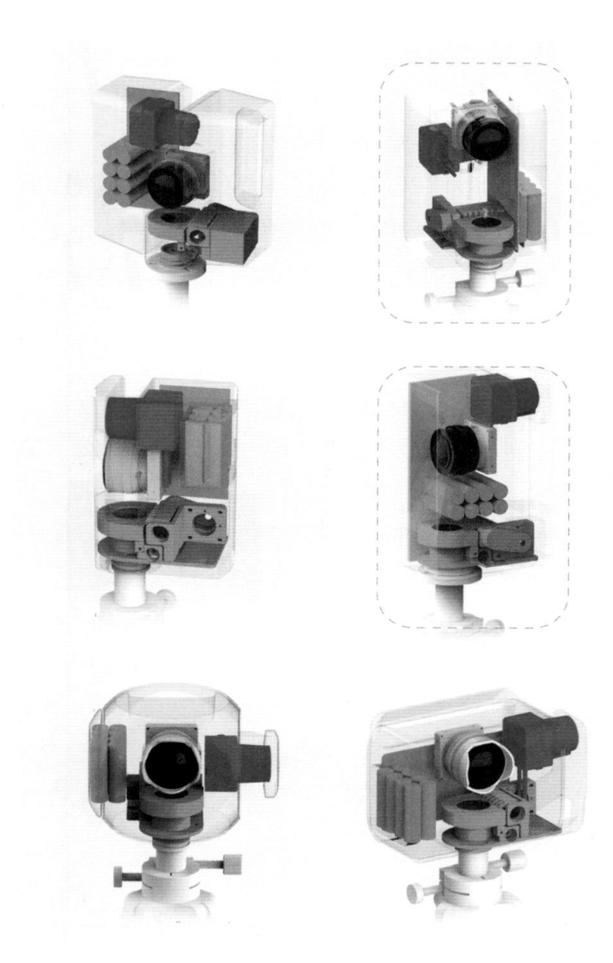

图8-12　GALOIS激光VR扫描仪重复配对产品测试

第四节　测试结果

对产品测试结果的管理着眼于收集和分析这些关键信息的不同方式，从而帮助你以有意义的方式创建或迭代你的产品，从而为你的客户增加价值。

一、用户反馈收集

深入了解客户至关重要，而产品测试结果的反馈是其中的重要组成部分。无论是从头开始创建新产品或功能，还是对现有产品或功能进行迭代，客户的反馈都有助于推动有效的产品决策。产品反馈具体是指客户为响应设计师想法或项目产品功能而提供的信息。这可以以多种形式出现，包括从客户访谈测试中获取的建议以及用户主动提供的在线评级和评论。

1. 从客户访谈测试中获取的建议

用户反馈是产品改进的重要思路来源。我们经常挂在嘴边的“以用户为中心的设计”“用户体验”“千人千面”，都离不开用户。定期的用户测试与访谈、持续的用户评价意见收集，都是关注用户的重要方式（图8-13）。

当你开始投入到新项目中时，或者是你最近接收了一个产品，通常都会想要对用户进行一番调查，得到用户对项目和产品的评价。在收集用户测试数据时，有以下值得注意的几点。

（1）不要试图与所有用户对话。

当你对所有用户不加区分地进行调研时，很容易会忽略一些重要的细节。例如，在针对某项婴幼儿产品的用户测试时，你会把没有孩子的新婚夫妇用户和家中有婴幼儿

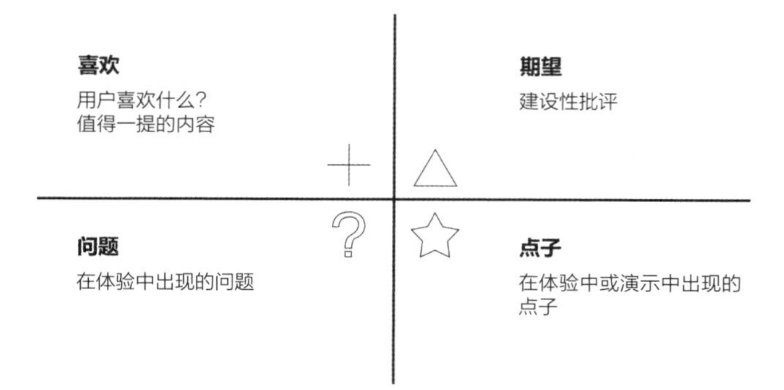

图8-13　反馈收集表

的新手父母用户混为一谈。对于婴幼儿产品前者仅仅是有购买欲望的潜在用户，而后者却是每天使用相关产品的真正用户；前者仅仅对产品的部分使用功能有所了解，而后者却对于所有功能都了如指掌，甚至可以对产品提出建设性的优化意见。如果把这两类用户混在一起进行调查，则无法获得有效的用户反馈。

我们可以用更加简洁的方式去获取更好的用户反馈：①如果想要提高购买率，那就只听取潜在用户在这方面的意见；②如果想要改进产品某方面的性能，那就只从已购买该产品的用户处获取反馈；③如果想要知道为什么用户不使用某个功能，那就只从不使用该功能的用户处了解情况；④如果想要知道该关注产品的哪些方面，那就多和该产品的回头客聊聊。

（2）持续开展收集产品反馈的工作。

大家都认为应该在有需要的时候才开始收集产品反馈，殊不知这就意味着当你开展调查时，你会有很长一段时间无所事事。

我们应该定期进行用户调查。最简单也是最有效的方法就是定时发出用户调查，如每个月、每两个月、每季度以及每年进行一次；还可以对用户进行阶段性的调查，比如在用户第一次、第十五次、第二十次使用产品时分别调查其使用感受。作为被调查的用户，在这个逐步推进的阶段中已经逐渐熟悉产品的各方面特性，能够做出有价值的反馈。

（3）在调查中区分付费用户与免费用户。

这和第一点是紧密相关的，在进行用户调查时很容易就会忽视用户付费与否，不假思索地认为所有收集回来的反馈都具有同样的价值。相比注册用户有限的基础素材而言，剪映的付费用户能够获得大量的专属精品素材，包含专属素材、美颜美体、云空间等多种类型，可充分满足用户的剪辑需求。长期使用产品的免费用户仅仅能够针对如何提升免费服务给出意见，这通常都不是业务中最需要关注的部分。

剪映会员专属素材展示

解决方案：①为了能够针对付费用户改进产品，当然应该只听他们的意见；②想要知道是什么促使免费用户升级为付费用户，那就去听取那些真的进行升级的用户的声音；③如果你想改进你的免费产品，和免费用户聊聊就够了。

（4）不要掉入少数用户的陷阱中。

我们常说街谈巷议的话不能信以为真，但是这不意味着用户反馈中出现的特殊意见就是无用的。如果有5个用户提出希望你简化某一功能，你不应该假设这5个人就代表了全体用户的意见，匆匆忙忙地设立一个功能简化的项目小组。你首先应该去弄清楚这5个用户的意见是否具有典型意义，然后应该去询问那些使用了该功能的用户是否真的存在这方面的问题。

解决方案：对于每一类的反馈，你都应该将其作为一种假设，不要急于去解决。应该先想办法验证一下，当你经过验证后证明这些反馈确实代表了产品中的问题，下一步也不要马上投入解决方案的开发中，而是应该深入思考这个问题，而这将带我们进入最后一点。

（5）正确理解用户反馈中的深层含义。

通常认为不倾听客户的声音会导致失误，但是如果一味地听取用户的意见也会让你的产品丧失焦点。用户提出来的产品反馈就像一杯混合鸡尾酒，里面包含了他们的设计理念、对产品的理解以及他们对产品痛点的考量。

但他们并不知道产品的未来愿景如何，真正要实现的是何种功能，或者这些意见背后的技术实现的可能性。这就是为什么要对收集到的繁杂的用户反馈进行总结归纳，提炼出一两条核心的意见加以改进，这样对你的工作才是有意义的，对你的用户也会有所帮助。

2. 用户主动提供的在线评级和评论

产品测试的数据收集除了靠测试专员对用户进行专门访谈获取反馈，还可以巧妙地在产品的端口处设置可供用户进行及时反馈的意见窗口。这时用户正处于自然使用的状态，体验与评价最真实可信，情绪与感受最深刻鲜活。获取用户体验的反馈模块可以让用户感受到与产品的纽带，让用户感受到产品的温度。尤其是如果用户向平台反馈某问题后，发现平台持续跟进，甚至解决了自己提出的问题，对平台的信任、好感也会随之上升。

用户反馈模块

二、用户反馈分析

收集反馈后的下一步是浏览所有笔记、想法和建议，

试验1	收获1
第一步：假设 我们相信……	我们学到：
第二步：测试 为了验证这些，我们会……	
第三步：度量 然后度量……	测试的记录（比如照片）
第四步：标准 通过……则我们在正确的方向上。	

图8-14　试验表

对用户反馈进行分类，然后根据反馈类型，整理原始反馈内容，按部就班地提炼内容关键词，寻找产品下一步推进的关键点。

在产品或服务的进一步开发中，需要一次又一次地测试原型，并不断进行试验。在原型开发的早期阶段，模型通常会比较简单，测试内容会经常包括几个变量。但在项目的后期测试阶段，原型变得愈发复杂，往往难以用简单的几个变量分析整个测试结果。在这里，我们引入一种结构化的方式去执行并分析测试结果（图8-14）。

这是一种用于定义和记录测试的“试验表”。

第一步：描述想测试的假设。

第二步：解释实际要进行的测试。试验可以是想要给用户测试的原型、访谈、调查问卷等。

第三步：定义想要度量什么及应该收集哪些数据。这可能是一定量的积极反馈或仅仅是一些特定数值。

第四步：确定标准，以明确我们是否在正确（或错误）的方向上。

第五步：试验并记录我们的学习和理解，比如用照片或录像。

第六步：记下所获得的洞察、得出的结论以及将要采取的措施。

第五节　测试技巧

测试阶段的最终目的是创造更加美好的用户体验，因

1 用户测试要尽早开始
- 初稿阶段
- 半功能原型阶段
- 完整产品

2 勾勒出测试目标
- 明确目的
- 设计问卷

3 提出开放性的问题
- 答案不固定
- 寻找从未想到的东西

4 将设计视为动态过程
- 定期进行测试
- 信息整合

5 让真实的用户做测试
- 独立无偏见
- 普通用户

6 让用户专注于任务
- 让用户自行尝试
- 观察用户
- 捕捉真实反应

7 观察用户行为
- 言语有纰漏
- 行为不会骗人

8 让整个团队参与到用户测试中来
- 不同视角探索
- 记录各自感受
- 总结

9 追求质量，而非数量
- 测试并非耗时费力
- 可用性问题

10 不要想着一次性解决所有的问题
- 最大的问题
- 最关键的问题
- 不断测试
- 逐步完善

图8-15　十个测试技巧

此测试过程中的很大一部分内容需要与用户发生近距离接触。掌握一定的测试技巧会让我们与用户的沟通更加流畅，完成测试的四个环节更加顺利，更好地处理测试中以用户为中心的基准点，进而探寻更加完美的用户体验。下面列出了测试中适用的十个技巧（图8-15）。

1. 用户测试要尽早开始

用户测试开始得越早，修改和调整就越便捷，而早期的有效调整对最终产品的正面影响也是最大的。不要等到产品完成再开始测试。可以在初稿阶段和半功能原型阶段开始测试，只要能向用户解释明白所提供的东西是什么，以及需要他们做什么。一旦确定了哪些任务、流程可以被

测试，那么就可以由此开始验证你的设计。走出办公室，带着原型寻找目标用户，或者看起来是目标用户的人，进行可用性测试。

2. 勾勒出测试目标

进行用户测试的目标应该是非常明确的。确保所问的问题都是必要的。所以，在提问开始之前，先问问自己：“我需要通过这个测试来弄明白什么事情?”当想明白这个问题之后，就可以开始针对目标来设计问卷，有目的性地探索。

3. 提出开放性的问题

向用户提出开放性的问题，好处在于答案并不固定，产品测试人员的难题不再是简单的二元式的结果（对/错，是/否），而是从这些答案中找到从未想到过的内容，真正从用户那边获取有用的信息。

4. 将设计视为动态过程

在产品设计过程中，应定期进行用户测试，从用户那里获得信息反馈，这是用户体验设计的核心。测试与需求搜集、原型、设计、开发一样，在整个产品设计和迭代开发中，有着固定的位置和可预期的效果。如果开发资源充足的话，最好每隔一段时间就进行用户测试，这对于产品开发是极为重要的。

5. 让真实的用户做测试

让真实的用户参与到设计当中来，验证设计，尽量确保参与者不是亲朋好友、同事甚至隔壁组的产品经理。用来做测试的用户应该是独立而无偏见的普通用户。要注意，在进行用户体验测试的时候，从最坏的情况入手对于后面的产品设计有着极其重要的意义和作用。通过观察这些用户的真实使用状况，能够快速识别产品设计上不够直观、不够易用的部分。

6. 让用户专注于任务

在为用户安排任务的时候，过多地询问用户对产品或者特定元素的看法，让他们给出评分等做法固然直接，但是真正收效好的方法是为用户制定任务目标之后，让他们自行尝试，即让用户专注于任务本身，而你可以通过观察，捕获到用户使用过程中的真实反应。

例如，你正在测试网站的新版首页，当你询问用户的时候也有技巧：

A：你对我们的网站有什么看法?你觉得我们的网站服务的可用性如何?10分制能打几分?

B：当你刚刚打开我们的首页的时候，您首先会点击哪个地方?

在进行用户测试的时候，问题B明显比A更直接，也更有价值。

7. 观察用户行为

用户的回答和反馈有时候并不足以反映全部的情况，观察用户的行为作为验证是相当重要的。用户在回答问题的时候，会不自觉地迎合提问者的需求来应答，这使得用户的反馈和答案并不一定能体现真实的情况。而许多用户体验设计师在收集情况的时候，仅仅集中在用户的语言上，这样搜集到的信息常常会有纰漏。但是用户在测试过程中的行为是不会骗人的。

8. 让整个团队参与到用户测试中来

让整个团队都参与到用户测试环节中，能够让团队中不同职责、参与不同环节的工作人员，在测试中更加清楚用户的实际反馈，同用户产生情感共鸣，了解测试的重要性，以及在不同视角下探索解决方案。

如果团队成员无法全部参与的话，尽量录制视频，让未能参与进来的成员能够在后续看到实际的测试状况。参与测试的团队成员应该都记录下各自的感受，并且集中这些笔记，在当天下班之前予以总结。

9. 追求质量，而非数量

许多公司和团队在产品上线前根本没有针对产品进行测试，或者在发布之后再行测试，这种局面在很大程度上是因为他们认为测试耗费时间且成本高昂。事实上，用户测试并不一定耗时且昂贵。NN Group的研究发现，5个测试用户就能揭示出产品85%的可用性问题。因此，可以在原型阶段就找一组测试用户，逐个测试。

10. 不要想着一次性解决所有的问题

一次性解决所有的问题是根本不可能的。相反，通过测试并试图解决最大的问题和最关键的问题，在不断地测试中让产品更加完善才是最佳的策略。收集反馈、升级优化、逐步完善更符合产品开发的流程。

本章小结

在设计思维流程中，“测试”虽处于最后阶段，却直接关系着前五个步骤的成败。如果能正确认识并且掌握测试的重点功能和要素，在设计实践中，我们将会不断发现新的机会点，感知新的体验，收获新的知识。值得注意的是，测试既是设计思维流程的一环，也是设计思维的重要方法。通过将其灵活运用在设计的各个阶段，不断反思、不断修改、不断迭代，真实的测试结果会指引我们产生新的构思和创意，并实现更具创新价值的新方案。

提问与思考

1. 测试的团队分为哪几部分?
2. 测试类型分为哪几种?
3. 简述A/B测试的形式。
4. 尝试对你的一件设计作品展开测试，并记录下测试过程与结论。

参考文献

[1] 柳冠中．设计方法论[M]．北京：高等教育出版社，2011.

[2] [荷]代尔夫特理工大学工业设计工程学院．设计方法与策略：代尔夫特设计指南[M]．倪裕伟，译．武汉：华中科技大学出版社，2014.

[3] [美]贝拉·马丁，[美]布鲁斯·汉宁顿．通用设计方法[M]．初晓华，译．北京：中央编译出版社，2013.

[4] [美]维杰·库玛．企业创新101设计法[M]．胡小锐，译．北京：中信出版社，2014.

[5] [日]石川俊祐．你好，设计——设计思维与创新实践[M]．马悦，译．北京：机械工业出版社，2021.

[6] [德]英格丽·葛斯特巴赫．设计思维的77种工具[M]．方怡青，译．北京：电子工业出版社，2020.

[7] [美]艾瑞思·谢林．持续性思维：设计及设计管理的道德方法[M]．范钦佩，郭晋，译．北京：中国社会科学出版社，2020.

[8] [德]迈克尔·勒威克，[德]帕特里克·林克，[德]拉里·利弗，等．设计思维手册：斯坦福创新方法论[M]．高馨颖，译．北京：机械工业出版社，2020.

[9] [德] 克里斯托弗·迈内尔，乌尔里希·温伯格，蒂姆·科罗恩．设计思维改变世界[M]．平嬿嫣，李悦，译．北京：机械工业出版社，2017.

[10] [加]艾瑞克·卡扎罗托．设计方法：视觉传达的哲理和进程[M]．张霄军，褚天霞，译．北京：机械工业出版社，2022.

[11] 郑建启，李翔．设计方法学[M]．北京：清华大学出版社，2006.

[12] 何晓佑．产品设计程序与方法[M]．北京：中国轻工业出版社，2010.

[13] 鲁晓波，赵超．工业设计程序与方法[M]．北京：清华大学出版社，2005.

[14] 杨裕富．创意活力——产品设计方法论[M]．长春：吉林科学技术出版社，2004.

[15] 崔天剑．当代工业设计思想与方法[M]．南京：东南大学出版社，2014.

[16] 许继峰．现代中式家具设计系统论[M]．南京：东南大学出版社，2015.

[17] 许继峰．产品设计程序与方法[M]．南京：东南大学出版社，2013.

[18] 许继峰，孙岚，等．解读设计：工业设计课题与实战教程[M]．南宁：广西美术出版社，2009.

[19] 卢明森．创新思维学引论[M]．北京：高等教育出版社，2005.

[20] 张琲．产品创新设计与思维[M]．北京：中国建筑工业出版社，2005.

[21] 周树清，等．新产品开发与实例[M]．北京：中国国际广播出版社，2001.

[22] 梁佳明，等．创造学与新产品开发思路及实例[M]．北京：机械工业出版社，2005.

[23] 戴瑞．产品设计方法学[M]．北京：中国轻工业出版社，2005.

[24] 梁颖，等．设计师的系统思维[M]．北京：机械工业出版社，2019.

[25] 张同，张子然．设计思维与方法[M]．上海：上海交通大学出版社，2012.

[26] 白仁飞．创意设计思维与方法[M]．杭州：中国美术学院出版社，2019.

[27] 王可越，税琳琳，姜浩．设计思维创新导引[M]．北京：清华大学出版社，2017.

[28] 刘晓燕，王一平．循证设计——从思维逻辑到实施方法[M]．北京：中国建筑工业出版社，2016.

[29] 张楠．设计战略思维与创新设计方法[M]．北京：化学工业出版社，2021.
[30] 陈雯婷，方华．设计思维与快速表达[M]．北京：化学工业出版社，2017.
[31] 任文东．设计创新思维与方法[M]．北京：中国纺织出版社，2020.
[32] 陈立勋，王萍．设计的智慧——艺术设计思维与方法[M]．北京：北京大学出版社，2017.
[33] 陈书琴，魏晓．工业设计思维与方法[M]．北京：北京大学出版社，2021.
[34] 时迪．协同设计思维与方法：基于“沟通”的协同设计方法研究[M]．南京：江苏凤凰美术出版社，2019.
[35] 邓嵘．健康设计思维与方法：健康设计思维方法及理论构建[M]．南京：江苏凤凰美术出版社，2019.
[36] 刘军．服务设计思维与方法[M]．北京：光明日报出版社，2022.
[37] 叶丹，刘星．设计思维与方法[M]．第二版．北京：化学工业出版社，2022.
[38] 蒋里，[德]福尔克·乌伯尼克尔（Falk Uebernickel），等．创新思维：斯坦福设计思维方法与工具[M]．北京：人民邮电出版社，2022.
[39] 陈楠．设计思维与方法[M]．北京：中国青年出版社，2021.
[40] 税琳琳，郭垭霓．设计思维行动手册[M]．北京：人民邮电出版社，2021.
[41] 王丁．产品设计思维：电商产品设计全攻略[M]．北京：机械工业出版社，2017.
[42] 由芳，等．交互设计——设计思维与实践[M]．北京：电子工业出版社，2017.
[43] 丁伟．放大的设计——设计思维驱动产业创新[M]．北京：中国建筑工业出版社，2015.
[44] 陈鹏，周玥．设计思维与产品创意[M]．北京：清华大学出版社，2020.
[45] 付志勇，夏晴．设计思维工具手册[M]．北京：清华大学出版社，2021.
[46] 曹岩．现代设计方法[M]．西安：西安电子科技大学出版社，2010.
[47] 王霜．设计方法学与创新设计[M]．西安：西安交通大学出版社，2014.
[48] 苏珂．产品创新设计方法[M]．北京：中国轻工业出版社，2014.
[49] 窦万峰．系统分析与设计：方法及实践[M]．北京：机械工业出版社，2013.
[50] 郭永艳，徐力．创意思考——设计方法学[M]．北京：中国建筑工业出版社，2018.
[51] Jeffrey L. Whitten Lonnie D. Bentley. *System Analysis and Design Methods*[M]. New York: McGraw-Hill/Irwin，2005.
[52] James Carlopio. *Strategy by Design: A Process of Strategy Innovation*[M]. New York: Palgrave Macmillan，2010.
[53] Jennifer Hudson. *Process: 50 Product Designs from Concept to Manufacture*[M]. London: Laurence King Publishing，2008.
[54] Tim Brown. *Change by Design, Revised and Updated: How Design Thinking Transforms Organization and Inspires Innovation*[M]. New York: Harper Business，2019.
[55] Regine M. Gilbert. *Inclusive Design for a Digital World: Designing with Accessibility in Mind* [M]. Berkeley，New York: Apress，2019.

[56] [英]蒂姆·布朗. IDEO，设计改变一切[M]. 侯婷，译. 沈阳：万卷出版公司，2011.
[57] [美]蒂娜·齐莉格. 斯坦福大学创意课[M]. 潘欣，译. 北京：中信出版社，2018.
[58] 鲁百年. 创新设计思维——设计思维方法论以及实践手册[M]. 北京：清华大学出版社，2015.
[59] [日]佐藤可士和. 佐藤可士和的超整理术[M]. 常纯敏，译. 南京：江苏美术出版社，2009.
[60] [英]蒂姆·布朗. IDEO，设计改变一切[M]. 沈阳：万卷出版公司，2011.

本书配有课件文件，可通过493056590@qq.com获取。